KB168148

## 입문이론 단과강의 20% 할인쿠폰

# 775E3A87D3C28N9X

해커스 주택관리사 사이트(house.Hackers.com)에 접속 후 로그인
▶ [나의 강의실 – 결제관리 – 쿠폰 확인] ▶ 본 쿠폰에 기재된 쿠폰번호 입력

1. 본 쿠폰은 해커스 주택관리사 동영상강의 사이트 내 2025년도 입문이론 단과강의 결제 시 사용 가능합니다.
2. 본 쿠폰은 1회에 한해 등록 가능하며, 다른 할인수단과 중복 사용 불가합니다.
3. 쿠폰사용기한 : **2025년 9월 30일** (등록 후 7일 동안 사용 가능)

## 무료 온라인 전국 실전모의고사 응시방법

해커스 주택관리사 사이트(house.Hackers.com)에 접속 후 로그인
▶ [수강신청 – 전국 실전모의고사] ▶ 무료 온라인 모의고사 신청

* 기타 쿠폰 사용과 관련된 문의는 해커스 주택관리사 동영상강의 고객센터(1588-2332)로 연락하여 주시기 바랍니다.

# 해커스 주택관리사 인터넷 강의 & 직영학원

## 인터넷 강의
### 1588-2332
house.Hackers.com

## 강남학원
### 02-597-9000
2호선 강남역 9번 출구

# 해커스
# 주택관리사

## 기초입문서

**1차** 회계원리/공동주택시설개론/민법

🏠 **해커스 주택관리사**

# 해커스 주택관리사 기초입문서로 시작해야 하는 이유!

## 초심자를 위한 쉽고 정확한 설명

### 어려운 설명

**저당권**

저당권[抵當權, Hypothek(독)/Mortgage(영)]이란 채권자가 채무자 또는 제3자(물상보증인)가 채무의 담보로 제공한 부동산의 점유를 이전받지 않고 관념상으로만 지배하다가, 채무의 변제가 없는 경우에 담보된 부동산으로부터 자기채권을 변제받을 수 있는 담보물권을 의미한다.

— 어려운 용어의 나열

**저당권**

저당권자는 채무자 또는 제3자가 점유를 이전하지 아니하고 채무의 담보로 제공한 부동산에 대하여 다른 채권자보다 자기채권의 우선변제를 받을 권리가 있다.

— 법조문을 그대로 사용

### 해커스 주택관리사 기초입문서의 쉬운 설명

#### 03  저당권 ★

**1. 총설**

제356조 【저당권의 내용】 저당권자는 채무자 또는 제3자가 점유를 이전하지 아니하고 채무의 담보로 제공한 부동산에 대하여 다른 채권자보다 자기채권의 **우선변제를 받을 권리**가 있다.

**(1) 의의**

저당권이란 채권자가 채권담보를 위하여 채무자 또는 제3자가 제공한 부동산 기타 목적물의 점유를 이전받지 않은 채 그 목적물을 관념상으로만 지배하다가, 채무의 변제가 없으면 그 목적물로부터 우선변제를 받을 수 있는 담보물권을 말한다(제356조).

**(2) 특색**

저당권이 설정되더라도 저당목적물에 대한 점유 및 사용·수익은 저당권자에게 있지 않고 여전히 저당권설정자에게 있다는 점에서, 목적물에 대하여 유치적 효력이 인정되는 질권과 근본적으로 다르다. 즉, 채권자는 저당목적물의 교환가치만을 파악하여, 피담보채권의 변제가 없으면 목적물을 경매하여 그 대금으로부터 우선변제를 받을 수 있다는 점에 특색이 있다. 저당권은 전형적인 가치권이다.

— 초심자도 쉽게 이해할 수 있도록 풀어서 설명

# 단번에 이해되는 도식화 정리

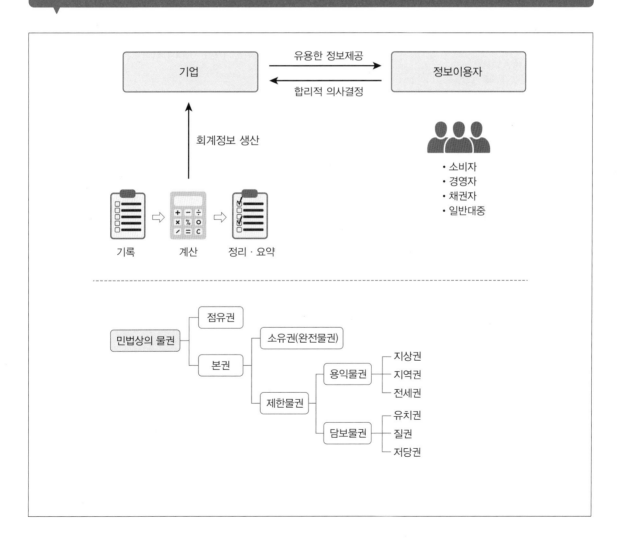

# 이 책의 구성과 특징

**핵심개념**

노란색 밑줄과 별표를
통해 중요한 개념을 확인
할 수 있어요.

**핵심코너**

중요한 내용을 따로 정리한
핵심코너를 통해 체계적으로
학습할 수 있어요.

**보충코너**

알아두면 유익한 내용을
보충코너를 통해 확인할
수 있어요.

---

**CHAPTER 1 서론**

## 01 민법의 의의 ★

**(1)** 민법은 개인 사이의 생활관계를 규율하는 법이다. 형식적으로는 '민법'이라는 이름을 가진 성문법전, 즉 '민법전'을 가리키지만, 실질적으로는 모든 사람들에게 일반적으로 적용되는 사법, 즉 '일반사법'을 뜻한다.

**(2)** 실질적 민법과 형식적 민법은 일치하지 않는다. 민법학의 대상이 되는 민법은 실질적 민법이다.

## 02 민법의 법원 ★

**(1) 민법의 법원의 종류**

① **법률(성문민법)**: 제1조의 법률은 모든 성문법(제정법)을 뜻한다.

> **핵심**
>
> 명령(대통령의 긴급명령, 긴급재정·경제명령 포함)과 대법원규칙, 조례·규칙(자치법규), 비준·공포된 조약과 일반적으로 승인된 국제법규도 민사에 관한 것일 경우에는 법률과 동일한 효력을 가지므로 민사에 관한 법원이 된다(헌법 제6조 제1항).

② **관습법**

　㉠ 관습법이란 자연적으로 발생한 관행이나 관례가 수범자에 의해 인정된 법적 확신을 기초로 법규범화된 것을 말하는데, 이는 우리 민법상 법원이 된다(제1조).

　㉡ 관습법에 의해 인정되는 것으로는, 분묘기지권(대판 2001.8.21, 2001다28367), 관습법상의 법정지상권 등 관습법에 의해 인정되는 물권과 명인방법이라는 공시방법 등이 있다.

> **보충**
>
> 1. **분묘기지권**: 분묘를 수호하고 봉제사하는 목적을 달성하는 데 필요한 범위 내에서 타인의 토지를 사용할 수 있는 권리이다.
> 2. **관습법상의 법정지상권**: 동일인에게 속하였던 토지 및 건물이 매매 기타의 원인으로 소유자를 달리하게 된 때에 그 건물을 철거한다는 특약이 없으면 건물소유자가 당연히 취득하게 되는 법정지상권이다.

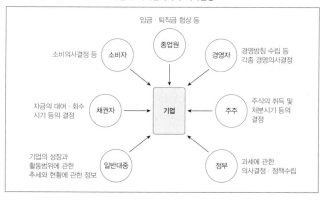

**한눈에 보기**

본문 학습시 중요 내용의
전체적인 흐름을 한눈에
파악할 수 있어요.

### (2) 열량(heat quantity)

물의 온도를 높이는 데 소요되는 열의 양으로, 표준기압하에서 순수한 물 1kg을 1℃ 올리
는 데 필요한 열량을 4.19kJ라 한다.

$$Q = G \cdot C \cdot \Delta t(kJ)$$
$$G: 질량(kg), \ C: 비열(kJ/kg \cdot K), \ \Delta t: 가열 \ 전후의 \ 온도차(℃)$$

**공식박스**

학습에 필요한 수식을 실어
계산 문제에 대비하여
학습할 수 있어요.

## 03  불가분채권관계

**제409조【불가분채권】** 채권의 목적이 그 성질 또는 당사자의 의사표시에 의하여 불가분인
경우에 채권자가 수인인 때에는 **각 채권자**는 모든 채권자를 위하여 **이행을 청구**할 수 있고
**채무자**는 모든 채권자를 위하여 **각 채권자에게 이행**할 수 있다.

**제412조【가분채권, 가분채무에의 변경】** 불가분채권이나 불가분채무가 **가분채권 또는 가분
채무**로 변경된 때에는 각 채권자는 자기부분만의 이행을 청구할 권리가 있고 각 채무자는
자기부담부분만을 이행할 의무가 있다.

**법조문박스**

학습에 필요한 법조문을
알맞게 배치하여 편하게
확인하며 학습할 수 있어요.

# 주택관리사(보) 시험안내

## 응시자격

연령, 학력, 경력, 성별, 지역 등에 제한이 없습니다.

* 단, 법에 의한 응시자격 결격사유에 해당하는 자는 제외합니다(www.Q-Net.or.kr/site/housing에서 확인 가능).

## 원서접수방법

1. 한국산업인력공단 큐넷 주택관리사(보) 홈페이지(www.Q-Net.or.kr/site/housing)에 접속하여 소정의 절차를 거쳐 원서를 접수합니다.
2. 원서접수시 최근 6개월 이내에 촬영한 탈모 상반신 사진을 파일(JPG 파일, 150픽셀 × 200픽셀)로 첨부합니다.
3. 응시수수료는 1차 21,000원, 2차 14,000원(제27회 시험 기준)이며, 전자결제(신용카드, 계좌이체, 가상계좌)방법을 이용하여 납부합니다.

## 시험과목

| 구분 | 시험과목 | 시험범위 |
|---|---|---|
| 1차<br>(3과목) | 회계원리 | 세부과목 구분 없이 출제 |
| | 공동주택시설개론 | • 목구조 · 특수구조를 제외한 일반 건축구조와 철골구조, 장기수선계획 수립 등을 위한 건축적산<br>• 홈네트워크를 포함한 건축설비개론 |
| | 민법 | • 총칙<br>• 물권, 채권 중 총칙 · 계약총칙 · 매매 · 임대차 · 도급 · 위임 · 부당이득 · 불법행위 |
| 2차<br>(2과목) | 주택관리관계법규 | 다음의 법률 중 주택관리에 관련되는 규정<br>「주택법」, 「공동주택관리법」, 「민간임대주택에 관한 특별법」, 「공공주택 특별법」, 「건축법」, 「소방기본법」, 「소방시설 설치 및 관리에 관한 법률」, 「화재의 예방 및 안전관리에 관한 법률」, 「승강기 안전관리법」, 「전기사업법」, 「시설물의 안전 및 유지관리에 관한 특별법」, 「도시 및 주거환경정비법」, 「도시재정비 촉진을 위한 특별법」, 「집합건물의 소유 및 관리에 관한 법률」 |
| | 공동주택관리실무 | 시설관리, 환경관리, 공동주택 회계관리, 입주자관리, 공동주거관리이론, 대외업무, 사무 · 인사관리, 안전 · 방재관리 및 리모델링, 공동주택 하자관리(보수공사 포함) 등 |

* 시험과 관련하여 법률 · 회계처리기준 등을 적용하여 정답을 구하여야 하는 문제는 시험시행일 현재 시행 중인 법령 등을 적용하여 그 정답을 구하여야 함
* 회계처리 등과 관련된 시험문제는 한국채택국제회계기준(K-IFRS)을 적용하여 출제됨

## 시험시간 및 시험방법

| 구분 | 시험과목 수 | | 입실시간 | 시험시간 | 문제형식 |
|---|---|---|---|---|---|
| 1차 시험 | 1교시 | 2과목(과목당 40문제) | 09:00까지 | 09:30~11:10(100분) | 객관식 5지 택일형 |
| | 2교시 | 1과목(과목당 40문제) | | 11:40~12:30(50분) | |
| 2차 시험 | 2과목(과목당 40문제) | | 09:00까지 | 09:30~11:10(100분) | 객관식 5지 택일형 (과목당 24문제) 및 주관식 단답형 (과목당 16문제) |

## 제2차 시험 주관식 단답형 부분점수제도

| 문항 수 | | 주관식 16문항 |
|---|---|---|
| 배점 | | 각 2.5점(기존과 동일) |
| 단답형 부분점수 | 3괄호 | 3개 정답(2.5점), 2개 정답(1.5점), 1개 정답(0.5점) |
| | 2괄호 | 2개 정답(2.5점), 1개 정답(1점) |
| | 1괄호 | 1개 정답(2.5점) |

## 합격자 결정방법

1. 제1차 시험: 과목당 100점을 만점으로 하여 모든 과목 40점 이상이고, 전 과목 평균 60점 이상의 득점을 한 사람을 합격자로 합니다.
2. 제2차 시험
   - 1차 시험과 동일하나, 모든 과목 40점 이상이고 전 과목 평균 60점 이상의 득점을 한 사람의 수가 선발예정 인원에 미달하는 경우 모든 과목 40점 이상을 득점한 사람을 합격자로 합니다.
   - 2차 시험 합격자 결정시 동점자로 인하여 선발예정인원을 초과하는 경우 그 동점자 모두를 합격자로 결정하고, 동점자의 점수는 소수점 둘째 자리까지만 계산하며 반올림은 하지 않습니다.

## 최종정답 및 합격자 발표

시험시행일로부터 1차 약 1달 후, 2차 약 2달 후 한국산업인력공단 큐넷 주택관리사(보) 홈페이지 (www.Q-Net.or.kr/site/housing)에서 확인 가능합니다.

# 목차

## 3과목 민법

# 1과목

# 회계원리

## ▶ 10개년 출제비율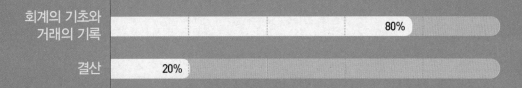

| | |
|---|---|
| 회계의 기초와 거래의 기록 | 80% |
| 결산 | 20% |

<br>

### ▶ 1과목 회계원리는 어떻게 공부해야 할까요?

✓ 회계는 복잡한 경제실체의 경제활동에 관한 정보를 산출하여 이해관계자에게 전달해 줍니다. 따라서 회계원리는 회계정보를 산출하는 데 필요한 복식부기의 원리에 대한 이해가 필수적입니다. 그리고 나머지 부분은 이에 대한 지식을 구체적으로 설명하는 것입니다. 입문과정은 첫출발인 복식부기원리 정복에 중점을 두고 학습해야 합니다.

## ▶ 핵심개념

각 CHAPTER별로 자주 출제되는 핵심개념을 정리하였습니다. 핵심개념은 본문에서도 ★로 표시되어 있으니 이 부분을 중점적으로 학습하세요.

# PART 1
# 회계의 기초와 거래의 기록

 선생님의 비법전수

회계는 기업의 이해관계자들이 합리적인 의사결정을 할 수 있도록 회계정보를 제공하는 과정이므로 기업의 언어라고도 합니다. 이와 같이 제공되는 회계정보는 기록에서 출발하기 때문에 회계의 첫걸음에 가장한 중요한 학습단계라고 할 수 있습니다. 따라서 PART 1은 회계와 회계정보를 이해하고 회계정보를 생산하기 위해 기중거래를 기록하는 방법에 대하여 중점적으로 학습해야 합니다.

| **CHAPTER 5**<br>계정—거래의 기록·계산의 단위 | **CHAPTER 6**<br>분개와 전기 | **CHAPTER 7**<br>장부 |
| --- | --- | --- |
| • 계정의 분류 ★<br>• 계정기입법칙 ★ | • 분개 ★<br>• 전기 ★ | • 회계장부의 분류 ★ |

# 회계의 개념

## 01 회계의 기초 ★

### (1) 회계의 의의

회계(會計)란 정보이용자들이 합리적인 의사결정을 할 수 있도록 경제적 사건을 식별·측정하여 회계정보를 제공하는 과정을 말한다.

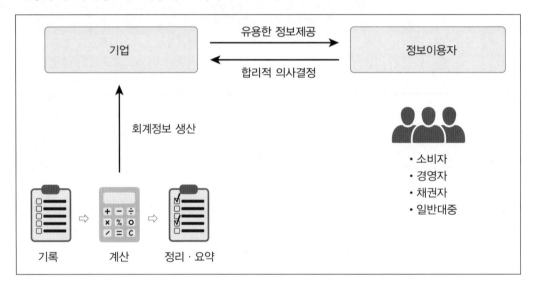

### (2) 정보이용자

기업의 규모가 커지고 기업활동의 경제적 영향력이 커짐에 따라 다양한 종류의 이해관계자가 존재하며 이들은 각각의 목적에 따라 다양한 정보를 필요로 한다. 회계정보이용자로는 기업에 자금을 제공하는 주주와 채권자, 원재료 등을 제공하는 공급자, 노동력을 제공하는 노동자, 정부기관, 세무당국, 지역사회, 각 이익집단들 그리고 경영자 등이 있다. 이처럼 회계정보이용자가 매우 다양하기 때문에 이들의 정보요구를 모두 충족시키는 것은 거의 불가능하다. 따라서 회계기준에 근거한 일반목적재무보고 등을 통해 이해관계자가 요구하는 공통적인 회계정보를 회계정보이용자에게 제공하는 것이다.

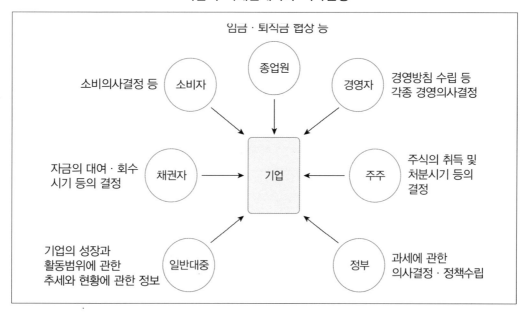

**기업의 이해관계자와 의사결정**

## 02 회계의 분류

회계는 회계정보를 제공하는 대상, 즉 정보이용자가 누구냐에 따라 재무회계와 관리회계로 크게 구분할 수 있다. 재무회계는 외부이해관계자를 위한 회계이며, 관리회계는 내부이해관계자를 위한 회계이다.

| 구분 | 재무회계 | 관리회계 |
|---|---|---|
| 목적 | 기업 외부이해관계자(정보이용자)의 경제적 의사결정에 유용한 정보제공 | 기업 내부이해관계자(정보이용자)의 관리적 의사결정에 유용한 정보제공 |
| 정보이용자 | 외부정보이용자(주주, 채권자 등) | 내부정보이용자(경영자) |
| 보고수단 | 재무제표(재무보고) | 의사결정에 목적적합한 방법 (일정한 형식 없음) |
| 회계기준 | 일반적으로 인정된 회계원칙(GAAP) | 객관적이고 공통된 기준 없음 |
| 보고시점 | 일반적으로 1년 단위(분기 등) | 필요에 따라 수시보고 |
| 제공정보 | 과거정보의 집계와 보고 | 미래와 관련된 정보 위주 |

> **보충** 한국채택국제회계기준
>
> 주식회사 등의 외부감사에 관한 법률(외감법)의 적용대상기업 중 자본통합법에 따라 주권상장법인 또는 한국채택국제회계기준 선택 기업 등의 회계처리에 적용하는 기준을 말한다.

## (1) 회계정보

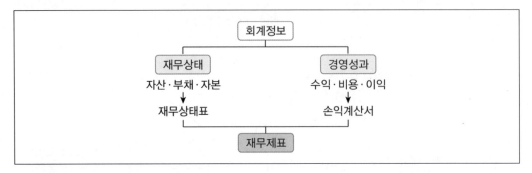

## (2) 회계기간

① 기업이 회계정보이용자에게 회계정보를 어떤 주기로 제공할 것인가의 문제이다. 정보이용자는 수시로 제공받고 싶어 하지만 기업은 일정한 기간을 단위로 회계정보를 제공한다. 이와 같이 인위적으로 나눈 일정한 기간단위를 회계기간(보고기간) 또는 회계연도라고 한다.

② 회계기간(보고기간)의 첫날을 기초라 하고 마지막 날을 기말이라 하며 경영활동기간 동안을 기중이라고 한다. 우리나라의 공개기업의 경우에는 1년을 기준으로 한 연차 재무제표뿐만 아니라 분기(3개월)마다 재무제표를 작성하여 공시하도록 되어 있다.

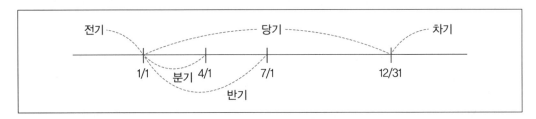

## (3) 재무제표

'재무(財務)와 관련된 모든(諸) 표(表)'라는 뜻으로 일정 기간 동안 기업의 경영성적, 재정상태 등을 정보이용자에게 보고하기 위하여 정기적으로 작성하는 회계보고서를 말한다.

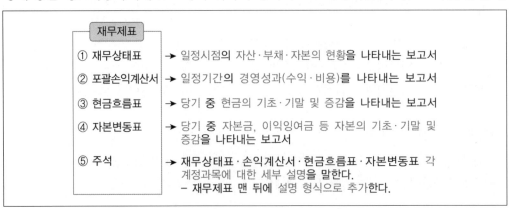

**보충** **부기란 무엇인가?**

1. 우리는 일상생활에서 개인적인 수입과 지출을 기록한다든지, 가정에서 가계부를 작성하는 것 등과 같이 여러 가지 경제활동과 관련된 기록을 확인할 수 있다. 영업활동을 하는 기업의 경우 끊임없이 현금·채권·채무 등이 변동하므로 이를 기록하지 않으면 정확한 손익이나 기업의 재무상태 등을 알 수 없게 된다. 따라서 영리를 목적으로 하는 기업의 경우 기록은 특히 중요하다고 할 수 있다. 그러므로 기업의 영업활동에 따른 재산의 변동사항을 체계적으로 기록·정리하는 방법이 필요한데, 이러한 필요성에 의하여 나타난 것이 바로 부기이다.

부기(bookkeeping)

| 기록 | 계산 | 정리·요약 |

2. 부기(bookkeeping)란 '장부기입'의 약칭으로 장부에 기록하는 요령이나 기술을 말하고, 통상 경제사건을 장부에 기록하는 데 한정된다. 부기는 기록하는 방법에 따라 거래의 원인과 결과 가운데 어느 하나만을 기록하는 단식부기와 거래의 원인과 결과를 이중적으로 기록하는 복식부기로 구분된다.

[예시]

기계장치를 구입하고 대금 ₩100,000을 현금으로 지급하다.

단식부기의 경우 '기계장치 ₩100,000 구입'으로만 기록하여 간편하다는 장점이 있으나 현금으로 구입했는지 외상으로 구입했는지 알 수 없다. 복식부기의 경우 '기계장치 구입 ₩100,000'을 기록함과 동시에 '현금 지급 ₩100,000'을 기록하기 때문에 거래의 원인과 결과를 모두 알 수 있다. 따라서 복식부기는 거래를 기록하는 과정에서 발생하는 오류를 발견할 수 있다는 장점이 있다.

[회계처리]

| 단식부기 | 기계장치 100,000 | | | |
|---|---|---|---|---|
| 복식부기 | (차) 기계장치 | 100,000 | (대) 현금 | 100,000 |

3. **복식부기의 우월성**

"단식부기나 비망록 정도의 회계기록은 유리구슬이 하와이섬을 중심으로 반경 10km 내에 있다고 말해 줄 수 있는 기록제도와 같다면, 복식부기는 반경 100m 내외에 있다고 말해 줄 수 있는 기록제도와 같다. 만약 컴퓨터와 결합된다면 이는 반경 10m 이내에 있다고 말해 줄 수 있는 정보시스템이 될 수 있다. 복식부기의 장점은 정보 산출의 용이함과 통제가능성이다."
(이문영·윤성식, 「재무행정」, 학현사, p.665)

# 재무상태의 측정과 재무상태표

## 01 재무상태의 의의 ★

**(1)** 투자자들은 기업의 재정상태가 튼튼하고 안전한지를 알고 싶어 한다. 따라서 기업은 보유하고 있는 '자산'이 어떻게 구성되어 있는지를 알려주어야 하고, 해당 자산이 기업의 돈으로 구성되어 있는지 빚으로 구성되어 있는지를 설명해야 한다. 이와 같은 정보를 기업의 '재무상태정보'라고 하며, 이는 자산, 부채 그리고 자본으로 설명된다.

> **사례** 간단한 사례로 생각해 보는 재무상태정보
>
> 김합격 씨는 신발장사를 시작하려고 한다. 사업을 시작하려면 돈이 필요한데 수중에 돈은 ₩5,000이 전부이다. 김합격 씨는 전 재산인 현금 ₩5,000을 가지고 신발을 구입하려고 시장에 갔는데 신발 한 켤레에 가격은 ₩10,000이었다. 하지만 김합격 씨는 장사를 포기할 수 없어 결국 ₩25,000을 동료로부터 조달하였다. 김합격 씨는 자신이 가지고 있는 ₩5,000과 동료로부터 조달한 ₩25,000으로 신발 세 켤레를 구입하였다.
>
> 본 사례에서 김합격 씨는 처음에는 ₩5,000을 갖고 있었고, 나중에 그는 동료로부터 조달한 ₩25,000을 더하여 ₩30,000을 지급하여 신발을 구입하였으므로 현재 수중에 현금은 ₩0이다. 이 경우 김합격 씨의 재무상태를 정리해 보면 다음과 같다.
>
> | 지금 갖고 있는 것은 무엇일까? | | 돈의 출처는 어디일까? | |
> |---|---|---|---|
> | 신발 3켤레 × 10,000 = 30,000 | | 동료에게 빌린 돈 | 25,000 |
> | | | 내가 낸 돈 | 5,000 |
> | 합계 | 30,000 | 합계 | 30,000 |

**(2)** 재무상태정보는 자금을 어떻게 조달했고, 어느 곳에 투자하여 사용되고 있는가를 보여준다. 따라서 재무상태정보를 알기 위해서는 투자된 상태를 나타내는 자산과 필요한 자금을 조달하는 두 가지 형태인 부채와 자본으로 구성요소를 살펴보아야 한다. 자산은 현금, 예금, 주식, 건물, 토지와 같이 금전적인 가치가 있는 것을 말하며, 부채는 타인에게 외상으로 물건을 구입한다든지 돈을 차입하는 등의 거래를 통해서 발생한 장래에 갚아야 할 의무(빚)를 뜻한다. 따라서 자산은 부채로 조달한 금액을 포함하고 있으므로 자산에서 부채를 차감하면 자본(순자산)이 계산된다.

이 경우 자본(순자산)은 내 돈이 어떤 원인으로 증가되었는지를 설명하는 부분이라고 생각해 보자. 즉, 출자된 돈인지 열심히 벌어서 증가한 것인지를 설명하는 항목이다. 따라서 회계 첫걸음을 내딛을 때 재무상태 요소 중 자본이 가장 모호하고 어렵게 느껴지는 경우가 많다.

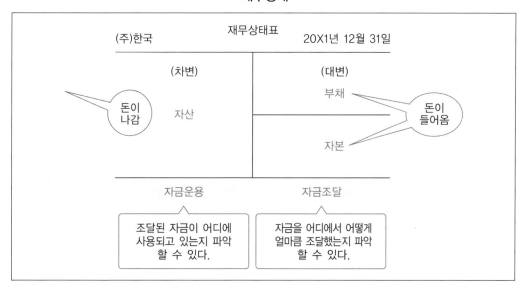

재무상태

## 02 재무상태표 ★

### (1) 재무상태표의 의의

재무상태표는 회사의 건강도를 정보이용자에게 알려주는 보고서이다. 즉, 일정한 시점에서 회사가 어떤 자산을 보유하고 있는지, 얼마나 빚(부채)을 갖고 있는지, 진정한 순자산은 얼마인지 그리고 그 순자산이 출자 때문인지 회사가 열심히 벌어서 생긴 것인지를 알려주는 보고서이다. 따라서 재무상태표는 기업의 자산, 부채 그리고 자본으로 구성되어 전달된다.

## (2) 등식

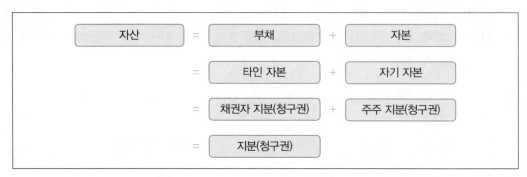

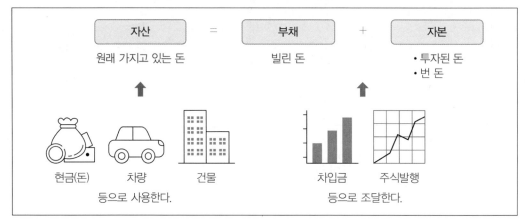

**01** ①~③에 알맞은 금액을 계산하시오.

| 자산 | 부채 | 자본 |
|---|---|---|
| ₩12,000 | ₩9,600 | ( ① ) |
| ₩20,000 | ( ② ) | ₩4,000 |
| ( ③ ) | ₩15,000 | ₩8,000 |

해설

회계등식(자산 = 부채 + 자본)을 확인하는 문제이다.
① 자본 = 자산 − 부채 ⇨ ₩12,000 − ₩9,600 = ₩2,400
② 부채 = 자산 − 자본 ⇨ ₩20,000 − ₩4,000 = ₩16,000
③ 자산 = 부채 + 자본 ⇨ ₩15,000 + ₩8,000 = ₩23,000

## (3) 양식

재무상태표는 일정한 시점에서 재무상태(자산·부채·자본)를 나타내는 도표를 말하며, 재무상태표등식에 따라서 왼쪽(차변)은 자산을 기록하고, 오른쪽(대변)은 부채와 자본을 기록하여 다음과 같이 재무상태를 나타낸다. 따라서 왼편(차변)의 자산의 총계와 오른편(대변)의 부채와 자본의 총계가 항상 일치하게 된다. 재무상태표는 상단에 보고서의 명칭, 특정시점의 재무상태표임을 알려주는 날짜, 그리고 어느 기업의 재무상태임을 알려주는 기업의 명칭을 반드시 기재하여야 한다.

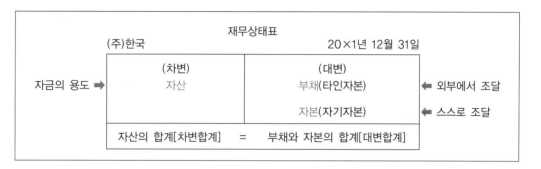

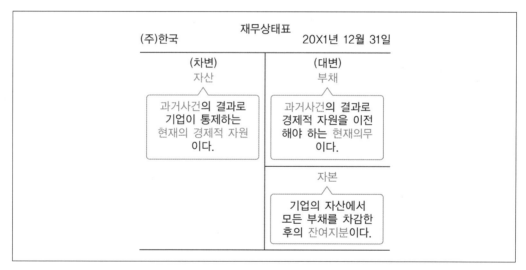

┌─ **보충** 차변(회계에서 왼쪽을 부르는 말)과 대변(회계에서 오른쪽을 부르는 말)

차변과 대변은 장부기록 초기에 채권·채무 개념이었으나, 거래의 다양화 등으로 현대의 회계학에서는 그러한 개념이 약해졌다. 따라서 특정한 의미를 가지는 것이 아니라 단순히 왼편과 오른편을 지칭하는 관습적인 용어로 받아들여지고 있다. 그러므로 차후에 학습하는 거래요소의 결합관계에서 자산의 증가는 차변에, 부채와 자본의 증가는 대변에 기록하고 감소하는 경우 증가의 반대쪽에 기록하기로 한 약속이 되는 것이다.

**02** (주)한국의 20×1년 12월 31일 재무상태가 다음과 같을 경우 20×1년 12월 31일 재무상태표를 작성하시오.

| | | | |
|---|---|---|---|
| • 현금 | ₩120,000 | • 외상매출금 | ₩50,000 |
| • 상품 | ₩30,000 | • 기계장치 | ₩70,000 |
| • 단기차입금 | ₩100,000 | • 외상매입금 | ₩90,000 |

해설

(주)한국             재무상태표          20×1년 12월 31일

| 자산 | | 부채 · 자본 | |
|---|---|---|---|
| 현금 및 현금성자산 | 120,000 | 매입채무 | 90,000 |
| 매출채권 | 50,000 | 단기차입금 | 100,000 |
| 상품 | 30,000 | 자본금 | 80,000 |
| 기계장치 | 70,000 | | |
| | 270,000 | | 270,000 |

⊕ 외상매출금과 외상매입금은 재무상태표에 공시할 때 매출채권과 매입채무로 각각 공시한다.

**03** 다음의 재무상태표를 수정하여 올바른 재무상태표를 작성하시오.

(주)한국             재무상태표          20×1년 12월 31일

| | | | |
|---|---|---|---|
| 현금 및 현금성자산 | 1,200 | 매출채권 | 6,000 |
| 기계장치 | 15,000 | 미수금 | 2,500 |
| 이익잉여금 | ? | 토지 | 21,000 |
| 매입채무 | 8,500 | 선수금 | 11,500 |
| 자본금 | 15,000 | 미지급금 | 5,000 |
| | 46,000 | | 46,000 |

해설

재무상태표의 차변에는 자산항목을, 대변에는 부채항목과 자본항목을 기록한다.

(주)한국             재무상태표          20×1년 12월 31일

| | | | |
|---|---|---|---|
| 현금 및 현금성자산 | 1,200 | 매입채무 | 8,500 |
| 매출채권 | 6,000 | 미지급금 | 5,000 |
| 미수금 | 2,500 | 선수금 | 11,500 |
| 토지 | 21,000 | 자본금 | 15,000 |
| 기계장치 | 15,000 | **이익잉여금($x$)** | **5,700** |
| | 45,700 | | 45,700 |

## 03 자산 ★

### (1) 자산의 의의

자산은 기업이 소유하고 있는 현금, 예금, 비품 등과 같이 재화나 채권으로서 금전적 가치가 있는 것을 말한다. 회계적 용어로 자산을 표현하면 '과거사건의 결과로 기업이 통제하는 현재의 경제적 자원'이라고 할 수 있다.

> **보충** 재화와 채권
>
> 1. **재화**: 기업이 소유하고 있는 돈이나 물건으로서 현금, 상품, 비품, 건물, 토지 등
> 2. **채권**: 외상매출금, 대여금 등과 같이 기업이 받아야 할 권리

| (주)한국 | 재무상태표 | 20X1년 12월 31일 |
|---|---|---|
| **자산** (유동자산)<br>당좌자산<br>재고자산<br>(비유동자산)<br>투자자산<br>유형자산<br>무형자산<br>기타비유동자산 | **부채** (유동부채)<br>(비유동부채) | |
| | **자본** (자본금)<br>(자본잉여금)<br>(자본조정)<br>(기타포괄손익누계액)<br>(이익잉여금) | |

| (주)한국 | 재무상태표 | 20X1년 12월 31일 |
|---|---|---|
| (유동자산)<br>팔면 1년 이내에 현금을 회수할 수 있는 자산 | (유동부채)<br>1년 이내에 상환할 의무가 있는 부채 ┐<br>(비유동부채)<br>1년 이내에 상환할 의무가 없는 부채 ┘1년 이내에 의무가 이행될 예정 | |
| (비유동자산)<br>팔면 1년 이후에 현금을 회수할 수 있는 자산 | (자본금)<br>(자본잉여금) ┤자본거래<br>(자본조정)<br>(기타포괄손익누계액)<br>(이익잉여금) ┤손익거래 | |

## (2) 자산의 분류

### 자산계정의 종류

| 계정과목(회계용어) | 거래형태 및 일반적 용어 |
|---|---|
| 현금 | 흔히 돈으로 알고 있는 것으로 지폐와 주화인 통화와 통화처럼 통용될 수 있는 통화대용증권(에 자기앞수표, 송금수표 등) |
| 보통예금 | 입·출금이 자유로운 예금 |
| 당좌예금 | 당좌수표를 발행하여 인출할 목적으로 가입한 예금 |
| 정기예금 | 금융기관에 일정금액을 일정기간동안 맡기고 일정한 기간 후에 일정금액과 이자를 받기로 한 예금 |
| 정기적금 | 금융기관에 일정금액씩 맡기고 일정기간 후에 일정금액과 이자를 받기로 한 예금 |
| 현금 및 현금성자산 | 통화 및 통화대용증권, 당좌예금·보통예금, 현금성자산을 합한 것 |
| 당기손익－공정가치 측정 금융자산 | 단기매매목적으로 취득한 주식과 채권 |
| 외상매출금 | 상품이나 제품 등을 외상으로 판매하고 현금으로 받을 권리 |
| 받을어음 | 상품이나 제품 등을 판매하고, 대금을 어음으로 수령한 경우 어음대금을 현금으로 받게 될 권리 |
| 매출채권 | 외상매출금과 받을어음을 합한 것 |
| 미수금 | 건물, 비품, 차량운반구 등과 같이 상품이나 제품 이외의 자산을 처분하고, 대금을 나중에 받기로 한 것 |
| 단기대여금 | 보고기간 종료일로부터 1년 이내에 회수할 조건으로 금전을 타인에게 빌려준 금액 |
| 장기대여금 | 보고기간 종료일로부터 1년 이후에 회수할 조건으로 금전을 타인에게 빌려준 금액 |
| 선급금 | 상품을 매입하기로 하고, 상품대금의 일부를 미리 지급한 계약금 |
| 상품 | 상기업에서 판매를 목적으로 구입한 물건 |
| 제품 | 제조기업에서 판매를 목적으로 만들어 낸 생산품 |
| 토지 | 영업활동에 사용할 목적으로 취득하여 보유하고 있는 땅으로 대지, 임야, 전답, 잡종지 등 |
| 건물 | 영업활동에 사용할 목적으로 구입하거나 건설하여 보유하고 있는 건축물 및 부속설비 등 |
| 기계장치 | 영업활동에 사용할 목적으로 구입하여 보유하고 있는 기계 및 부속설비 |
| 비품 | 영업활동에 사용할 목적으로 보유하고 있는 책상·의자·컴퓨터 등 |
| 차량운반구 | 영업활동에 사용할 목적으로 보유하고 있는 트럭·승용차 등 |
| 산업재산권 | 법률에 의하여 일정기간 독점적·배타적으로 이용할 수 있는 권리인 특허권, 상표권 등 |

> **보충** 상기업과 제조기업의 차이
>
> 상기업은 다른 회사가 만들어낸 제품을 낮은 가격으로 매입하여 이익을 가산하여 판매하는 기업을 말한다. 반면 제조기업은 기업이 공장에서 제품을 만들어 이익을 가산하여 판매하는 기업을 말한다. 따라서 상기업은 재무회계에서, 제조기업은 원가회계에서 주로 학습하게 된다.

## 04 부채 ★

### (1) 부채의 의의

부채는 기업이 장래에 현금 등으로 갚아야 할 의무가 있는 빚을 말한다. 상품을 외상으로 매입한 경우 발생하는 채무(외상매입금 · 지급어음), 은행으로부터 현금을 차용한 경우 발생하는 채무(차입금) 등과 같이 미래에 상환해야 하는 현재의무가 부채에 해당된다. 회계적 용어로 부채를 표현하면 '과거 사건의 결과로 기업이 경제적 자원을 이전해야 하는 현재의무'라고 할 수 있다.

### (2) 부채의 분류

**부채계정의 종류**

| 계정과목(회계용어) | 거래형태 및 일반적 용어 |
|---|---|
| 외상매입금 | 상품이나 원재료 등을 외상으로 매입하고 지급할 의무 |
| 지급어음 | 상품이나 원재료 등을 매입하고, 대금은 약속어음으로 발행한 경우 어음대금을 지급할 의무 |
| 매입채무 | 외상매입금과 지급어음을 합한 것 |
| 단기차입금 | 보고기간 종료일로부터 1년 이내에 지급할 조건으로 빌려온 금액 |
| 장기차입금 | 보고기간 종료일로부터 1년 이후에 지급할 조건으로 빌려온 금액 |
| 미지급금 | 상품이나 원재료 이외 물품 등을 구입하고, 대금은 나중에 주기로 한 의무 |
| 선수금 | 상품을 판매하기로 하고, 상품대금의 일부를 미리 받은 계약금 |

## 05  자본 ★

### (1) 자본의 의의

자본은 기업의 자산총액에서 부채총액을 차감한 후에 남은 잔여지분을 말한다. 즉, 기업이 보유한 자산에서 타인에게 갚아야 하는 부채를 차감한 순자산을 말하며 회사의 진정한 재산가치라고 할 수 있으므로 자본을 이해하기 위해서는 자산과 부채 항목 모두를 살펴야 한다.

> 자본 = 기업이 소유한 순자산
>       = 자산 − 부채

### (2) 자본의 분류

**자본계정의 종류**

| 계정과목(회계용어) | 거래형태 및 일반적 용어 |
|---|---|
| 자본금 | 회사의 주주가 출자한 재산으로 주식의 액면금액에 발행주식수를 곱한 금액 |
| 이익잉여금 | 기업의 경영활동으로 벌어들인 순이익의 합계액 |

⊕ 입문과정에서는 자본항목 중 자본금과 이익잉여금계정을 중심으로 자본을 이해하고 나머지 항목은 차후에 학습한다.

## 04 다음 항목을 자산·부채·자본으로 구분하시오.

| | | |
|---|---|---|
| ① 현금 ( ) | ② 건물 ( ) |
| ③ 단기차입금 ( ) | ④ 외상매출금 ( ) |
| ⑤ 외상매입금 ( ) | ⑥ 당좌예금 ( ) |
| ⑦ 미수금 ( ) | ⑧ 미지급금 ( ) |
| ⑨ 상품 ( ) | ⑩ 단기대여금 ( ) |
| ⑪ 매출채권 ( ) | ⑫ 매입채무 ( ) |
| ⑬ 받을어음 ( ) | ⑭ 당기손익-공정가치측정 금융자산 ( ) |
| ⑮ 정기예금 ( ) | ⑯ 지급어음 ( ) |
| ⑰ 차량운반구 ( ) | ⑱ 자본금 ( ) |
| ⑲ 선급금 ( ) | ⑳ 선수금 ( ) |
| ㉑ 비품 ( ) | ㉒ 기계장치 ( ) |
| ㉓ 현금 및 현금성자산 ( ) | ㉔ 이익잉여금 ( ) |

해설

| | |
|---|---|
| ① 자산 | ② 자산 |
| ③ 부채 | ④ 자산 |
| ⑤ 부채 | ⑥ 자산 |
| ⑦ 자산 | ⑧ 부채 |
| ⑨ 자산 | ⑩ 자산 |
| ⑪ 자산 | ⑫ 부채 |
| ⑬ 자산 | ⑭ 자산 |
| ⑮ 자산 | ⑯ 부채 |
| ⑰ 자산 | ⑱ 자본 |
| ⑲ 자산 | ⑳ 부채 |
| ㉑ 자산 | ㉒ 자산 |
| ㉓ 자산 | ㉔ 자본 |

**05** 다음 항목과 관련된 계정과목을 기입하시오.

① 은행에 당좌예입하거나 수표를 발행한 경우 ( )
② 지폐 및 주화, 통화대용증권 ( )
③ 통화 및 자기앞수표 등 통화대용증권과 당좌예금 · 보통예금 그리고 현금성
　 자산을 합한 것 ( )
④ 상품을 주문하고, 계약금으로 지급한 경우 ( )
⑤ 주식 · 사채 등을 단기적 자금운용목적으로 매입하고 공정가치평가에 따른
　 손익을 당기손익으로 인식한 경우 ( )
⑥ 상품을 매출하고, 대금은 외상으로 한 경우 ( )
⑦ 상품을 매출하고, 대금은 약속어음으로 받은 경우 ( )
⑧ 상품이 아닌 건물 · 토지 등을 매각처분하고, 대금은 월말에 받기로 한 경우 ( )
⑨ 현금을 단기적으로 타인에게 빌려주고, 차용증서를 받은 경우 ( )
⑩ 법률에 의하여 일정기간동안 독점적 · 배타적으로 이용할 수 있는 권리인
　 특허권, 상표권 등 ( )
⑪ 판매를 목적으로 외부로부터 매입한 물품 ( )
⑫ 제조기업에서 판매를 목적으로 만들어낸 생산품 ( )
⑬ 업무용 책상 · 의자 · 컴퓨터 및 복사기 등을 구입한 경우 ( )
⑭ 영업에 사용할 목적으로 건물을 구입한 경우 ( )
⑮ 상품을 매입하고 대금은 외상으로 한 경우 ( )
⑯ 상품을 매입하고 대금은 약속어음으로 발행한 경우 ( )
⑰ 상품이 아닌 비품 · 건물 등을 구입하고, 대금은 월말에 지급하기로 한 경우 ( )
⑱ 1년 이내에 상환하기로 하고 현금을 빌리고, 차용증서를 써 준 경우 ( )
⑲ 상품을 주문받고, 계약금을 미리 수령한 경우 ( )
⑳ 회사의 주주가 출자한 재산(주식의 액면금액) ( )

해설

| | |
|---|---|
| ① 당좌예금(자산) | ② 현금(자산) |
| ③ 현금 및 현금성자산(자산) | ④ 선급금(자산) |
| ⑤ 당기손익-공정가치측정 금융자산(자산) | ⑥ 외상매출금(자산) |
| ⑦ 받을어음(자산) | ⑧ 미수금(자산) |
| ⑨ 단기대여금(자산) | ⑩ 산업재산권(자산) |
| ⑪ 상품(자산) | ⑫ 제품(자산) |
| ⑬ 비품(자산) | ⑭ 건물(자산) |
| ⑮ 외상매입금(부채) | ⑯ 지급어음(부채) |
| ⑰ 미지급금(부채) | ⑱ 단기차입금(부채) |
| ⑲ 선수금(부채) | ⑳ 자본금(자본) |

# CHAPTER 3

# 경영성과의 계산과 손익계산서

## 01 경영성과의 의의 ★

기업은 구매활동, 생산활동, 판매활동, 일반관리 및 부수적인 여러 활동 등을 통하여 수익과 비용을 발생시킨다. 그렇다면 기업이 장사를 잘했는지 못했는지는 무엇을 보면 알 수 있을까? 일정기간 동안 벌어들인 금액(수익)에서 수익을 얻기 위해 소요된 비용을 차감하여 계산된 손익을 통해 판단할 수 있을 것이다. 이를 '경영성과정보'라고 한다.

> **사례** 간단한 사례로 생각해 보는 경영성과정보
>
> 김합격 씨는 ₩10,000씩에 구입한 신발을 ₩15,000에 한 켤레 판매하였다. 김합격 씨가 처음 장사하고 얼마를 벌었는지 구체적으로 기록해 보면 다음과 같다. 매상(수익)은 김합격 씨가 장사해서 벌어들인 것이고, 원가(비용)는 매상을 얻기 위해 제공한 상품의 대금을 말한다. 따라서 양자의 차이가 벌어들인 이익이 되는 것이다.
>
> | 매상(수익) | ₩15,000 |
> | --- | --- |
> | 원가(비용) | ₩10,000 |
> | 벌어들인 것(이익) | ₩5,000 |

## 02 손익계산서 ★

### (1) 손익계산서의 의의

일정기간 동안에 발생한 총수익과 총비용을 서로 비교하여 기업이 경영을 잘했는지를 알 수 있다. 총수익이 총비용보다 큰 경우에는 순이익이 발생하고, 반대의 경우에는 순손실이 발생한다. 이와 같은 정보를 '경영성과 정보'라고 하며, 이는 정보이용자에게 손익계산서를 통해 전달된다.

### (2) 등식

[손익계산서등식] **당기순손익 = 수익 - 비용**

손익계산서

| (주)한국 | 20×1년 1월 1일~20×1년 12월 31일 |
|---|---|
| **총비용**: 벌기 위해 지불한 금액 | **총수익**:<br>일정기간 동안 벌어들인 금액 |
| **당기순이익**: 쓰고 남은 금액 | |

> **보충 손익계산서와 포괄손익계산서의 차이**
>
> 손익계산서는 수익과 비용을 통해 당기순손익이 계산되어 경영성과정보를 보여주는 당기손익부분을 나타내며, 포괄손익계산서는 당기순손익에 기타포괄손익이 가감되어 총포괄손익이 계산되는 재무제표이다.

[포괄손익계산서등식] **총포괄손익** = (수익 − 비용) + (기타포괄이익 − 기타포괄손실)

## (3) 양식

기초 입문과정이므로 먼저 당기손익부분을 구성하고 있는 손익계산서등식과 계정식 손익계산서 양식을 확인해 보자. 손익계산서 양식은 다음과 같이 당기순손익을 계산하는 등식으로부터 도출된다.

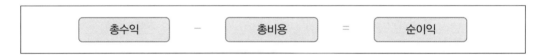

수익은 자본을 증가시키는 요인이고 비용은 자본을 감소시키는 요인이 되므로 재무상태표양식을 연상해 보면 자본은 대변항목이므로 수익도 대변(오른쪽)에 기록하여야 한다. 손익계산서에는 손익계산서라는 보고서의 명칭, 회사명, 일정한 기간 그리고 통화와 금액단위를 반드시 표시하여야 한다.

### ① 당기순이익이 발생하는 경우 손익계산서등식과 양식

## ② 당기순손실이 발생하는 경우 손익계산서등식과 양식

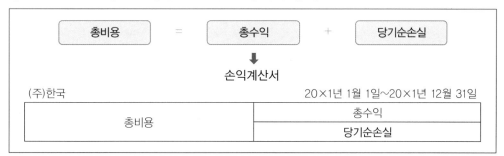

---

기초다지기

**01** 다음 20×1년 (주)한국의 자료를 이용하여 계정식 손익계산서를 작성하시오.

| | | | |
|---|---|---|---|
| • 매출 | ₩400,000 | • 매출원가 | ₩180,000 |
| • 급여 | ₩60,000 | • 수수료수익 | ₩100,000 |
| • 이자비용 | ₩50,000 | • 여비교통비 | ₩70,000 |
| • 임대료 | ₩90,000 | • 복리후생비 | ₩135,000 |
| • 유형자산처분이익 | ₩80,000 | • 수도광열비 | ₩75,000 |

해설

손익계산서

(주)한국                    20×1년 1월 1일~20×1년 12월 31일

| 비용 | | 수익 | |
|---|---|---|---|
| 매출원가 | 180,000 | 매출 | 400,000 |
| 급여 | 60,000 | 수수료수익 | 100,000 |
| 복리후생비 | 135,000 | 임대료 | 90,000 |
| 여비교통비 | 70,000 | 유형자산처분이익 | 80,000 |
| 수도광열비 | 75,000 | | |
| 이자비용 | 50,000 | | |
| 당기순이익 | 100,000 | | |
| 계 | 670,000 | 계 | 670,000 |

## 03 수익 ★

### (1) 수익의 의의

수익이란 기업이 일정한 기간 동안 벌어들인 것으로 상품이나 용역 등을 제공하고 그 대가로 발생하는 자산의 유입 또는 부채의 감소로 나타난다. 즉, 수익은 자본을 증가시키는 요인이 된다. 예를 들어 이자를 현금으로 수령한 경우를 생각해 보면, 이자수익의 발생으로 기업은 현금을 받았으므로 자산이 증가하고 자본이 증가하게 된다. 이에는 영업수익인 매출과 기타수익인 이자수익, 유형자산처분이익, 임대료 등이 있다.

### (2) 수익의 분류

**수익계정의 종류**

| 계정과목(회계용어) | 거래형태 및 일반적 용어 |
|---|---|
| 매출 | 기업이 고객에게 상품이나 용역 등을 제공한 대가로 수취하거나 수취할 것 |
| 임대료 | 타인에게 건물이나 토지를 빌려주고 받는 집세나 지대 |
| 수수료수익 | 용역 등을 제공하거나 상품판매 중개역할을 하고 받은 수수료 |
| 이자수익 | 단기대여금, 예금 또는 투자한 사채 등에서 발생한 이자 |
| 배당금수익 | 유의적인 영향력을 행사할 수 없는 피투자회사의 주식에 투자함으로써 받는 현금배당금액 |
| 유형자산처분이익 | 건물·비품·토지 등을 장부금액 이상의 대가를 받고 유형자산을 처분한 경우 그 초과금액 |

## 04 비용 ★

### (1) 비용의 의의

비용이란 수익을 얻기 위해서 지출된 또는 소비된 경제적 가치를 말한다. 즉, 비용은 자본을 감소시키는 요인이 되는 것이다. 예를 들어 원가의 상품에 이익을 가산하여 매가로 판매하였다면 매가는 수익이 되는 것이고 원가는 수익을 얻기 위해 소비된 자산, 즉 비용이 되는 것이다. 이에는 매출원가, 임차료, 이자비용, 처분손실, 수수료비용, 접대비 등이 있다.

## (2) 비용의 분류

### 비용계정의 종류

| 계정과목(회계용어) | 거래형태 및 일반적 용어 |
|---|---|
| 매출원가 | 판매한 상품의 매입원가나 판매된 제품의 제조원가 |
| 급여 | 종업원 근로의 대가로 지급하는 월급과 보너스 등의 금액 |
| 복리후생비 | 직원의 복리를 위해 지급하는 식대, 피복비, 회식비 등 |
| 여비교통비 | 업무상 버스요금·택시요금 등으로 지급하는 금액 |
| 접대비 | 업무상 접대를 위해 지급한 금액 |
| 통신비 | 인터넷통신요금·전화요금·우표나 엽서 등의 이용금액 |
| 수도광열비 | 도시가스요금·수도요금·전기요금 등의 이용금액 |
| 세금과공과 | 재산세, 자동차세, 상공회의소 회비, 적십자 회비 등 |
| 임차료 | 토지나 건물 등을 빌려 사용하고 지급하는 금액 |
| 보험료 | 화재보험료·자동차보험료 등 |
| 소모품비 | 일회성(내용연수 1년 이내)이 강한 물건을 구입하여 비용으로 회계처리한 경우 |
| 수수료비용 | 용역을 제공받고 지급한 수수료 금액 |
| 광고선전비 | 판매를 위해 신문이나 방송 등의 광고를 위해 지출하는 비용 |
| 이자비용 | 차입금이나 사채발행으로 인하여 회사가 이자로 부담하는 금액 |
| 기부금 | 업무와 무관하게 기부하는 금품 및 물품의 금액 |
| 유형자산처분손실 | 건물·비품·토지 등을 매각·처분시 장부금액 이하의 대가를 받고 유형자산을 처분한 경우 발생한 손실 |

### 기초다지기

**02 다음 항목을 수익과 비용으로 구분하시오.**

① 이자비용 (     )       ② 임차료 (     )
③ 수수료비용 (     )       ④ 매출 (     )
⑤ 급여 (     )       ⑥ 세금과공과 (     )
⑦ 임대료 (     )       ⑧ 광고선전비 (     )
⑨ 복리후생비 (     )       ⑩ 수수료수익 (     )
⑪ 보험료 (     )       ⑫ 배당금수익 (     )
⑬ 잡이익 (     )       ⑭ 유형자산처분이익 (     )
⑮ 매출원가 (     )       ⑯ 수도광열비 (     )
⑰ 여비교통비 (     )       ⑱ 이자수익 (     )
⑲ 통신비 (     )       ⑳ 유형자산처분손실 (     )

| | | |
|---|---|---|
| ① 비용 | ② 비용 | ③ 비용 |
| ④ 수익 | ⑤ 비용 | ⑥ 비용 |
| ⑦ 수익 | ⑧ 비용 | ⑨ 비용 |
| ⑩ 수익 | ⑪ 비용 | ⑫ 수익 |
| ⑬ 수익 | ⑭ 수익 | ⑮ 비용 |
| ⑯ 비용 | ⑰ 비용 | ⑱ 수익 |
| ⑲ 비용 | ⑳ 비용 | |

**기초다지기**

## 03 다음 항목과 관련된 계정과목을 기입하시오.

① 종업원의 월급을 지급한 경우 ( )
② 단기차입금에 대한 이자를 지급한 경우 ( )
③ 기업이 고객에게 용역을 제공하거나 상품 등을 인도한 대가로 수취하거나
　 수취할 금액 ( )
④ 재산세 · 자동차세 및 상공회의소 회비를 지급한 경우 ( )
⑤ 집세를 받은 경우 ( )
⑥ 중개역할을 하고 중개수수료를 받은 경우 ( )
⑦ 직원의 복리를 위해 지급하는 식대, 피복비, 회식비 등 ( )
⑧ 사무용 장부 · 볼펜 등을 구입하여 사용한 경우 ( )
⑨ 화재보험료 · 자동차보험료를 지급한 경우 ( )
⑩ 단기대여금 또는 은행예금에서 얻어진 이자 ( )
⑪ KBS 광고료를 지급한 경우 ( )
⑫ 집세를 지급한 경우 ( )
⑬ 택시요금 · 버스교통비를 지급한 경우 ( )
⑭ 전화요금 · 인터넷사용료 · 우표 및 엽서대금을 지급한 경우 ( )
⑮ 전기요금 · 수도요금 · 가스료를 지급한 경우 ( )

| | |
|---|---|
| ① 급여(비용) | ② 이자비용(비용) |
| ③ 매출(수익) | ④ 세금과공과(비용) |
| ⑤ 임대료(수익) | ⑥ 수수료수익(수익) |
| ⑦ 복리후생비(비용) | ⑧ 소모품비(비용) |
| ⑨ 보험료(비용) | ⑩ 이자수익(수익) |
| ⑪ 광고선전비(비용) | ⑫ 임차료(비용) |
| ⑬ 여비교통비(비용) | ⑭ 통신비(비용) |
| ⑮ 수도광열비(비용) | |

## 05 당기순손익의 측정 ★

손익을 계산하는 방법은 재무상태정보를 통하여 계산하는 자본유지접근법(재산법)과 경영성과정보를 통하여 계산하는 거래접근법(손익법)으로 구분된다.

### (1) 자본유지접근법(재산법)

기업의 기초자본과 기말자본을 비교하여 순자산이 증가한 부분은 당기순이익, 반대로 감소한 부분은 당기순손실이 된다.

**① 자본거래 및 기타포괄손익이 없는 경우**

- 기초자본 < 기말자본인 경우
  **당기순이익 = 기말자본 − 기초자본**
- 기초자본 > 기말자본인 경우
  **당기순손실 = 기초자본 − 기말자본**

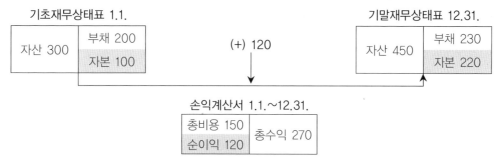

**② 자본거래 및 기타포괄손익이 있는 경우**

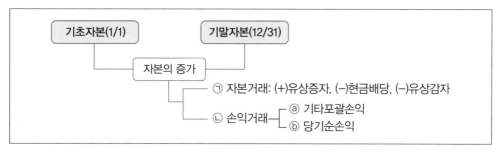

➕ 기타포괄이익이 존재하는 경우는 기본과정에서 학습한다.

### (2) 거래접근법(손익법)

일정한 기간 동안에 발생한 총수익과 총비용을 비교하여 수익이 비용보다 크면 당기순이익이 표시되고, 반대로 수익이 비용보다 작으면 당기순손실이 표시된다.

> - **당기순이익** = 총수익 − 총비용 (총수익>총비용)
> - **당기순손실** = 총비용 − 총수익 (총비용>총수익)

## (3) 양자의 관계

자본유지접근법(재산법)으로 계산된 당기순손익과 거래접근법(손익법)으로 계산된 당기순손익은 서로 일치한다.

---

**기초다지기**

**04** ①~④에 알맞은 금액을 계산하시오.

| 기초자산 | 기초부채 | 기초자본 | 기말자산 | 기말부채 | 기말자본 | 총수익 | 총비용 | 당기순이익 |
|---|---|---|---|---|---|---|---|---|
| ₩750,000 | ① | ₩400,000 | ② | ₩250,000 | ③ | ₩500,000 | ④ | ₩200,000 |

**해설**

① 기초부채 = 기초자산 − 기초자본
　　　　 = ₩750,000 − ₩400,000 = ₩350,000
② 기말자산 = 기말부채 + 기말자본
　　　　 = ₩250,000 + ₩600,000 = ₩850,000
③ 기말자본 = 기초자본 + 당기순이익
　　　　 = ₩400,000 + ₩200,000 = ₩600,000
④ 총비용 = 총수익 − 당기순이익
　　　　 = ₩500,000 − ₩200,000 = ₩300,000

# CHAPTER 4 거래 - 무엇을 기록할 것인가?

## 01 회계상의 거래 ★

현금의 차입, 건물이나 비품의 구입, 상품의 매매 등과 같은 경영활동은 기업의 자산·부채·자본에 영향을 미치게 된다. 이와 같은 경영활동 중 장부에 기록할 대상을 회계상의 거래라고 한다. 즉, 회계상 거래는 자산, 부채, 자본의 증감 변화를 일으키는 사건을 말하며, 금액으로 나타낼 수 있어야 한다. 회계상의 거래는 다음과 같이 일상적으로 생각되는 거래와 반드시 일치하는 것이 아니므로 주의하여야 한다.

**회계상 거래**

- 건물 등의 화재
- 도난 및 파손
- 건물이나 기계장치 등 가치 하락
- 신용위험으로 채권의 회수불능

- 상품매매거래
- 기계장치 구입

- 상품주문
- 매입계약
- 종업원 채용
- 담보제공

**일반적 거래**

---

### 기초다지기

**01** 다음 중 회계상 거래인 것과 회계상 거래가 아닌 것을 구분하시오.

① 상품 ₩1,000,000을 외상으로 매입하였다.
② (주)한국에서 기계장치 ₩500,000을 현금으로 매입하였다.
③ 창고에 보관 중인 상품 ₩300,000을 도난당하였다.
④ 월세 ₩420,000을 주기로 하고 1년간 건물의 임대차계약을 맺었다.
⑤ 현금 ₩1,000,000과 건물 ₩400,000을 출자하여 상품매매업을 시작하였다.
⑥ 통신비 발생분 ₩350,000을 납부하지 못하였다.
⑦ 결산시 영업용 건물·비품에 대하여 ₩250,000을 감가상각하였다.
⑧ 상품 ₩200,000을 매출하고, 대금은 1개월 후 받기로 하였다.
⑨ 신규로 연봉 1억원을 제시한 종업원 5명을 채용하였다.

[해설]

주문, 채용, 계약, 단순한 보관 등은 회계상 거래가 아니다.
- 회계상 거래인 것: ①, ②, ③, ⑤, ⑥, ⑦, ⑧
- 회계상 거래가 아닌 것: ④, ⑨

## 02 거래의 결합관계 ★

**(1)** 회계상 거래는 자산·부채·자본의 증감변화를 가져오는 것이므로 모든 거래는 자산의 증가와 감소, 부채의 증가와 감소, 자본의 증가와 감소 그리고 수익과 비용의 발생으로 이루어진다. 따라서 이를 일정한 원리원칙으로 기록하기 위하여 각 항목의 증감변화를 왼쪽(차변)과 오른쪽(대변)에 재무상태표와 손익계산서 등식을 기초하여 결합관계가 만들어진다.

> [재무상태표등식] 자산 = 부채 + 자본
> [손익계산서등식] 총수익 = 총비용 + 당기순이익

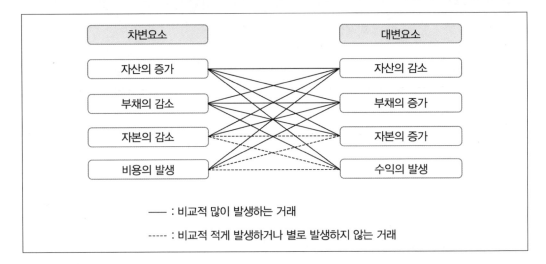

**(2)** 위 그림의 왼쪽에 위치한 차변요소는 자산의 증가, 부채의 감소, 자본의 감소, 비용의 발생이고, 오른쪽에 위치한 대변요소는 자산의 감소, 부채의 증가, 자본의 증가, 수익의 발생이다. 거래는 차변요소와 대변요소의 결합관계로 이루어지며 동일한 차변요소나 대변요소로 결합하지 않는다. 이와 같은 거래요소의 결합유형은 이론상 16가지가 있다. 이 중 비교적 빈번히 발생하는 거래를 중심으로 한 결합유형의 예는 다음과 같다.

① **자산의 증가와 결합되는 거래요소**

| | |
|---|---|
| **자산의 증가 – 자산의 감소** | 상품을 매입하고 대금 ₩100,000을 현금으로 지급하다. |
| **자산의 증가 – 부채의 증가** | 현금 ₩200,000을 6개월 후에 상환하기로 하고 차입하다. |
| **자산의 증가 – 자본의 증가** | 현금 ₩500,000을 출자하여 영업을 개시하다. |
| **자산의 증가 – 수익의 발생** | 대여금이자 ₩20,000을 현금으로 받다. |

② 부채의 감소와 결합되는 거래요소

| 부채의 감소 – 자산의 감소 | 매입채무 ₩100,000을 현금으로 지급하다. |
| 부채의 감소 – 부채의 증가 | 매입채무 ₩50,000을 단기차입금으로 상환하다. |

③ 자본의 감소와 결합되는 거래요소

| 자본의 감소 – 자산의 감소 | 출자자가 자본금의 일부 ₩100,000을 현금으로 인출한다. |

④ 비용의 발생과 결합되는 거래요소

| 비용의 발생 – 자산의 감소 | 임차료 ₩100,000을 현금으로 지급하다. |
| 비용의 발생 – 부채의 증가 | 종업원에 대한 급여 발생분 ₩200,000을 미지급하다. |

**(3)** ①~④에서 언급한 사례는 결합유형 중 주로 발생하는 거래에 해당된다. 따라서 예시에서 언급하지 않은 유형은 비교적 적게 발생하거나 거의 발생하지 않는 유형으로 회계원리에서 자주 발생하지 않는다.

## 03 거래의 이중성과 대차평균의 원리

거래의 이중성(또는 양면성)은 복식부기의 기본원리로서 어떤 거래이든 자산이나 부채 또는 자본의 변동을 초래하는 원인과 그 결과라는 두 가지 속성이 함께 들어 있다는 것을 의미한다. 즉, 자산이 증가하면 동시에 다른 자산이 감소하거나 부채·자본의 증가를 가져온다는 것이다. 예를 들어 현금 10만원으로 기계장치를 구입한 경우 ① 기계장치라는 자산의 증가 10만원과 ② 현금이라는 자산의 감소 10만원으로 구성되어 있다. 즉, 대립되는 양쪽은 서로 원인 및 결과가 되고, 어떤 거래가 발생하더라도 양쪽에 동일한 금액을 이중적으로 기입한다. 이를 통해 회계상 거래는 원인과 결과라는 두 개의 얼굴을 가지고 있는 이중성 또는 양면성을 지니는 것을 알 수 있다.

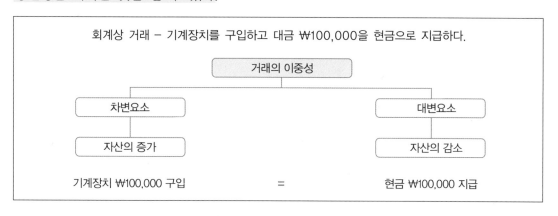

따라서 모든 거래를 이중성에 의하여 기입하면 차변합계와 대변합계가 반드시 일치하게 되는데, 이를 '대차평균의 원리'라고 한다. 또한 거래의 이중성과 대차평균의 원리를 통하여 전 계정의 차변합계와 대변합계를 비교하여 일치 여부를 확인함으로써 그 기록 및 계산의 정확성을 자동적으로 검증할 수 있게 되는데, 이를 복식부기의 '자기검증기능'이라고 한다.

## 04 거래의 분류

### (1) 손익의 발생 여부에 따른 분류

① **교환거래**: 교환거래는 자산·부채·자본간의 증감변화를 가져오고 수익·비용이 발생하지 않는 거래를 말한다(**예** 상품의 현금매입, 외상매출금의 현금회수 등).

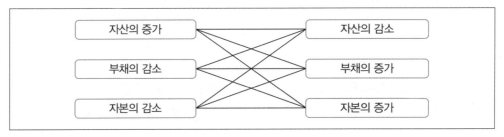

② **손익거래**: 손익거래는 수익이나 비용이 발생하는 거래를 말한다. 즉, 차변이나 대변 어느 한쪽에 수익 또는 비용이 발생하는 거래이다(**예** 이자수령, 급여지급 등).

③ **혼합거래**: 혼합거래는 교환거래와 손익거래가 혼합되어 있는 거래를 말한다. 즉, 거래의 일부가 수익 또는 비용이 되는 거래이다(**예** 차입금과 이자의 지급, 상품을 원가 이상으로 판매하는 경우 등).

**02 다음 거래의 결합관계를 제시하고 교환거래·손익거래·혼합거래로 구분하시오.**

① 현금 ₩200,000과 건물 ₩1,000,000을 출자하여 영업을 시작하였다.
② 급여 ₩1,750,000을 수표를 발행하여 지급하였다.
③ 외상매출금 ₩250,000을 현금으로 회수하였다.
④ 원가 ₩100,000의 기계장치를 ₩150,000에 현금으로 매각하였다.
⑤ 통신비 ₩280,000을 현금으로 납부하였다.
⑥ 단기대여금에 대한 이자 ₩5,000을 현금으로 받았다.
⑦ 현금 ₩170,000을 은행에 당좌예금으로 예입하였다.
⑧ 상품 ₩380,000을 매입하고, 대금 중 ₩180,000은 현금으로 지급하고, 잔액은 외상으로 하였다.
⑨ 단기차입금 ₩300,000과 이자 ₩7,000을 현금으로 지급하였다.
⑩ 보험료 ₩250,000을 현금으로 지급하였다.

해설

① (차) 자산의 증가 1,200,000　　　　(대) 자본의 증가　1,200,000
　　⇨ 교환거래
② (차) 비용의 발생 1,750,000　　　　(대) 자산의 감소　1,750,000
　　⇨ 손익거래
③ (차) 자산의 증가　250,000　　　　(대) 자산의 감소　　250,000
　　⇨ 교환거래
④ (차) 자산의 증가　150,000　　　　(대) 자산의 감소　　100,000
　　　　　　　　　　　　　　　　　　　　수익의 발생　　　50,000
　　⇨ 혼합거래
⑤ (차) 비용의 발생　280,000　　　　(대) 자산의 감소　　280,000
　　⇨ 손익거래
⑥ (차) 자산의 증가　　5,000　　　　(대) 수익의 발생　　　5,000
　　⇨ 손익거래
⑦ (차) 자산의 증가　170,000　　　　(대) 자산의 감소　　170,000
　　⇨ 교환거래
⑧ (차) 자산의 증가　380,000　　　　(대) 자산의 감소　　180,000
　　　　　　　　　　　　　　　　　　　　부채의 증가　　200,000
　　⇨ 교환거래
⑨ (차) 부채의 감소　300,000　　　　(대) 자산의 감소　　307,000
　　　　비용의 발생　　7,000
　　⇨ 혼합거래
⑩ (차) 비용의 발생　250,000　　　　(대) 자산의 감소　　250,000
　　⇨ 손익거래

## (2) 현금수반 여부에 따른 분류

현금을 수반하는 현금거래와 현금이 수반되지 않는 대체거래로 분류된다. 현금거래의 경우 입금거래와 출금거래로 구분되고, 대체거래의 경우 현금이 전혀 수반되지 않는 전부대체거래와 현금이 일부 수반되는 일부대체거래로 구분된다.

## (3) 발생장소에 따른 분류

내부거래는 기업 내부에서 발생하는 거래로, 본점과 지점간의 거래나 결산정리 등이 이에 해당된다. 외부거래는 기업 외부에서 발생하는 거래로, 외부와의 구매 및 판매활동 등을 통한 거래가 이에 해당된다.

# 계정 - 거래의 기록·계산의 단위

## 01 계정의 의의

**(1)** 회계상 거래가 발생하면 기업의 자산·부채·자본의 증감 및 수익·비용이 발생한다. 그러나 단순히 증가와 감소만을 기록하면 거래의 내역을 자세히 알 수 없기 때문에 회계기간 동안 발생되는 거래들을 항목별로 체계적으로 기록하여야 한다. 이를 위해 설정한 단위가 계정이다. 일상에서의 경제활동에 대한 장부기록을 통해 계정의 의미를 생각해 보기로 한다. 김관리씨의 3월 한 달간의 수입과 지출 내역은 다음과 같다.

**사례**

3월 10일 급여 ₩100,000을 현금으로 수령하여 3월 15일 동료와 함께 뮤지컬공연 관람으로 ₩20,000을 지급하였으며 3월 17일 투자관련서적을 구입하는 데 현금 ₩4,500을 사용하였다. 3월 20일 체력증진을 위해 헬스운동권 6개월분 ₩24,000을 현금으로 구입하였으며, 3월 25일 대여금에 대한 이자를 ₩5,000 현금으로 수령하였다.
3월 한 달 동안 김관리 씨의 경제활동 내역을 금전출납장에 기입해 보면 다음과 같다.

| 일자 | 적요 | 수입 | 지출 | 잔액 |
|---|---|---|---|---|
| 3월 10일 | 급여 수령 | ₩100,000 | | ₩100,000 |
| 3월 15일 | 뮤지컬공연 관람 | | ₩20,000 | ₩80,000 |
| 3월 17일 | 투자관련서적 구입 | | ₩4,500 | ₩75,500 |
| 3월 20일 | 헬스이용권 구입 | | ₩24,000 | ₩51,500 |
| 3월 25일 | 이자 수령 | ₩5,000 | | ₩56,500 |
| 3월 31일 | 합계 | ₩105,000 | ₩48,500 | |

**(2)** 금전출납장의 형식을 한눈에 볼 수 있게 기록하도록 만든 것을 '계정'이라고 한다. 계정은 계정과목, 차변, 대변의 세 부분으로 구성되어 있는데, 상기의 사례에서 현금계정을 중심으로 거래를 기록하면 다음과 같다.

| 현금 | | | |
|---|---|---|---|
| 차변(증가) | | 대변(감소) | |
| 3/10  급여 수령 | 100,000 | 3/15  뮤지컬공연 관람 | 20,000 |
| 3/25  이자 수령 | 5,000 | 3/17  투자관련서적 구입 | 4,500 |
| | | 3/20  헬스이용권 구입 | 24,000 |
| | | 3/31  잔액 | 56,500 |
| | 105,000 | | 105,000 |

**(3)** 계정은 기록의 대상의 증가와 감소를 구분하여 기록하는 장소를 말한다. 이 경우 자산, 부채, 자본, 수익, 비용의 증감을 개별적으로 기록하기 위한 특정한 항목의 명칭을 '계정과목'이라고 한다. 이를 통해 현금계정에서 회사의 현금이 어떠한 이유로 증가하고 감소했는지를 잘 알 수 있고, 기말현재 증가와 감소의 차액인 잔액이 얼마인지도 명확하게 알 수 있다.

## 02  계정의 형식

각 계정의 명칭을 '계정과목'이라 한다. 계정의 중앙선을 중심으로 왼쪽과 오른쪽으로 구분되어 있는데 회계에서는 왼쪽을 '차변', 오른쪽을 '대변'이라고 부른다. 계정의 왼쪽에 기입하는 것을 '차기(차변기입)'라고 하고, 계정의 오른쪽에 기록하는 것을 '대기(대변기입)'라고 한다. 계정은 중요성에 비추어 유사한 종류나 성질을 가진 항목별로 설정되고 계정과목, 차변, 대변의 세 부분으로 구성되어 있다. 계정의 형식에는 표준식, 잔액식, 약식 계정이 있지만 수험목적상 단순양식인 T계정이 주로 사용된다.

| 계정과목(예 현금) | |
|---|---|
| 차변 | 대변 |

## 03 계정의 분류 ★

재무상태표에 기재되는 자산·부채·자본에 속하는 계정을 '재무상태표계정'이라 하며, 손익계산서에 기재되는 수익과 비용에 속하는 계정을 '손익계산서계정'이라고 한다. 계정을 분류하면 다음과 같다.

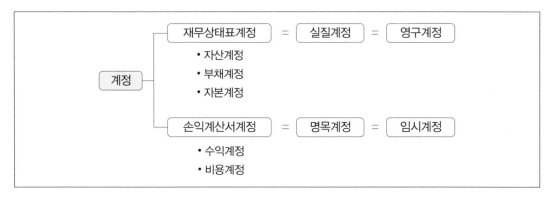

⊕ 계정과목 일람표는 입문서 회계원리 부록편에 있다.

┌─ **보충** 실질계정·영구계정과 명목계정·임시계정 ─────────────

재무상태표계정인 자산·부채·자본 등은 실질적인 잔액이 존재하는 계정으로 특정시점에 실제로 존재하고 회계연도 말에 잔액이 다음 회계연도로 이월되기 때문에 이를 '실질계정' 또는 '영구계정'이라고 한다. 반면에 수익·비용 등의 손익계산서계정은 결산시 일정기간 동안의 성과 등으로 파악되고 다음 회계연도로 이월되지 않는 명목상의 계정이므로 이를 '명목계정' 또는 '임시계정'이라고 한다.

## 04 계정기입법칙 ★

|  |  | (차변) | (대변) |
|---|---|---|---|
| ① **자산계정**: 증가를 차변에, 감소를 대변에 기입한다. | | 자산(+) | 자산(−) |
| ② **부채계정**: 증가를 대변에, 감소를 차변에 기입한다. | | 부채(−) | 부채(+) |
| ③ **자본계정**: 증가를 대변에, 감소를 차변에 기입한다. | | 자본(−) | 자본(+) |
| ④ **비용계정**: 발생을 차변에, 감소를 대변에 기입한다. | | 비용(+) | 비용(−) |
| ⑤ **수익계정**: 발생을 대변에, 감소를 차변에 기입한다. | | 수익(−) | 수익(+) |

| 계정과목 ||
|---|---|
| 차변 | 대변 |

## (1) 재무상태표계정

자산은 재무상태표의 차변(왼쪽)에 기입하므로, 그 증가를 자산계정의 차변에 기입하고 감소를 대변에 기입한다. 부채와 자본은 재무상태표의 대변(오른쪽)에 기입하므로, 그 증가를 대변에 기입하고 감소를 차변에 기입한다.

## (2) 손익계산서계정

① 비용은 손익계산서의 차변(왼쪽)에 기입하므로, 비용이 발생되는 경우에는 차변에 기입하고 반대의 경우는 대변에 기입한다.
② 수익은 손익계산서의 대변(오른쪽)에 기입하므로, 수익이 발생하는 경우에는 대변에 기입하고 반대의 경우는 차변에 기입한다.

거래의 결합관계에서 차변합계와 대변합계의 차이를 '잔액'이라고 한다. 특별한 경우를 제외하고 대부분의 경우 자산과 비용은 증가 또는 발생을 차변에 기록하므로 차변에 잔액이 생기고, 부채와 자본 및 수익은 증가 또는 발생을 대변에 기록하므로 대변에 잔액이 생긴다. 이를 회계에서는 '정상잔액' 또는 '평상잔액'이라고 한다. 따라서 차변에 증가를 나타내는 자산과 비용은 차변에 정상(평상)잔액이 발생하고, 대변에 증가를 나타내는 부채와 자본 및 수익은 대변에 정상(평상)잔액이 발생한다.

## (3) 각 계정과 재무제표와의 관계

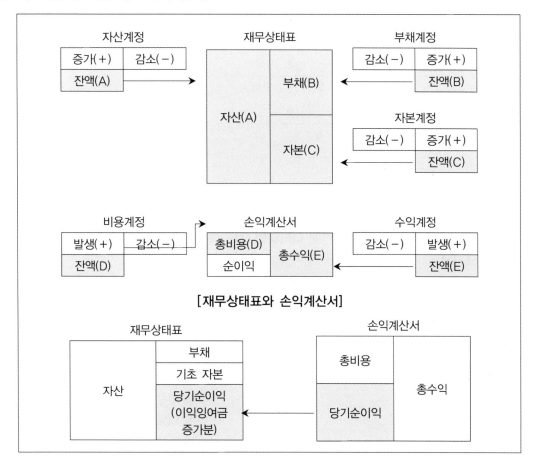

[재무상태표와 손익계산서]

**01** 계정기입법칙에 의하여 다음의 (    ) 안에 '증가' 또는 '감소'를 표시하시오.

|  매출채권  |  |  매출  |  |  선수금  |  |
|---|---|---|---|---|---|
| (        ) | (        ) | (        ) | (        ) | (        ) | (        ) |

|  임차료  |  |  상품  |  |  자본금  |  |
|---|---|---|---|---|---|
| (        ) | (        ) | (        ) | (        ) | (        ) | (        ) |

**해설**

자산(비용)은 차변이 증가(발생), 대변은 감소이며 부채 및 자본(수익)은 대변이 증가(발생), 차변이 감소이다.

|  매출채권  |  |  매출  |  |  선수금  |  |
|---|---|---|---|---|---|
| 증가 | 감소 | 감소 | 발생 | 감소 | 증가 |

|  임차료  |  |  상품  |  |  자본금  |  |
|---|---|---|---|---|---|
| 발생 | 감소 | 증가 | 감소 | 감소 | 증가 |

**02** 다음 계정과목 중 잔액이 차변에 나타나면 '차', 대변에 나타나면 '대'를 (    ) 안에 써 넣으시오.

① 현금 및 현금성자산 (    )  ② 단기차입금 (    )
③ 자본금 (    )  ④ 임대료 (    )
⑤ 이자비용 (    )  ⑥ 임차료 (    )
⑦ 수수료수익 (    )  ⑧ 받을어음 (    )
⑨ 비품 (    )  ⑩ 미지급금 (    )
⑪ 미수금 (    )  ⑫ 선수금 (    )
⑬ 외상매출금 (    )  ⑭ 이자수익 (    )
⑮ 선급금 (    )

**해설**

| ① 차 | ② 대 | ③ 대 |
|---|---|---|
| ④ 대 | ⑤ 차 | ⑥ 차 |
| ⑦ 대 | ⑧ 차 | ⑨ 차 |
| ⑩ 대 | ⑪ 차 | ⑫ 대 |
| ⑬ 차 | ⑭ 대 | ⑮ 차 |

# 분개와 전기

## 01  분개 ★

### (1) 분개의 의의

분개는 경제적 거래나 사건을 차변(왼쪽)과 대변(오른쪽)으로 나누어 각각 이름(계정과목)과 금액을 기록하는 것을 말한다. 따라서 관련 계정의 어느 변(차변 또는 대변)에 얼마의 금액을 기록할 것인가를 확인하여야 한다.

### (2) 분개를 쉽게 하는 방법

| 제1단계 | 차변과 대변 중 쉽게 파악할 수 있는 계정과목부터 기입한다. |
|---|---|
| 제2단계 | 차변과 대변에 기입할 금액은 동일하다. |
| 제3단계 | 다른 변에 기입할 계정과목을 파악한다. |

### (3) 분개의 법칙

분개하는 방법은 계정기입의 법칙과 동일하다.

|  | (차변) | (대변) |
|---|---|---|
| ① 자산의 증가는 차변에, 감소는 대변에 분개한다. | 자산(+) | 자산(−) |
| ② 부채의 증가는 대변에, 감소는 차변에 분개한다. | 부채(−) | 부채(+) |
| ③ 자본의 증가는 대변에, 감소는 차변에 분개한다. | 자본(−) | 자본(+) |
| ④ 비용의 발생은 차변에, 감소는 대변에 분개한다. | 비용(+) | 비용(−) |
| ⑤ 수익의 발생은 대변에, 감소는 차변에 분개한다. | 수익(−) | 수익(+) |

### (4) 현금주의와 발생주의

① **현금주의**: 현금을 주고받는 시점에 회계상의 거래를 기록하는 것을 말한다. 즉, 수익은 현금이 유입될 때에, 비용은 현금이 지출될 때에 인식한다.

② **발생주의**: 현금의 흐름과 상관없이 거래가 발생한 시점에 거래를 기록하는 것을 말한다. 즉, 현금의 흐름과 독립적으로 수익은 실현되었을 때에, 비용은 발생했을 때에 인식한다. 재무제표 중 현금흐름표는 현금주의로 작성하고, 나머지 모든 재무제표는 발생주의 기준으로 작성한다.

(주)한국은 20X1년 8월 10일에 외상으로 상품을 팔고, 20X1년 9월 30일에 현금 ₩30,000을 수령하였다.

　㉠ 현금주의

　　20X1년 8월 10일　　아무런 회계처리를 안한다.

　　20X1년 9월 30일　　(차변) 현　　　금　30,000　　(대변) 매　　　출　30,000

　㉡ 발생주의

　　20X1년 8월 10일　　(차변) 외상매출금　30,000　　(대변) 매　　　출　30,000

　　20X1년 9월 30일　　(차변) 현　　　금　30,000　　(대변) 외상매출금　30,000

> 대차평균의 원리

## (5) 분개장

| 의의 | 분개장이란 거래를 계정에 전기하기 전에 발생순서에 따라 최초로 기록하는 장부, 즉 거래를 발생순서에 따라 원시기록하는 장부이다. |
| --- | --- |
| 양식 | 총계정원장에 쉽게 기록하기 위하여 거래를 발생순서로 기입하는 주요부로서 총계정원장 기록의 기초가 되는 장부인 분개장의 양식으로는 병립식과 분할식이 있다. |

## (6) 거래유형

### ① 상품매매거래

상품 ₩500,000을 현금으로 매입하였다.

[거래분석]

㉠ 계정과목: 상품, 현금

㉡ 기록할 위치

　ⓐ 상품 매입: 자산 증가 ⇨ 차변 기입

　ⓑ 현금 지급: 자산 감소 ⇨ 대변 기입

㉢ 금액: 차변금액 ₩500,000 = 대변금액 ₩500,000 ⇨ 일치

　(차) 상품　　　　　　500,000　　　　(대) 현금　　　　　　500,000

본 거래는 상품(자산)이 ₩500,000 증가함과 동시에 현금(자산)이 ₩500,000 동시에 감소하였다. 따라서 기록의 법칙에 의하여 자산의 증가는 차변에, 자산의 감소는 대변에 각각 기입하여 상품 ₩500,000은 차변에, 현금 ₩500,000은 대변에 기록한다.

┌─ 보충 **상품계정의 이중적 성격** ─┐

상품을 매입하는 경우 상품의 증가라는 자산의 증가로 계상할 수 있고, 매입의 발생으로도 인식할 수 있다. 또한 매출의 경우 상품의 감소라는 자산의 감소로 계상할 수 있고 매출이라는 수익의 발생으로도 인식할 수 있다. 이와 같이 상품계정은 이중적 성격을 지니고 있다. 입문과정이므로 상품계정의 증가와 감소로 회계처리하는 방법을 먼저 학습하도록 한다.

## 상품매매거래 관련 계정과목

| | 거래 | 차변 | 대변 |
|---|---|---|---|
| **상품 매출거래** | 상품을 현금으로 매출하였다. | 현금 | 상품 |
| | 상품을 외상으로 매출하였다. | 외상매출금 | 상품 |
| | 상품을 매출하고 약속어음을 받았다. | 받을어음 | 상품 |
| | 상품을 매출하고 대금을 자기앞수표로 받았다. | 현금 | 상품 |
| | 상품을 매출하고 대금을 당좌예입하였다. | 당좌예금 | 상품 |
| | 상품을 주문받고 계약금을 현금으로 받았다. | 현금 | 선수금 |
| | 상품을 원가보다 큰 금액으로 외상매출하였다. | 외상매출금 | 상품<br>상품매출이익 |
| **상품 매입거래** | 상품을 현금으로 매입하였다. | 상품 | 현금 |
| | 상품을 외상으로 매입하였다. | 상품 | 외상매입금 |
| | 상품을 매입하고 약속어음을 발행하였다. | 상품 | 지급어음 |
| | 상품을 매입하고 당좌수표를 발행하여 지급하였다. | 상품 | 당좌예금 |
| | 상품을 주문하고 계약금을 현금으로 지급하였다. | 선급금 | 현금 |

⊕ 입문과정이므로 상품매매거래는 상품계정을 이용하여 회계처리한다.

### ② 현금거래

> 차입금에 대한 이자 ₩200,000을 현금으로 지급하였다.
>
> [거래분석]
> ㉠ 계정과목: 이자비용, 현금
> ㉡ 기록할 위치
>   ⓐ 이자비용 발생: 비용 발생 ⇨ 차변 기입
>   ⓑ 현금 지급: 자산 감소 ⇨ 대변 기입
> ㉢ 금액: 차변금액 ₩200,000 = 대변금액 ₩200,000 ⇨ 일치
>   (차) 이자비용        200,000        (대) 현금            200,000

본 거래는 차입금(부채)에 대한 이자이므로 비용항목에 속한다. 따라서 이자비용(비용)이 ₩200,000 발생함과 동시에 현금(자산)이 ₩200,000 감소하였다. 거래의 결합관계에 의하여 이자비용 ₩200,000은 차변에, 현금 ₩200,000은 대변에 기록한다.

## 현금거래 관련 계정과목

| 거래 | | 차변 | 대변 |
|---|---|---|---|
| 현금 수입 거래 | 현금을 출자하여 영업을 개시하였다. | 현금 | 자본금 |
| | 빌려준 돈을 현금으로 받았다. | 현금 | 대여금 |
| | 기계장치 외상처분대금을 현금으로 받았다. | 현금 | 미수금 |
| | 약속어음의 만기일에 대금을 현금으로 수령하였다. | 현금 | 받을어음 |
| | 현금을 차입하여 수령하였다. | 현금 | 차입금 |
| | 대여금에 대한 이자를 현금으로 수령하였다. | 현금 | 이자수익 |
| | 대여금 원금과 이자를 현금으로 수령하였다. | 현금 | 대여금<br>이자수익 |
| | 집세를 현금으로 수령하였다. | 현금 | 임대료 |
| 현금 지출 거래 | 자본주가 현금을 인출하였다. | 자본금 | 현금 |
| | 기계장치를 현금으로 구입하였다. | 기계장치 | 현금 |
| | 기계장치 외상구입대금을 현금으로 지급하였다. | 미지급금 | 현금 |
| | 발행된 약속어음의 만기일에 어음대금을 지급하였다. | 지급어음 | 현금 |
| | 차입금 원금과 이자를 현금으로 지급하였다. | 차입금<br>이자비용 | 현금 |
| | 집세를 현금으로 지급하였다. | 임차료 | 현금 |
| | 급여를 현금으로 지급하였다. | 급여 | 현금 |
| | 출장여비를 현금으로 지급하였다. | 여비교통비 | 현금 |
| | 상공회의소 회비나 자동차세 등을 현금으로 지급하였다. | 세금과공과 | 현금 |
| | 수도요금 · 전기요금 · 도시가스요금 등을 현금으로 지급하였다. | 수도광열비 | 현금 |
| | 신문 등 각종 방송매체의 광고료를 현금으로 지급하였다. | 광고선전비 | 현금 |

## 01 다음의 거래를 분개하시오.

① 상품 ₩100,000을 현금으로 매출하였다.
② 상품 ₩320,000을 매출하고 대금은 외상으로 하였다.
③ 상품 ₩500,000을 매출하고 대금은 약속어음으로 받았다.
④ 상품 ₩200,000을 매출하고 대금은 현금으로 받아 즉시 당좌예입하였다.
⑤ 상품을 판매하기 전에 계약금조로 ₩50,000을 현금으로 수령하였다.
⑥ 상품 ₩150,000을 매입하고 대금은 현금으로 지급하였다.
⑦ 상품 ₩400,000을 매입하고 대금은 외상으로 하였다.
⑧ 상품 ₩300,000을 매입하고 대금은 약속어음을 발행하여 지급하였다.
⑨ 상품 ₩700,000을 매입하고 대금은 수표를 발행하여 지급하였다.
⑩ 상품을 매입하기 전에 계약금조로 ₩30,000을 현금으로 지급하였다.
⑪ 원가 ₩250,000의 상품을 ₩300,000에 매출하고 대금은 현금으로 받았다.
⑫ 원가 ₩320,000의 상품을 ₩290,000에 매출하고 대금은 현금으로 받아 즉시 당좌예입하였다.

해설

| | | | | | |
|---|---|---|---|---|---|
| ① | (차) 현금 | 100,000 | (대) 상품 | | 100,000 |
| ② | (차) 외상매출금 | 320,000 | (대) 상품 | | 320,000 |
| ③ | (차) 받을어음 | 500,000 | (대) 상품 | | 500,000 |
| ④ | (차) 당좌예금 | 200,000 | (대) 상품 | | 200,000 |
| ⑤ | (차) 현금 | 50,000 | (대) 선수금 | | 50,000 |
| ⑥ | (차) 상품 | 150,000 | (대) 현금 | | 150,000 |
| ⑦ | (차) 상품 | 400,000 | (대) 외상매입금 | | 400,000 |
| ⑧ | (차) 상품 | 300,000 | (대) 지급어음 | | 300,000 |
| ⑨ | (차) 상품 | 700,000 | (대) 당좌예금 | | 700,000 |
| ⑩ | (차) 선급금 | 30,000 | (대) 현금 | | 30,000 |
| ⑪ | (차) 현금 | 300,000 | (대) 상품 | | 250,000 |
| | | | | 상품매출이익 | 50,000 |
| ⑫ | (차) 당좌예금 | 290,000 | (대) 상품 | | 320,000 |
| | 상품매출손실 | 30,000 | | | |

## 02 다음의 거래를 분개하시오.

① 현금 ₩1,000,000을 출자하여 영업을 개시하였다.

② 현금 ₩2,000,000(단기차입금 ₩1,200,000 포함)을 출자하여 영업을 개시하였다.

③ 현금 ₩500,000, 상품 ₩300,000, 건물 ₩1,000,000을 출자하여 영업을 개시하였다 (단, 현금 중에는 단기차입한 금액 ₩100,000이 포함되어 있음).

④ 1년 이내에 회수하기로 하고 현금 ₩700,000을 빌려주었다.

⑤ 단기대여금 ₩700,000과 이자 ₩20,000을 현금으로 회수하였다.

⑥ 1년 이내에 상환하기로 하고 현금 ₩1,000,000을 빌렸다.

⑦ 단기차입금 ₩1,000,000과 이자 ₩30,000을 수표발행하여 지급하였다.

⑧ 영업용 컴퓨터를 ₩500,000에 현금으로 구입하였다.

⑨ 영업용 컴퓨터를 ₩700,000에 구입하고 월말에 지급하기로 하였다.

⑩ 원가 ₩400,000의 영업용 컴퓨터를 ₩500,000에 처분하고 대금은 월말에 받기로 하였다.

⑪ 외상매출금 ₩220,000을 현금으로 받았다.

⑫ 예금에 대한 이자 ₩50,000을 현금으로 받았다.

⑬ 판매를 중개하고 ₩30,000의 수수료를 현금으로 받았다.

⑭ 사무실을 임대하고 집세 ₩200,000을 현금으로 받았다.

⑮ 원가 ₩1,000,000의 토지를 ₩1,200,000에 처분하고 대금은 월말에 받기로 하였다.

⑯ 외상매입금 ₩800,000을 현금으로 지급하였다.

⑰ 차입금에 대한 이자 ₩90,000을 현금으로 지급하였다.

⑱ 수수료 ₩100,000을 현금으로 지급하였다.

⑲ 사무실을 임차하고 집세 ₩30,000을 현금으로 지급하였다.

⑳ 종업원에 대한 급여 ₩2,000,000을 수표발행하여 지급하였다.

㉑ 업무상 종업원의 택시요금 등 ₩200,000을 현금으로 지급하였다.

㉒ 전화요금 ₩100,000을 현금으로 지급하였다.

㉓ 전기요금 ₩70,000을 현금으로 지급하였다.

㉔ 광고료 ₩90,000을 수표발행하여 지급하였다.

| | | | | | |
|---|---|---|---:|---|---:|
| ① | (차) 현금 | | 1,000,000 | (대) 자본금 | 1,000,000 |
| ② | (차) 현금 | | 2,000,000 | (대) 단기차입금 | 1,200,000 |
| | | | | 자본금 | 800,000 |
| ③ | (차) 현금 | | 500,000 | (대) 단기차입금 | 100,000 |
| | 상품 | | 300,000 | 자본금 | 1,700,000 |
| | 건물 | | 1,000,000 | | |
| ④ | (차) 단기대여금 | | 700,000 | (대) 현금 | 700,000 |
| ⑤ | (차) 현금 | | 720,000 | (대) 단기대여금 | 700,000 |
| | | | | 이자수익 | 20,000 |
| ⑥ | (차) 현금 | | 1,000,000 | (대) 단기차입금 | 1,000,000 |
| ⑦ | (차) 단기차입금 | | 1,000,000 | (대) 당좌예금 | 1,030,000 |
| | 이자비용 | | 30,000 | | |
| ⑧ | (차) 비품 | | 500,000 | (대) 현금 | 500,000 |
| ⑨ | (차) 비품 | | 700,000 | (대) 미지급금 | 700,000 |
| ⑩ | (차) 미수금 | | 500,000 | (대) 비품 | 400,000 |
| | | | | 유형자산처분이익 | 100,000 |
| ⑪ | (차) 현금 | | 220,000 | (대) 외상매출금 | 220,000 |
| ⑫ | (차) 현금 | | 50,000 | (대) 이자수익 | 50,000 |
| ⑬ | (차) 현금 | | 30,000 | (대) 수수료수익 | 30,000 |
| ⑭ | (차) 현금 | | 200,000 | (대) 임대료 | 200,000 |
| ⑮ | (차) 미수금 | | 1,200,000 | (대) 토지 | 1,000,000 |
| | | | | 유형자산처분이익 | 200,000 |
| ⑯ | (차) 외상매입금 | | 800,000 | (대) 현금 | 800,000 |
| ⑰ | (차) 이자비용 | | 90,000 | (대) 현금 | 90,000 |
| ⑱ | (차) 수수료비용 | | 100,000 | (대) 현금 | 100,000 |
| ⑲ | (차) 임차료 | | 30,000 | (대) 현금 | 30,000 |
| ⑳ | (차) 급여 | | 2,000,000 | (대) 당좌예금 | 2,000,000 |
| ㉑ | (차) 여비교통비 | | 200,000 | (대) 현금 | 200,000 |
| ㉒ | (차) 통신비 | | 100,000 | (대) 현금 | 100,000 |
| ㉓ | (차) 수도광열비 | | 70,000 | (대) 현금 | 70,000 |
| ㉔ | (차) 광고선전비 | | 90,000 | (대) 당좌예금 | 90,000 |

## 02 전기 ★

### (1) 전기의 의의

분개장에서 분개가 완료되면 분개한 것을 해당 계정에 옮겨 적는 과정이 필요한데 이를 '전기'라고 한다. 즉, 전기란 분개장의 거래 기록을 원장에 있는 관련 계정에 옮겨 적는 과정을 말한다.

> **보충 원장 또는 총계정원장**
>
> 원장은 기업이 사용하고 있는 자산·부채·자본·수익·비용을 나타내는 모든 계정을 모아 놓은 장부를 일컫는 것으로서, 총계정원장 또는 원장이라고 한다. 총계정원장의 현금계정을 보면 특정 시점의 현금계정 잔액이 얼마인지를 알 수 있다.

### (2) 전기의 법칙

① 분개된 차변금액은 각 원장의 차변에 기입한다.
② 분개된 대변금액은 각 원장의 대변에 기입한다.
③ 전기할 때 금액 이외에 상대계정을 기입한다.
④ 상대계정이 두 개 이상일 때는 '제좌'라고 기록한다.

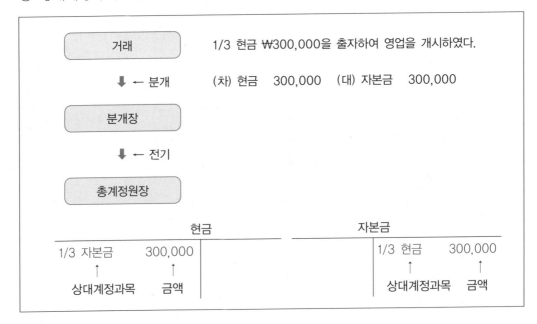

**03** 다음 (주)한국의 거래를 분개하고 각 계정에 전기하시오.

> 1/10  현금 ₩1,000,000을 출자하여 영업을 개시하였다.
> 2/15  상품 ₩300,000을 외상으로 매입하였다.
> 3/11  현금 ₩700,000을 1년 이내에 상환하기로 하고 빌렸다.
> 4/20  영업용 책상을 구입하고 대금 ₩400,000을 현금으로 지급하였다.
> 5/17  단기차입금 ₩500,000과 이자 ₩20,000을 현금으로 지급하였다.
> 6/10  외상매입금 ₩100,000을 현금으로 지급하였다.
> 7/15  원가 ₩200,000의 상품을 ₩250,000에 외상으로 판매하였다.
> 9/20  임대료 ₩200,000을 현금으로 수령하였다.
> 10/15  급여 ₩50,000을 현금으로 지급하였다.
> 12/10  수수료 ₩30,000을 현금으로 수령하였다.

해설

① 분개

| | | | | | | |
|---|---|---|---|---|---|---|
| 1/10 | (차) 현금 | 1,000,000 | | (대) 자본금 | 1,000,000 |
| 2/15 | (차) 상품 | 300,000 | | (대) 외상매입금 | 300,000 |
| 3/11 | (차) 현금 | 700,000 | | (대) 단기차입금 | 700,000 |
| 4/20 | (차) 비품 | 400,000 | | (대) 현금 | 400,000 |
| 5/17 | (차) 단기차입금 | 500,000 | | (대) 현금 | 520,000 |
| | 이자비용 | 20,000 | | | |
| 6/10 | (차) 외상매입금 | 100,000 | | (대) 현금 | 100,000 |
| 7/15 | (차) 외상매출금 | 250,000 | | (대) 상품 | 200,000 |
| | | | | 상품매출이익 | 50,000 |
| 9/20 | (차) 현금 | 200,000 | | (대) 임대료 | 200,000 |
| 10/15 | (차) 급여 | 50,000 | | (대) 현금 | 50,000 |
| 12/10 | (차) 현금 | 30,000 | | (대) 수수료수익 | 30,000 |

② 전기

**현금**

| 1/10 | 자본금 | 1,000,000 | 4/20 | 비품 | 400,000 |
|---|---|---|---|---|---|
| 3/11 | 단기차입금 | 700,000 | 5/17 | 제좌 | 520,000 |
| 9/20 | 임대료 | 200,000 | 6/10 | 외상매입금 | 100,000 |
| 12/10 | 수수료수익 | 30,000 | 10/15 | 급여 | 50,000 |

**외상매출금**

| 7/15 | 제좌 | 250,000 | | |
|---|---|---|---|---|

**상품**

| 2/15 | 외상매입금 | 300,000 | 7/15 | 외상매출금 | 200,000 |
|---|---|---|---|---|---|

**비품**

| 4/20 | 현금 | 400,000 | | |
|---|---|---|---|---|

|  | 외상매입금 |  |  |  |  | 단기차입금 |  |  |  |
|---|---|---|---|---|---|---|---|---|---|
| 6/10 현금 | 100,000 | 2/15 상품 | 300,000 | 5/17 현금 | 500,000 | 3/11 현금 | 700,000 | | |

|  | 자본금 |  |  |  | 상품매출이익 |  |  |
|---|---|---|---|---|---|---|---|
| | | 1/10 현금 | 1,000,000 | | | 7/15 외상매출금 | 50,000 |

|  | 임대료 |  |  |  | 수수료수익 |  |  |
|---|---|---|---|---|---|---|---|
| | | 9/20 현금 | 200,000 | | | 12/10 현금 | 30,000 |

|  | 급여 |  |  | 이자비용 |  |
|---|---|---|---|---|---|
| 10/15 현금 | 50,000 | | 5/17 현금 | 20,000 | |

# CHAPTER 7 장부

## 01 회계장부의 의의

회계장부란 재무상태와 경영성과를 파악하기 위하여 기업의 경영활동에서 발생한 거래를 기록·계산·정리하기 위한 기록부를 말한다. 회계장부는 일반적으로 모든 거래를 총괄하여 기록·계산하는 주요장부와 주요장부를 보충해주는 보조장부로 구분된다.

## 02 회계장부의 분류 ★

| 주요부 | | • 분개장<br>• 총계정원장 |
|---|---|---|
| 보조부 | 보조기입장 | 현금출납장, 당좌예금출납장, 소액현금출납장, 받을어음기입장, 지급어음기입장, 매입장, 매출장 |
| | 보조원장 | 매출처원장, 매입처원장, 상품재고장, 적송품원장, 수탁판매원장, 수탁매입원장, 유형자산대장, 판매관리비원장 등 |

### (1) 주요부

① **분개장**: 거래가 발생한 시점에서 발생순서에 따라 원시적으로 기록하는 장부로, 총계정원장 전기의 기초가 된다.

② **총계정원장**: 발생순서별로 기록된 거래를 각 계정과목별로 기록하고 계정과목별 잔액과 발생액을 표시한 장부로, 재무제표 각 항목의 기초자료가 된다.

### (2) 보조부

보조부는 주요부를 보조하는 장부로서, 거래가 발생한 순서별로 상세한 기록을 나타내는 보조기입장과 특정계정과 관련하여 상세한 기록을 나타내는 보조원장이 있다.

# PART 2
# 결산

 선생님의 비법전수

기업이 회계기간 중에 기록만 한다면 일 년 동안 얼마를 벌었는지, 현재 기업의 재무상태가 어떠한지를 정확히 알 수 없으므로 기중에 기록된 회계정보를 정리·요약하여 회계정보를 명확히 하는 결산에 대한 이해가 필요합니다. 이 PART는 특히 결산 절차를 이해함으로써 기중의 기록이 회계정보로 어떻게 산출되었는지를 학습해야 하는 단원입니다.

## ▷ 핵심개념

| **CHAPTER 1**<br>결산 개요 | **CHAPTER 2**<br>시산표와 정산표 | **CHAPTER 3**<br>계정의 마감 및 재무제표의 작성 |
|---|---|---|
| • 결산의 절차 ★ | • 시산표의 개요 ★<br>• 시산표상의 오류 ★ | • 장부의 마감 ★<br>• 전체 재무제표 ★ |

각 CHAPTER별로 자주 출제되는 핵심개념을 정리하였습니다. 핵심개념은 본문에서도 ★로 표시되어 있으니 이 부분을 중점적으로 학습하세요.

# CHAPTER 1 결산 개요

## 01 결산의 의의

결산이란 회계기간 또는 사업연도가 종료된 후 일정한 시점에서 기업의 재무상태와 일정한 기간에 있어서 기업의 경영성과, 그리고 재무상태의 변동을 명확히 하기 위하여 행하는 절차를 말한다.

## 02 결산의 절차 ★

| 결산 예비절차 | 결산 본절차 | 재무보고서 작성 |
|---|---|---|
| ① 수정전시산표 작성<br>② 재고조사표 작성<br>③ 결산정리분개 기입<br>④ 수정후시산표 작성<br>정산표 작성(선택) | ① 집합손익계정 설정<br>② 수익·비용계정 마감<br>③ 집합손익계정 정리로 당기<br>순손익 확정<br>④ 자산·부채·자본계정 마감<br>⑤ 계정 및 장부 마감과 이월<br>시산표 작성 | 재무제표 작성<br>① 기말재무상태표<br>② 기간포괄손익계산서<br>③ 기간자본변동표<br>④ 기간현금흐름표<br>⑤ 주석(유의적인 회계정책의<br>요약 및 그 밖의 설명으로<br>구성) |

# CHAPTER 2 시산표와 정산표

## 01 시산표의 개요 ★

### (1) 시산표의 의의

시산표는 분개 및 전기가 정확하게 이루어졌는지 알아보기 위해 모든 계정의 차변과 대변 금액을 모아 정리한 표이다. 즉, 시산표는 대차평균(평형)의 원리에 따라 작성하여 분개 와 전기의 정확성을 확인하는 검증표이다. 따라서 회계장부의 일부도 아니고 외부에 공시 해야 하는 재무제표도 아니므로 필수적으로 작성해야 할 의무는 없다. 이와 같은 시산표 는 모든 계정을 대상으로 하므로 시산표를 통해서 재무상태와 경영성과를 개괄적으로 파 악할 수 있다는 특징을 갖는다.

[회계등식] 자산 = 부채 + 자본
[잔액시산표등식] 자산 + 비용 = 부채 + 자본 + 수익

### (2) 시산표의 종류

① **작성방법에 따른 분류**: 시산표는 계정과목에 기재되는 금액의 성격에 따라 합계시 산표, 잔액시산표, 합계잔액시산표 등 세 가지로 구분된다. 합계시산표는 모든 계 정에 대하여 각 계정의 차변합계액을 시산표의 차변에 기입하고, 대변합계액을 시 산표의 대변에 기입하여 작성하는 일람표이다. 잔액시산표는 모든 계정에 대하여 각 계정의 증가액에서 감소액을 차감한 잔액을 각각 차변과 대변에 표시한다. 합계 잔액시산표는 합계시산표와 잔액시산표를 하나로 결합한 시산표로 회계실무에서 가장 많이 작성하는 시산표라 할 수 있다.

**01** 다음 (주)한국의 총계정원장을 참조하여 각 물음에 답하시오.

|  | 현금 |  |  |  |  | 외상매출금 |  |
|---|---|---|---|---|---|---|---|
| 1/10 | 자본금 | 1,000,000 | 4/20 | 비품 | 400,000 | 7/15 제좌 | 250,000 |
| 3/11 | 단기차입금 | 700,000 | 5/17 | 제좌 | 520,000 |  |  |
| 9/20 | 임대료 | 200,000 | 6/10 | 외상매입금 | 100,000 |  |  |
| 12/10 | 수수료수익 | 30,000 | 10/15 | 급여 | 50,000 |  |  |

|  | 상품 |  |  |  |  | 비품 |  |
|---|---|---|---|---|---|---|---|
| 2/15 | 외상매입금 | 300,000 | 7/15 외상매출금 | 200,000 | 4/20 | 현금 | 400,000 |

|  | 외상매입금 |  |  |  | 단기차입금 |  |  |
|---|---|---|---|---|---|---|---|
| 6/10 현금 | 100,000 | 2/15 상품 | 300,000 | 5/17 현금 | 500,000 | 3/11 현금 | 700,000 |

|  | 자본금 |  |  | 상품매출이익 |  |
|---|---|---|---|---|---|
|  |  | 1/10 현금 | 1,000,000 |  | 7/15 외상매출금 50,000 |

|  | 임대료 |  |  | 수수료수익 |  |
|---|---|---|---|---|---|
|  |  | 9/20 현금 | 200,000 |  | 12/10 현금 | 30,000 |

|  | 급여 |  |  | 이자비용 |  |
|---|---|---|---|---|---|
| 10/15 현금 | 50,000 |  | 5/17 현금 | 20,000 |  |

① 합계시산표를 작성하시오.
② 잔액시산표를 작성하시오.
③ 합계잔액시산표를 작성하시오.

**해설**

①

**합계시산표**

| 차변 | 계정과목 | 대변 |
|---|---|---|
| 1,930,000 | 현금 | 1,070,000 |
| 250,000 | 외상매출금 |  |
| 300,000 | 상품 | 200,000 |
| 400,000 | 비품 |  |
| 100,000 | 외상매입금 | 300,000 |
| 500,000 | 단기차입금 | 700,000 |
|  | 자본금 | 1,000,000 |
|  | 상품매출이익 | 50,000 |
|  | 임대료 | 200,000 |
|  | 수수료수익 | 30,000 |
| 50,000 | 급여 |  |
| 20,000 | 이자비용 |  |
| 3,550,000 |  | 3,550,000 |

② 

### 잔액시산표

| 차변 | 계정과목 | 대변 |
|---|---|---|
| 860,000 | 현금 | |
| 250,000 | 외상매출금 | |
| 100,000 | 상품 | |
| 400,000 | 비품 | |
| | 외상매입금 | 200,000 |
| | 단기차입금 | 200,000 |
| | 자본금 | 1,000,000 |
| | 상품매출이익 | 50,000 |
| | 임대료 | 200,000 |
| | 수수료수익 | 30,000 |
| 50,000 | 급여 | |
| 20,000 | 이자비용 | |
| 1,680,000 | | 1,680,000 |

③

### 합계잔액시산표

| 차변 | | 계정과목 | 대변 | |
|---|---|---|---|---|
| 잔액 | 합계 | | 합계 | 잔액 |
| 860,000 | 1,930,000 | 현금 | 1,070,000 | |
| 250,000 | 250,000 | 외상매출금 | | |
| 100,000 | 300,000 | 상품 | 200,000 | |
| 400,000 | 400,000 | 비품 | | |
| | 100,000 | 외상매입금 | 300,000 | 200,000 |
| | 500,000 | 단기차입금 | 700,000 | 200,000 |
| | | 자본금 | 1,000,000 | 1,000,000 |
| | | 상품매출이익 | 50,000 | 50,000 |
| | | 임대료 | 200,000 | 200,000 |
| | | 수수료수익 | 30,000 | 30,000 |
| 50,000 | 50,000 | 급여 | | |
| 20,000 | 20,000 | 이자비용 | | |
| 1,680,000 | 3,550,000 | | 3,550,000 | 1,680,000 |

② **작성하는 시점에 따른 분류**: 시산표는 작성하는 시점에 따라 수정전시산표, 수정후시산표 그리고 마감후시산표(이월시산표)로 구분할 수 있다. 수정전시산표는 회계기간 중에 발생된 거래에 대한 회계처리를 기초로 작성된 것으로, 수정분개를 하기 전의 시산표이기 때문에 기업의 재무상태나 경영성과를 적정하게 나타내지 못한다. 반면에 수정후시산표는 수정전시산표에서 수정분개를 반영한 시산표를 뜻한다. 또한 각 계정을 마감한 후 마감절차를 검증하고 재무상태표가 도출되는 시산표는 마감후시산표(이월시산표)라고 한다.

**02** 기초다지기 01과 다음의 기말 정리사항을 참조하여 각 물음에 답하시오.

- 급여 미지급분 ₩20,000을 추가로 계상하였다.
- 임대료 미수분 ₩15,000을 추가로 계상하였다.

① 기말 수정분개를 제시하시오.
② 관련 총계정원장에 수정기입을 하시오.
③ 기말 정리사항을 고려한 수정후잔액시산표를 작성하시오.

해설

① (차) 급여　　　　　　　20,000　　　(대) 미지급급여　　　　　20,000
　(차) 미수임대료　　　　15,000　　　(대) 임대료　　　　　　　15,000

➕ 기말수정분개는 기본서 과정에서 구체적으로 학습한다.

②

| 급여 | | | |
|---|---|---|---|
| 10/15 현금 | 50,000 | | |
| 12/31 미지급급여 | 20,000 | | |

| 임대료 | | | |
|---|---|---|---|
| | | 9/20 현금 | 200,000 |
| | | 12/31 미수임대료 | 15,000 |

| 미지급급여 | | | |
|---|---|---|---|
| | | 12/31 급여 | 20,000 |

| 미수임대료 | | | |
|---|---|---|---|
| 12/31 임대료 | 15,000 | | |

③

**수정후잔액시산표**

| 차변 | 계정과목 | 대변 |
|---|---|---|
| 860,000 | 현금 | |
| 250,000 | 외상매출금 | |
| 15,000 | 미수임대료 | |
| 100,000 | 상품 | |
| 400,000 | 비품 | |
| | 외상매입금 | 200,000 |
| | 미지급급여 | 20,000 |
| | 단기차입금 | 200,000 |
| | 자본금 | 1,000,000 |
| | 상품매출이익 | 50,000 |
| | 임대료 | 215,000 |
| | 수수료수익 | 30,000 |
| 70,000 | 급여 | |
| 20,000 | 이자비용 | |
| 1,715,000 | | 1,715,000 |

## 02 시산표상의 오류 ★

### (1) 시산표의 오류와 조사방법

시산표상 오류의 발견순서는 회계장부 작성순서의 역순으로 '시산표 ⇨ 원장 ⇨ 분개장'의 순서로 장부를 검토한다.

① 시산표의 차변과 대변의 합계액의 일치 여부를 검사한다.

② 원장의 각 계정의 차변과 대변의 합계액과 잔액이 정확하게 시산표에 이기되었는가를 검토한다.

③ 각 계정의 차변과 대변의 합계액과 잔액을 검산한다.

④ 분개장에서 원장에 전기할 때 전기의 누락, 전기금액의 오기, 이중전기 등의 잘못이 없는가를 검토한다.

⑤ 분개장에 기장된 분개 자체에 잘못이 없는가를 검토한다.

### (2) 시산표상의 오류 유형

#### ① 시산표에서 발견할 수 있는 오류

㉠ 차변과 대변금액이 불일치한 경우

㉡ 차변과 대변 중 어느 한쪽의 전기를 누락한 경우

㉢ 차변과 대변 중 어느 한쪽의 이중전기 또는 전기금액의 오기, 계정 집계상의 계산 오류가 있는 경우

#### ② 시산표에서 발견할 수 없는 오류

㉠ 어떤 거래를 이중으로 분개하거나 이중으로 전기한 경우

㉡ 거래 전체의 분개가 누락되거나 전기가 누락된 경우

㉢ 차변과 대변 모두 잘못된 금액을 분개하거나 전기한 경우

㉣ 둘 이상의 오류가 우연히 서로 상계된 경우

㉤ 회계거래가 아님에도 불구하고 회계거래로 판단하여 분개 및 전기를 수행한 경우

## 03 정산표

정산표는 결산과정을 하나의 표에 나타낼 수 있도록 고안된 양식으로 시산표, 재무상태표, 포괄손익계산서를 집계하여 작성한다. 정산표 종류로는 10위식 · 8위식 · 6위식 정산표가 있다. 10위식 정산표는 수정전시산표 · 수정분개 · 수정후시산표 · 재무상태표 · 포괄손익계산서로 구성되어 있고, 10위식 정산표에서 수정후시산표를 제외하면 8위식 정산표, 10위식 정산표에서 수정분개 · 수정후시산표를 제외하면 6위식 정산표가 된다. 결산시 기말 정리사항을 기입하기 전 수정전시산표를 기초로 정리분개를 행하고 재무제표가 작성되며, 정산표는 반드시 작성해야 하는 회계장부가 아닌 선택사항이므로 실무적으로 생략하는 경우가 많다.

### 정산표

(주)한국 (단위: 천원)

| 계정 과목 | 수정전시산표 | | 수정분개 | | 수정후시산표 | | 포괄손익계산서 | | 재무상태표 | |
|---|---|---|---|---|---|---|---|---|---|---|
| | 차변 | 대변 | 차변 | 대변 | 차변 | 대변 | 차변 | 대변 | 차변 | 대변 |
| | | | | | | | | | | |

---

**기초다지기**

### 03 기초다지기 01과 02를 이용하여 정산표를 작성하시오.

해설

| 계정 과목 | 잔액시산표 | | 수정분개 | | 포괄손익계산서 | | 재무상태표 | |
|---|---|---|---|---|---|---|---|---|
| | 차변 | 대변 | 차변 | 대변 | 차변 | 대변 | 차변 | 대변 |
| 현금 | 860,000 | | | | | | 860,000 | |
| 외상매출금 | 250,000 | | | | | | 250,000 | |
| 미수임대료 | | | 15,000 | | | | 15,000 | |
| 상품 | 100,000 | | | | | | 100,000 | |
| 비품 | 400,000 | | | | | | 400,000 | |
| 외상매입금 | | 200,000 | | | | | | 200,000 |
| 미지급급여 | | | | 20,000 | | | | 20,000 |
| 단기차입금 | | 200,000 | | | | | | 200,000 |
| 자본금 | | 1,000,000 | | | | | | 1,000,000 |
| 상품매출이익 | | 50,000 | | | | 50,000 | | |
| 임대료 | | 200,000 | | 15,000 | | 215,000 | | |
| 수수료수익 | | 30,000 | | | | 30,000 | | |
| 급여 | 50,000 | | 20,000 | | 70,000 | | | |
| 이자비용 | 20,000 | | | | 20,000 | | | |
| 당기순이익 | | | | | 205,000 | | | 205,000 |
| 합계 | 1,680,000 | 1,680,000 | 35,000 | 35,000 | 295,000 | 295,000 | 1,625,000 | 1,625,000 |

# CHAPTER 3 계정의 마감 및 재무제표의 작성

## 01 장부의 마감 ★

### (1) 장부마감의 의의

기말 수정분개가 끝나고 모든 기입이 정확하게 이루어졌다면 총계정원장과 기타의 장부를 마감하여야 한다. 재무제표의 구성요소인 총계정원장의 마감은 특히 중요한데, 원장에 있는 계정의 변동을 당기와 차기의 변동으로 구분하기 위하여 기재하는 것을 '마감'이라고 한다. 총계정원장의 구성요소에는 명목계정인 수익·비용계정과 영구계정인 자산·부채·자본계정이 있다. 명목계정과 영구계정은 각각 성격이 다르므로 마감방법도 상이하다. 수익·비용계정은 마감하여 잔액을 ₩0으로 만들어 당기의 수익이나 비용이 차기의 수익이나 비용으로 보고되는 일이 없도록 하여야 한다. 자산·부채·자본계정은 각 계정의 잔액이 실제로 존재하여 해당 계정이 없어지기 전까지 회사의 장부에 영구적으로 남기 때문에 기말 잔액을 이월하는 방식으로 마감한다.

| 손익계산서계정 마감 (수익계정·비용계정) | ⇨ | 집합손익계정 마감 | ⇨ | 재무상태표계정 마감 (자산계정·부채계정·자본계정) |
|---|---|---|---|---|

### (2) 수익·비용계정의 마감

수익과 비용계정은 각 계정의 잔액을 다음 해로 이월하지 않는 명목계정이므로 각 계정에 남아 있는 잔액을 ₩0으로 만들어야 한다. 따라서 마감시 수익계정 대변 잔액을 차변에, 비용계정 차변 잔액을 대변에 각각 기입하고 집합손익계정으로 대체하여 해당 계정을 '₩0'으로 만든다.

#### ① 수익계정의 마감

| (차) 수익계정* | ×××  | (대) 집합손익 | ××× |
|---|---|---|---|

\* 마감계정

#### ② 비용계정의 마감

| (차) 집합손익** | ×××  | (대) 비용계정 | ××× |
|---|---|---|---|

\*\* 대체계정

| 수익계정 | | 비용계정 | |
|---|---|---|---|
| (−) | (+) | (+) | (−) |
| 집합손익 | | | 집합손익 |

## (3) 집합손익계정의 마감

모든 수익계정(총수익)과 모든 비용계정(총비용)을 대체한 집합손익계정에서 당기순손익이 산출되고, 당기순손익은 자본계정으로 대체된다.

① 당기순이익인 경우

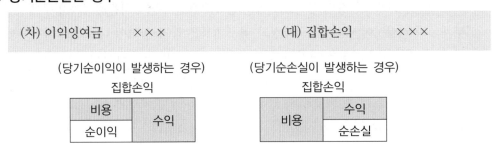

| (차) 집합손익 | ×××  | (대) 이익잉여금 | ××× |

② 당기순손실인 경우

| (차) 이익잉여금 | ×××  | (대) 집합손익 | ××× |

(당기순이익이 발생하는 경우)　　　(당기순손실이 발생하는 경우)

| 집합손익 | | | 집합손익 | |
|---|---|---|---|---|
| 비용 | 수익 | | 수익 | |
| 순이익 | | 비용 | 순손실 | |

---

기초다지기

**04 다음 (주)한국의 손익계산서계정을 마감하시오.**

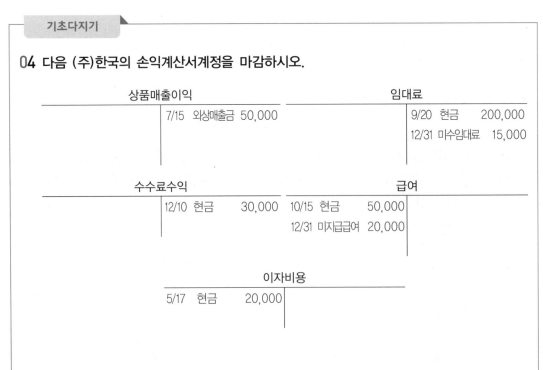

상품매출이익

| | | 7/15 외상매출금 | 50,000 |

임대료

| | | 9/20 현금 | 200,000 |
| | | 12/31 미수임대료 | 15,000 |

수수료수익

| | | 12/10 현금 | 30,000 |

급여

| 10/15 현금 | 50,000 | | |
| 12/31 미지급급여 | 20,000 | | |

이자비용

| 5/17 현금 | 20,000 | | |

해설

| 상품매출이익 | | | | | 임대료 | | | |
|---|---|---|---|---|---|---|---|---|
| 12/31 | 집합손익 | 50,000 | 7/15 외상매출금 | 50,000 | 12/31 집합손익 | 215,000 | 9/20 현금 | 200,000 |
| | | | | | | | 12/31 미수임대료 | 15,000 |
| | | | | | | 215,000 | | 215,000 |

| 수수료수익 | | | | | 급여 | | | |
|---|---|---|---|---|---|---|---|---|
| 12/31 | 집합손익 | 30,000 | 12/10 현금 | 30,000 | 10/15 현금 | 50,000 | 12/31 집합손익 | 70,000 |
| | | | | | 12/31 미지급급여 | 20,000 | | |
| | | | | | | 70,000 | | 70,000 |

| 이자비용 | | | | |
|---|---|---|---|---|
| 5/17 | 현금 | 20,000 | 12/31 집합손익 | 20,000 |

① 수익계정 대체

| | | | | |
|---|---|---|---|---|
| (차) 상품매출이익 | 50,000 | (대) 집합손익 | 50,000 |
| (차) 임대료 | 215,000 | (대) 집합손익 | 215,000 |
| (차) 수수료수익 | 30,000 | (대) 집합손익 | 30,000 |

② 비용계정 대체

| | | | |
|---|---|---|---|
| (차) 집합손익 | 70,000 | (대) 급여 | 70,000 |
| (차) 집합손익 | 20,000 | (대) 이자비용 | 20,000 |

③ 당기순이익 대체

| | | | |
|---|---|---|---|
| (차) 집합손익 | 205,000 | (대) 이익잉여금 | 205,000 |

| 집합손익 | | | | |
|---|---|---|---|---|
| 12/31 | 급여 | 70,000 | 12/31 상품매출이익 | 50,000 |
| 12/31 | 이자비용 | 20,000 | 12/31 임대료 | 215,000 |
| 12/31 | 이익잉여금(당기순이익) | 205,000 | 12/31 수수료수익 | 30,000 |
| | | 295,000 | | 295,000 |

## (4) 재무상태표계정의 마감

재무상태표계정은 잔액을 차기로 이월하는 실질계정이므로 장부마감도 자산·부채·자본 계정의 잔액을 이월하는 형식으로 마감한다. 마감시 자산계정은 차변에 잔액이 생기므로 대변에 차기이월로 표시하여 마감하고, 부채와 자본은 대변에 잔액이 생기므로 차변에 차기이월로 표시하여 마감하며, 각 계정의 차기의 전기 말 잔액은 기초잔액으로 전기이월로 표시한다.

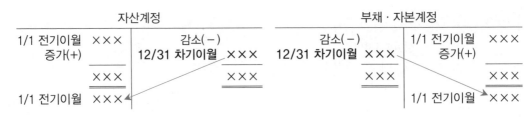

| 자산계정 | | | | 부채·자본계정 | | | |
|---|---|---|---|---|---|---|---|
| 1/1 전기이월 | ××× | 감소(-) | | 감소(-) | | 1/1 전기이월 | ××× |
| 증가(+) | | 12/31 **차기이월** | ××× | 12/31 **차기이월** ××× | | 증가(+) | |
| | ××× | | ××× | | ××× | | ××× |
| 1/1 전기이월 | ××× | | | | | 1/1 전기이월 | ××× |

**기초다지기**

**05** 다음 재무상태표계정을 마감하고 이월시산표를 작성하시오.

| 현금 | | | | 외상매출금 | | | |
|---|---|---|---|---|---|---|---|
| 1/10 자본금 | 1,000,000 | 4/20 비품 | 400,000 | 7/15 제좌 | 250,000 | | |
| 3/11 단기차입금 | 700,000 | 5/17 제좌 | 520,000 | | | | |
| 9/20 임대료 | 200,000 | 6/10 외상매입금 | 100,000 | | | | |
| 12/10 수수료수익 | 30,000 | 10/15 급여 | 50,000 | | | | |

| 상품 | | | | 비품 | | | |
|---|---|---|---|---|---|---|---|
| 2/15 외상매입금 | 300,000 | 7/15 외상매출금 | 200,000 | 4/20 현금 | 400,000 | | |

| 외상매입금 | | | | 단기차입금 | | | |
|---|---|---|---|---|---|---|---|
| 6/10 현금 | 100,000 | 2/15 상품 | 300,000 | 5/17 현금 | 500,000 | 3/11 현금 | 700,000 |

| 자본금 | | | | 이익잉여금 | | | |
|---|---|---|---|---|---|---|---|
| | | 1/10 현금 | 1,000,000 | | | 12/31 집합손익 | 205,000 |

| 미수임대료 | | | | 미지급급여 | | | |
|---|---|---|---|---|---|---|---|
| 12/31 임대료 | 15,000 | | | | | 12/31 급여 | 20,000 |

**해설**

① 재무상태표계정 마감

| 현금 | | | | 외상매출금 | | | |
|---|---|---|---|---|---|---|---|
| 1/10 자본금 | 1,000,000 | 4/20 비품 | 400,000 | 7/15 제좌 | 250,000 | 12/31 **차기이월** | 250,000 |
| 3/11 단기차입금 | 700,000 | 5/17 제좌 | 520,000 | 1/1 전기이월 | 250,000 | | |
| 9/20 임대료 | 200,000 | 6/10 외상매입금 | 100,000 | | | | |
| 12/10 수수료수익 | 30,000 | 10/15 급여 | 50,000 | | | | |
| | | 12/31 **차기이월** | 860,000 | | | | |
| | 1,930,000 | | 1,930,000 | | | | |
| 1/1 전기이월 | 860,000 | | | | | | |

### 상품

| | | | | |
|---|---|---|---|---|
| 2/15 외상매입금 | 300,000 | 7/15 외상매출금 | 200,000 |
| | | 12/31 차기이월 | 100,000 |
| | 300,000 | | 300,000 |
| 1/1 전기이월 | 100,000 | | |

### 비품

| | | | |
|---|---|---|---|
| 4/20 현금 | 400,000 | 12/31 차기이월 | 400,000 |
| 1/1 전기이월 | 400,000 | | |

### 외상매입금

| | | | |
|---|---|---|---|
| 6/10 현금 | 100,000 | 2/15 상품 | 300,000 |
| 12/31 차기이월 | 200,000 | | |
| | 300,000 | | 300,000 |
| | | 1/1 전기이월 | 200,000 |

### 단기차입금

| | | | |
|---|---|---|---|
| 5/17 현금 | 500,000 | 3/11 현금 | 700,000 |
| 12/31 차기이월 | 200,000 | | |
| | 700,000 | | 700,000 |
| | | 1/1 전기이월 | 200,000 |

### 자본금

| | | | |
|---|---|---|---|
| 12/31 차기이월 | 1,000,000 | 1/10 현금 | 1,000,000 |
| | | 1/1 전기이월 | 1,000,000 |

### 이익잉여금

| | | | |
|---|---|---|---|
| 12/31 차기이월 | 205,000 | 12/31 집합손익 | 205,000 |
| | | 1/1 전기이월 | 205,000 |

### 미수임대료

| | | | |
|---|---|---|---|
| 12/31 임대료 | 15,000 | 12/31 차기이월 | 15,000 |
| 1/1 전기이월 | 15,000 | | |

### 미지급급여

| | | | |
|---|---|---|---|
| 12/31 차기이월 | 20,000 | 12/31 급여 | 20,000 |
| | | 1/1 전기이월 | 20,000 |

② 이월시산표 작성

### 이월시산표

| 현금 | 860,000 | 외상매입금 | 200,000 |
|---|---|---|---|
| 외상매출금 | 250,000 | 단기차입금 | 200,000 |
| 미수임대료 | 15,000 | 미지급급여 | 20,000 |
| 상품 | 100,000 | 자본금 | 1,000,000 |
| 비품 | 400,000 | 이익잉여금 | 205,000 |
| | 1,625,000 | | 1,625,000 |

## (5) 분개장과 보조부의 마감

총계정원장의 마감이 완료되면 분개장과 기타의 장부를 마감한다.

## 02 재무제표의 작성

**(1)** 장부의 마감이 끝나면 기업은 후절차를 통해서 다음과 같은 재무제표를 작성한다.

**전체 재무제표 ★**

- 기말재무상태표
- 기간포괄손익계산서
- 기간자본변동표
- 기간현금흐름표
- 주석(유의적인 회계정책의 요약 및 그 밖의 설명으로 구성)

**(2)** 한국채택국제회계기준에서는 재무제표에 표시할 최소한의 계정만 제시할 뿐 재무제표의 세부순서, 형식 등을 규정하고 있지 않고, 기업의 선택에 따라 재무제표에 계정과목, 제목 및 중간합계를 추가 기재하는 것을 허용한다.

---

**기초다지기**

## 06 기초다지기 01~05를 참조하여 재무상태표와 손익계산서를 작성하시오.

해설

① 손익계산서

| (주)한국 | | | 20×1.1.1.~20×1.12.31. |
|---|---|---|---|
| 급여 | 70,000 | 상품매출이익 | 50,000 |
| 이자비용 | 20,000 | 임대료 | 215,000 |
| 당기순이익 | 205,000 | 수수료수익 | 30,000 |
| | 295,000 | | 295,000 |

② 재무상태표

| (주)한국 | | | 20×1.12.31. 현재 |
|---|---|---|---|
| 현금 및 현금성자산 | 860,000 | 매입채무 | 200,000 |
| 매출채권 | 250,000 | 단기차입금 | 200,000 |
| 미수임대료 | 15,000 | 미지급급여 | 20,000 |
| 상품 | 100,000 | 자본금 | 1,000,000 |
| 비품 | 400,000 | 이익잉여금 | 205,000 |
| | 1,625,000 | | 1,625,000 |

⊕ 재무상태표에는 외상매출금계정 대신 통합계정인 매출채권계정으로, 외상매입금계정 대신 매입채무계정으로 표시된다.

# 계정과목 익히기

# 계정과목 익히기

## 1. 재무상태표계정

### (1) 자산계정

| | |
|---|---|
| 현금 | 지폐와 동전인 통화(외화 포함)와 자기앞수표, 우편환 등과 같이 통화처럼 쓰이는 것을 포함 |
| 보통예금 | 입출금이 자유로운 기업 자유예금 |
| 당좌예금 | 수표발행 목적인 예금으로 입출금이 자유로운 예금 |
| 정기예금(적금) | 이자수익을 얻기 위해 일정기간 일정금액을 예치하는 정기예금과 매월 또는 분기별 정액을 예치하는 적금 |
| 현금 및 현금성자산 | 통화(지폐와 주화) 및 통화대용증권(예 타인발행수표·자기앞수표 등) + 보통예금·당좌예금(요구불예금) + 현금성자산 |
| 외상매출금 | 상품이나 제품 등을 외상으로 판매하고 현금으로 받을 권리 |
| 받을어음 | 상품이나 제품 등을 판매하고, 대금을 어음으로 수령한 경우 어음대금을 현금으로 받게 될 권리 |
| 매출채권 | 외상매출금과 받을어음을 합한 것 |
| 단기대여금 | 보고기간 종료일로부터 1년 이내에 회수 예정으로 대여하는 금액 |
| 미수금 | 건물, 비품, 차량운반구 등과 같이 상품이나 제품 이외의 자산을 처분하고, 대금을 나중에 받기로 한 것 |
| 미수수익 | 당기에 실현된 수익 중 아직 수령하지 않은 미수액 |
| 선급금 | 재화(예 상품이나 원재료 등) 및 용역을 얻기 위하여 미리 지급한 선급액 |
| 선급비용 | 당기에 지급한 비용이나 차기 이후에 귀속되는 비용 |
| 가지급금 | 출처가 확인되지 않은 상태에서 미리 지급된 금액 |
| 전도금 | 여러 부서에서 한 달 동안 사용할 경비 등을 지급하는 금액 |
| 상품 | 판매를 목적으로 매입하여 일정한 이익을 가산하여 판매하는 자산<br>⊕ 부동산매매업에 있어서 판매를 목적으로 소유하는 토지·건물 기타 이와 유사한 부동산은 상품에 포함된다. |
| 제품 | 판매를 목적으로 생산한 생산품·부산물 등 |
| 반제품 | 자가제조한 중간제품이나 부분품 등 |
| 재공품 | 제조과정에 있는 미완성 제품 |
| 원재료 | 제품 생산에 투입될 목적으로 보유하는 주요 자재 |
| 저장품 | 제품 생산을 위하여 투입하기 위해 저장되는 소모성 자재 |
| 투자부동산 | 임대수익이나 시세차익을 목적으로 보유하는 토지·건물 |

| 토지 | 영업을 위하여 사용하는 대지·임야·전·답·잡종지 등 |
|---|---|
| 건물 | 영업을 위하여 사용하는 공장이나 창고, 영업소·본사 등의 건물 |
| 구축물 | 교량, 간판, 조경수, 조각물 등 사람이 거주할 수 없는 구조물 |
| 기계장치 | 제품의 생산을 위하여 사용하는 여러 기계장치, 운송설비(예 컨베이어·호이스트·기중기 등)와 기타의 부속설비 등 |
| 건설 중인 자산 | 재료원가·노무원가·경비 등 유형자산의 건설을 위하여 지출한 것 |
| 영업권 | 합병대가가 피합병회사의 순자산 공정가치보다 큰 경우 인식하는 무형자산<br>⊕ 합병·영업양수 등을 통하여 유상으로 취득한 경우에 한한다. |
| 특허권 | 특허법에 따라 등록하여 일정기간 독점적·배타적으로 이용할 수 있는 법률상의 권리 |
| 라이선스 | 타 기업이나 타인이 소유하고 있는 제품제조와 관련된 신기술·노하우 등을 소유자의 허가를 얻어 생산하는 것 |
| 프랜차이즈 | 특정한 상품·상호·상표 등을 독점적으로 사용할 수 있는 권리 |
| 저작권 | 저작물에 대하여 저작자가 독점적·배타적으로 이용할 수 있는 권리 |
| 컴퓨터소프트웨어 | 컴퓨터소프트웨어의 구입을 위한 비용 |
| 개발비 | 신제품·신기술 등의 개발과 관련된 비용으로서 자본화 요건에 충족된 것 |
| 임차보증금 | 공장 또는 사무실 임차를 위한 보증금 |
| 장기미수금 | 일반적인 상거래 이외에서 발생한 외상채권으로서 유동자산에 속하지 아니한 것 |

## (2) 부채계정

| 단기차입금 | 보고기간 종료일로부터 1년 이내에 상환하기로 하고 타인으로부터 차입한 채무 |
|---|---|
| 외상매입금 | 상품이나 원재료 등을 외상으로 매입하고 지급할 의무 |
| 지급어음 | 상품이나 원재료 등을 매입하고, 대금은 약속어음으로 발행한 경우 어음대금을 지급할 의무 |
| 매입채무 | 외상매입금과 지급어음을 합한 것 |
| 미지급법인세 | 법인세 등의 미지급액 |
| 미지급비용 | 당기에 발생된 비용이지만 아직 지급되지 아니한 비용 |
| 미지급금 | 상품이나 원재료 이외 물품 등을 구입하고, 대금은 나중에 주기로 한 의무 |
| 예수금 | 소득 지급시 발생하여 공제하는 원천징수금액 |
| 가수금 | 출처가 확인되지 않은 곳으로부터 받은 금액 |
| 선수금 | 수주공사·수주품 및 기타 일반적 상거래에서 발생한 선수액 |
| 선수수익 | 당기에 수령한 수익 중 차기에 속하는 것 |

| | |
|---|---|
| 유동성장기부채 | 비유동부채 중 결산일로부터 1년 이내에 상환될 부채 |
| 사채 | 주식회사의 장기자금을 조달하기 위하여 일정한 이자를 지급하기로 하고 일정한 시기인 만기에 상환하기로 하고 발행한 채무증권 |
| 장기차입금 | 보고기간 종료일로부터 1년 이후에 상환하기로 하고 타인이나 금융기관으로부터 차입한 채무 |
| 장기외상매입금 | 상품이나 원재료 등을 외상으로 매입하고 발생하는 외상채무로서 유동부채에 속하지 아니한 것 |
| 장기지급어음 | 상품이나 원재료 등을 매입하고 발생한 어음상 채무로서 유동부채에 속하지 아니한 것 |
| 장기매입채무 | 장기외상매입금과 장기지급어음을 합한 것 |

## (3) 자본계정

| | |
|---|---|
| 보통주자본금 | 보통주 발행주식에 액면금액을 곱한 금액 |
| 우선주자본금 | 우선주 발행주식에 액면금액을 곱한 금액 |
| 주식발행초과금 | 주식의 발행금액이 액면금액을 초과하는 경우 그 초과금액 |
| 감자차익 | 매입소각을 목적으로 주식을 회수할 때 자본금을 감소시키는 감자액보다 반환금액이 적은 경우 그 미달금액 |
| 자기주식처분이익 | 자기주식처분금액이 자기주식의 취득원가보다 큰 경우 그 초과금액 (단, 자기주식처분손실이 있는 경우 자기주식처분이익에서 차감한 금액) |
| 자기주식 | 발행회사가 이미 발행한 주식을 매입 또는 증여에 의하여 취득한 주식 중 소각되지 않은 주식 |
| 주식할인발행차금 | 주식발행금액이 액면금액에 미달하는 경우 그 미달하는 금액 |
| 감자차손 | 매입소각을 목적으로 주식을 회수할 때 자본금을 감소시키는 감자액보다 반환금액이 큰 경우 그 초과금액 |
| 자기주식처분손실 | 자기주식처분금액이 자기주식의 취득원가보다 작은 경우 그 미달액 (단, 자기주식처분이익이 있는 경우 자기주식처분손실에서 차감한 금액) |
| 이익준비금 | 이익 처분시 상법 규정에 의해 자본금의 2분의 1이 될 때까지 매 결산기 이익배당액의 10분의 1 이상을 이익준비금으로 적립한 금액(주식배당 제외) |
| 임의적립금 | 이익잉여금 처분 결의에 따라 임의로 적립한 금액 |
| 사업확장적립금 | 임의적립금 중 하나로 사업을 확장시키기 위하여 적립한 금액 |
| 감채적립금 | 임의적립금 중 하나로 사채상환을 목적으로 적립한 금액 |
| 미처분이익잉여금 | 전기이월이익잉여금과 당기순이익의 합계 |

## 2. 손익계산서계정

### (1) 수익계정

| | |
|---|---|
| 매출 | 기업이 고객에게 상품이나 용역을 제공한 대가로 수취하거나 수취할 금액<br>① **상품매출**: 타사 제품에 이익을 붙여 공급한 금액<br>② **제품매출**: 자사 제품에 이익을 붙여 공급한 금액 |
| 이자수익 | 예금이나 대여금 등에 대한 이자나 기업이 투자한 채권 등에서 발생하는 이자 |
| 배당금수익 | 주식에 대한 배당 중 현금배당으로 발생하는 수익 |
| 잡이익 | 영업활동 이외에서 발생하는 기타의 이익금액 |
| 임대료 | 토지 또는 건물 등을 타인에게 빌려주고 받는 사용료 |
| 투자자산처분이익 | 투자자산의 처분금액이 장부금액보다 큰 경우 발생하는 이익 |
| 유형자산처분이익 | 유형자산의 처분금액이 장부금액보다 큰 경우 발생하는 이익 |
| 사채상환이익 | 상환 직전 장부금액보다 상환금액이 작은 경우 발생하는 이익 |
| 자산수증이익 | 무상으로 증여받은 자산금액 |
| 채무면제이익 | 채무를 면제받음에 따른 이익 |

### (2) 비용계정

| | |
|---|---|
| 매출원가 | 판매된 상품의 취득(매입)원가나 판매된 제품의 제조원가<br>① **상품매출원가**: 타사 제품을 매입하여 판매함에 따른 판매원가<br>② **제품매출원가**: 자사 제품을 판매함에 따른 판매원가 |
| 급여 | 판매 및 일반관리에 종사하는 사원 등에 대한 급료, 임금 및 제수당 등 |
| 복리후생비 | 종업원에 대한 복리 및 후생 관련 비용 |
| 임차료 | 토지 또는 건물 등을 빌려서 사용하고 지급하는 사용료 |
| 접대비 | 교제비·기밀비·사례금 기타 명목 여하에 불구하고 이와 유사한 성질의 비용으로서 법인의 업무와 관련하여 지출한 금액 |
| 통신비 | 본사에서 사용한 전화요금, 우편요금, 인터넷 사용료 등 |
| 감가상각비 | 건물이나 기계장치, 비품 등의 유형자산의 원가를 그 자산의 사용기간에 체계적으로 배분한 금액 |
| 세금과공과 | 자동차세·재산세·사업소세 등의 세금과 조합비·상공회의소비 등의 공과금 등 |
| 운반비 | 매입에 따른 운반비를 제외하고 창고에 보관된 원재료, 부재료의 운반비 등의 지출액 |
| 교육훈련비 | 본사 직원들에 대한 교육훈련비용 |
| 도서인쇄비 | 업무를 위한 도서구입, 신문구독료, 명함인쇄비 등 |
| 무형자산상각비 | 개발비, 산업재산권 등 무형자산의 상각비 |

| 광고선전비 | 신문광고, 방송광고 등을 위해 지출하였거나 소비된 재화의 가치 |
|---|---|
| 연구비 | 신제품 · 신기술 등의 연구활동에 지출된 비용 등 |
| 경상개발비 | 신제품 · 신기술 등의 개발활동에 지출된 비용으로 자본화 요건을 충족하지 못한 비용 |
| 수도광열비 | 전기료 · 가스료 · 수도료 등으로 발생하는 비용 |
| 여비교통비 | 기업의 업무상 발생하는 교통비 및 출장비 등 |
| 이자비용 | 차입금에 대한 이자, 사채에 대한 이자 등 |
| 잡손실 | 영업활동과 관계없이 발생하는 기타의 손실금액 |
| 기부금 | 사업과 직접 관계없이 지출하는 재산적 증여금액 |
| 투자자산처분손실 | 투자자산의 처분금액이 장부금액보다 작은 경우 발생하는 손실 |
| 유형자산처분손실 | 유형자산의 처분금액이 장부금액보다 작은 경우 발생하는 손실 |
| 사채상환손실 | 상환금액이 상환 직전 장부금액보다 큰 경우 발생하는 손실 |

house.Hackers.com

# 2과목

# 공동주택시설개론

| 건축구조 | | | 50% | | |
| --- | --- | --- | --- | --- | --- |
| 건축설비 | | | 50% | | |

## ▶ 2과목 공동주택시설개론은 어떻게 공부해야 할까요?

✔ 공동주택시설개론은 가장 먼저 용어를 이해하는 것이 중요합니다. 이를 바탕으로 각 PART별로 체계적으로 압축 정리하는 것이 바람직합니다.

각 CHAPTER별로 자주 출제되는 핵심개념을 정리하였습니다. 핵심개념은 본문에서도 ★로 표시되어 있으니 이 부분을 중점적으로 학습하세요.

# PART 1
# 건축구조

 선생님의 비법전수

건축구조는 인체에 비유하면 뼈대와 같습니다. 모든 뼈대가 다 중요하듯이 모든 CHAPTER가 시험에 골고루 출제되지만, 특히 철근콘크리트구조가 많은 비중을 차지하고 있으므로 이에 대한 깊이 있는 학습이 필요합니다.

**CHAPTER 11**
건축적산

**CHAPTER 10**
도장공사

• 도장공사시 일반사항 ★

**CHAPTER 7**
방수공사

**CHAPTER 8**
미장 및 타일공사

**CHAPTER 9**
창호 및 유리공사

# 건축구조 총론

## 01 용어의 정의

### (1) 건축물

건축물이란 토지에 정착(定着)하는 공작물 중 지붕과 기둥 또는 벽이 있는 것과 이에 딸린 시설물, 지하나 고가(高架)의 공작물에 설치하는 사무소 · 공연장 · 점포 · 차고 · 창고 그 밖에 대통령령으로 정하는 것을 말한다.

### (2) 건축구조

① 건축구조(構造)란 여러 가지 재료를 사용하여 건물이나 구조물 따위를 세우거나 만드는 것을 말한다.

② 건축물을 구성하는 건축물 자체와 적재물의 무게, 지진이나 풍압력 등과 같은 외부로부터의 힘에 대한 저항을 주목적으로 설치되는 것으로 기둥 · 보 · 벽 등 건축물의 뼈대를 말한다.

**건물 부위별 용어**

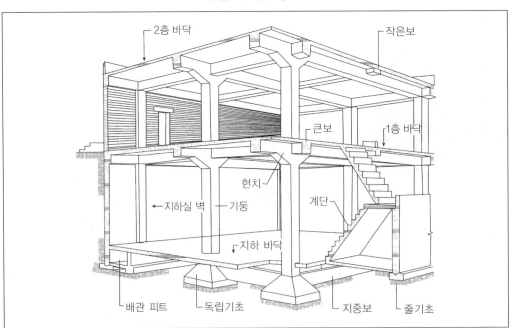

## (3) 기초(基礎, footing)

① 건물의 상부구조물을 지지하고 고정시켜 그 하중을 직접 땅으로 전달하는 구조체계의 한 부분을 말한다.

② 반복되는 동결과 해빙 주기로 인한 건물 손상을 막기 위하여 기초의 바닥은 동결선 아래쪽에 위치하여야 한다.

## (4) 기둥(柱, column)

① 지붕·바닥·보 등의 상부하중을 지지하여 하부구조로 전하는 수직부재를 말한다.

② 기둥은 높이가 최소단면치수의 3배 이상인 수직부재로, 주로 압축력에 저항한다.

## (5) 벽(壁, wall)

① 벽은 공간을 구획하는 수직부재로, 내력벽과 비내력벽(장막벽) 등이 있다.

② 벽은 상부에서 오는 하중을 받을 수 있는 내력벽과 철근콘크리트구조체 내에 설치되어 자체중량만을 지지하는 비내력벽(장막벽)으로 구분한다.

## (6) 슬래브(slab)

① 바닥이나 지붕을 한 장의 판처럼 콘크리트로 부어 만든 구조물을 말한다.

② 슬래브는 수평부재로, 장변과 단변의 비에 따라 1방향 슬래브와 2방향 슬래브로 구분된다.

## (7) 보(girder, beam)

① 수직재의 기둥에 연결되어 하중을 지탱하고 있는 수평구조부재로, 축에 직각방향의 힘을 받아 주로 휨에 의하여 하중을 지탱하는 것이 특징이다.

② 지지방법에 따라 양단지지의 단순보, 중간에 받침점을 만든 연속보, 연속보의 중간을 핀(pin)으로 연결한 게르버보, 양단을 고정한 고정보, 고정보의 일단을 해방한 캔틸레버보 등으로 나뉜다.

## (8) 천장(天障, ceiling)

① 지붕의 안쪽이나 상층의 바닥을 감추기 위하여 그 밑에 설치한 덮개를 말한다.

② 구조체를 감추어 별도의 의장(意匠)을 할 수 있으며, 벽·바닥과 같이 외부로부터의 영향을 어느 정도 차단 또는 흡수할 수 있다는 이점이 있다.

## 1. 구성양식에 의한 분류

### (1) 가구식(架構式) 구조 ★

① 목재 · 강재 등과 같이 비교적 가늘고 긴 부재를 조립하여 뼈대를 구축한 구조이다.

② **종류**: 나무구조, 철골구조

목조 가구식                    철골조 가구식

③ 각 부재의 접합 및 짜임새에 따라 구조체의 강도가 좌우된다.

④ 비내화적이다.

⑤ 건식구조이다.

### (2) 조적식(組積式) 구조 ★

① 단일 개체(예 벽돌 · 시멘트블록 · 돌 등)를 교착제를 써서 쌓아 구성한 구조이다.

② **종류**: 벽돌구조, 시멘트블록구조, 돌구조

벽돌구조              시멘트블록구조              돌구조

③ 전체 강도는 단일 개체의 강도, 교착제의 강도, 쌓기법에 의하여 좌우된다.

④ 횡력(수평력) · 부동침하 등에 취약하고, 균열이 가기 쉽다.

⑤ 습식구조이다.

## (3) 일체식(一體式) 구조

① 원하는 형태의 거푸집에 콘크리트를 부어 넣어 전 구조체가 한 덩어리가 되도록 만든 구조이다.

② **종류**: 철근콘크리트구조, 철골ㆍ철근콘크리트구조

| 철근콘크리트구조 | 철골ㆍ철근콘크리트구조 |

③ 각 부분의 구조가 일체화되어 비교적 균일한 강도를 가진다.

④ 내화ㆍ내진ㆍ내구적이다.

⑤ 습식구조이다.

## (4) 입체식(立體式) 구조

① 외력에 대하여 3차원적으로 저항할 수 있도록 구성된 구조이다.

② **종류**: 입체트러스구조, 절판구조, 쉘구조, 현수구조, 막구조 등

입체트러스구조　　절판구조　　쉘구조

현수구조　　막구조

③ 일반적으로 대공간의 지붕구조에 많이 사용한다.

## 2. 시공과정에 의한 분류

### (1) 습식구조(濕式構造)

① 건축현장에서 물을 사용하는 공정으로 만들어진 구조로서 조적식 구조와 일체식 구조가 이에 속한다.

② 겨울철 공사가 어렵고, 공사기간(이하 '공기'라 한다)이 길어진다.

### (2) 건식구조(乾式構造)

① 물을 사용하지 않는 공정으로 만들어진 구조로서 가구식 구조가 이에 속한다.

② 겨울철 공사가 가능하고 공사기간이 단축되며, 대량생산이 가능하다.

### (3) 현장구조(現場構造)

건축자재를 현장에서 제작·가공하여 조립·설치하는 구조이다.

### (4) 조립식 구조(組立式構造, precast structure)

건축자재와 부품을 공장에서 생산하여 현장으로 운반해 조립하는 구조로서 공장구조라고도 한다.

| 장점 | 단점 |
|---|---|
| ① 대량생산이 가능하다. | ① 접합부의 일체화가 어렵다. |
| ② 공기를 단축할 수 있다. | ② 횡력(수평력)에 취약하다. |
| ③ 기후의 영향을 받지 않는다. | ③ 획일적이다. |

# CHAPTER 2 기초구조

## 01 기초

### 1. 기초의 정의

건물의 최하부에 있어 건물의 각종 하중을 받아 이것을 지반에 안전하게 전달하는 구조 부분을 말하며, 넓은 의미로는 지정을 포함한다.

**기초 및 지정**

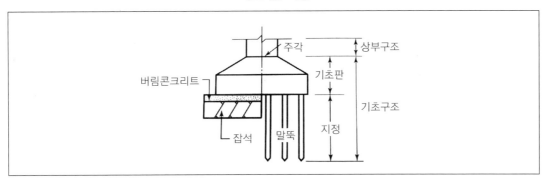

#### (1) 기초구조부

기초 부분의 주각 부분을 경계로 하여 그 위를 상부구조라 하고, 아래를 하부구조 또는 기초구조라 한다.

#### (2) 기초판

상부구조의 응력을 지반 또는 지정에 전달하고자 만든 구조 부분이다.

#### (3) 지정

기초 자체나 지반의 지지력을 보강하여 기초를 지탱하는 부분으로 잡석지정 · 모래지정 · 자갈지정 · 말뚝지정이 있다.

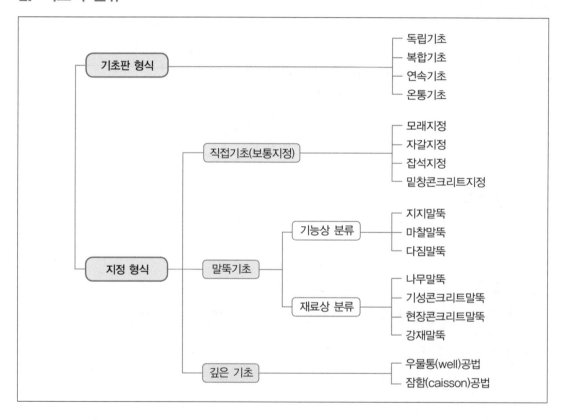

**핵심** 동결선과 동결선 깊이 ★

1. 동결선은 겨울철에 땅이 어는 깊이를 말한다.
   - 동결선 깊이는 기초 저면이 동결선 아래에 위치하여야 한다.
   - 동결선 깊이는 지하수위 변동과 관계가 없다.

2. 동결선 깊이는 지방에 따라 다르다.
   - 북부지방: 120cm
   - 중부지방: 90cm
   - 남부지방: 60cm

## 2. 기초의 분류

기초판 형식 ─── 독립기초
             복합기초
             연속기초
             온통기초

지정 형식 ─── 직접기초(보통지정) ─── 모래지정
                               자갈지정
                               잡석지정
                               밑창콘크리트지정

          말뚝기초 ─── 기능상 분류 ─── 지지말뚝
                                마찰말뚝
                                다짐말뚝

                     재료상 분류 ─── 나무말뚝
                                기성콘크리트말뚝
                                현장콘크리트말뚝
                                강재말뚝

          깊은 기초 ─── 우물통(well)공법
                     잠함(caisson)공법

## (1) 기초판 형식에 의한 분류

### ① 독립기초
　㉠ 하나의 기둥을 1개의 기초판으로 지지하는 기초이다.
　㉡ 기초의 침하가 고르지 않아 부동침하의 우려가 있으므로 지중보(기초보) 등으로 연결하는 것이 좋다.

### ② 복합기초
　㉠ 2개 이상의 기둥으로부터 전달되는 하중을 1개의 기초판으로 지지하는 기초이다.
　㉡ 기둥간격이 좁거나 대지경계선 너머로 기초를 내밀 수 없을 때 사용한다.

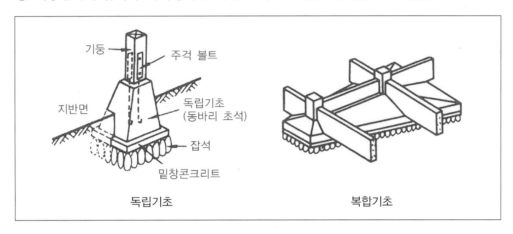

독립기초　　　　　　　　　　복합기초

### ③ 연속기초(줄기초)
　㉠ 벽 또는 여러 개의 기둥이 하나의 기초에 연결된 형태의 기초이다.
　㉡ 조적조 건물에 적합한 기초이다.

### ④ 온통기초 ★
　㉠ 건물의 하부 전체 또는 지하실 전체를 하나의 기초판으로 구성한 기초이며, '매트 기초(mat foundation)'라고도 한다.
　㉡ 지반이 연약한 경우에 사용하는 기초이다.
　㉢ 부동침하 방지에 효과적이다.
　㉣ 기초면적이 바닥면적의 2분의 1 이상일 때 사용하며, 경제적이다.

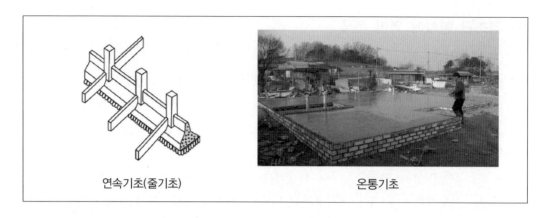

연속기초(줄기초)　　　　　　온통기초

## (2) 지정 형식에 의한 분류

| 구분 | 내용 |
|---|---|
| 직접기초<br>(보통지정) | ① 상부구조로부터의 하중을 말뚝 등을 쓰지 않고 기초판으로 직접 지반에 전하는 기초이다.<br>② 밑창콘크리트지정, 잡석지정, 모래지정, 자갈지정 등이 있다. |
| 말뚝기초 | ① 말뚝에 의하여 구조물을 지지하는 기초이다.<br>② 튼튼한 지반이 깊이 있어서 굳은 지층에 직접기초 구축이 불가능할 때 쓰이고, 특히 중량건물이나 고층건물의 기초에 쓰인다.<br>③ 말뚝기초는 기능상 지지말뚝·마찰말뚝·다짐말뚝으로 구분하고, 재료상 나무말뚝·기성콘크리트말뚝·현장콘크리트말뚝·강재말뚝으로 구분한다. |
| 깊은 기초 | 기초지반의 지지력이 충분하지 못하거나 침하가 과도하게 일어나는 경우에 말뚝, 우물통(well), 잠함(caisson) 등의 깊은 기초를 설치하여 지지력이 충분히 큰 하부지반에 상부구조물의 하중을 전달하거나 지반을 개량한 후에 기초를 설치하는 방식이다. |

## (1) 지반조사

① **지반조사의 목적**: 토질의 성질, 지층의 분포, 지하수위 등을 조사하여 가장 안전하고 경제적인 기초구조를 만들기 위하여 지반조사를 실시한다.

② **지반조사의 순서**

## (2) 지반조사의 종류

| 구분 | 지반조사방법 |
|------|-------------|
| 지하탐사법 | ① 짚어보기<br>② 터파보기<br>③ 물리적 탐사법 |
| 보링<br>(boring) | ① 오거보링(auger boring)<br>② 수세식 보링(wash boring)<br>③ 충격식 보링(percussion boring)<br>④ 회전식 보링(rotary type boring) |
| 사운딩<br>(sounding) | ① 표준관입시험<br>② 베인테스트(vane test)<br>③ 콘(cone)관입시험<br>④ 스웨덴식 사운딩(sounding) |
| 시료 채취<br>(sampling) | ① 교란시료 채취(disturbed sampling)<br>② 불교란시료 채취(undisturbed sampling) |
| 토질시험 | ① 물리적 시험<br>② 역학적 시험 |
| 지내력시험 | ① 재하시험<br>② 말뚝재하시험<br>③ 말뚝박기시험 |

2과목

공동주택시설개론 | 2025 해커스 주택관리사(보) 1차 기초입문서

### (1) 지반의 허용지내력(許容地耐力) ★

지반의 허용지지력과 허용침하량을 만족시키는 지반의 내력을 말한다.

**지반의 허용지내력**

(단위: kN/m²)

| 지반 | | 장기응력에 대한 허용지내력 | 단기응력에 대한 허용지내력 |
|---|---|---|---|
| 경암반 | 화강암 · 석록암 · 편마암 · 안산암 등의 화성암 및 굳은 역암 등의 암반 | 4,000 | 각각 장기응력에 대한 허용지내력 값의 1.5배로 한다. |
| 연암반 | 판암 · 편암 등의 수성암의 암반 | 2,000 | |
| 연암반 | 혈암 · 토단반 등의 암반 | 1,000 | |
| 자갈 | | 300 | |
| 자갈과 모래와의 혼합물 | | 200 | |
| 모래 섞인 점토 또는 롬토 | | 150 | |
| 모래 또는 점토 | | 100 | |

### (2) 지중응력의 분포 ★

**지중응력 분포도**

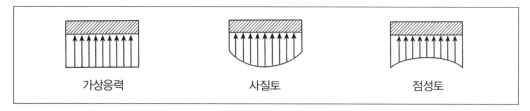

가상응력          사질토          점성토

① 탄성체에 가까운 경질점토에 하중을 가하면 그 압력은 주변에서 최대이고, 중앙에서 최소이다.

② 모래와 같은 입상토에 하중을 가하면 그 압력은 주변에서 최소이고, 중앙에서 최대이다.

건축물에서 균등하게 침하되는 현상은 '균등침하'라 하고, 부분적으로 서로 상이하게 침하되는 현상은 '부동침하(不同沈下)'라 한다.

기초침하 형태

| 구분 | 균등침하 | 부동침하 | |
|---|---|---|---|
| | | 전도침하 | 부동침하 |
| 도해 | | | |
| 기초지반 및 하중조건 | • 균일한 사질토지반<br>• 넓은 면적의 낮은 건물 | • 불균일한 지반<br>• 좁은 면적의 초고층건물<br>• 송전탑 및 굴뚝 등 | • 점토 기초지반<br>• 구조물하중 영향범위 내 점토층 존재 |

## (1) 부동침하의 원인

① 연약지반 위에 기초를 시공할 경우
② 연약한 층의 두께가 상이할 경우
③ 건물이 이질지층에 걸려 있을 경우
④ 건물이 낭떠러지에 근접되어 있을 경우
⑤ 일부 증축을 하였을 경우
⑥ 지하수위가 변경되었을 경우
⑦ 지하에 매설물이나 구멍이 있을 경우
⑧ 지반이 메운 땅일 경우
⑨ 이질지정을 하였을 경우
⑩ 일부지정을 하였을 경우

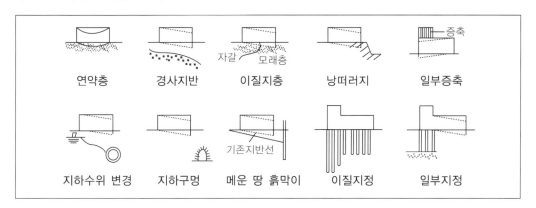

| 연약층 | 경사지반 | 이질지층 | 낭떠러지 | 일부증축 |
|---|---|---|---|---|
| 지하수위 변경 | 지하구멍 | 메운 땅 흙막이 | 이질지정 | 일부지정 |

## (2) 부동침하에 대한 대책 ★

① 상부구조에 대한 대책

    ㉠ 건물을 경량화한다.

    ㉡ 건물의 중량 및 하중을 균등하게 배치한다.

    ㉢ 건물의 평면길이를 가능한 한 짧게 한다.

    ㉣ 이웃 건물과의 거리를 되도록 멀리한다.

    ㉤ 건물의 강성을 높여 일체식 구조로 한다.

② 하부구조(기초구조)에 대한 대책

    ㉠ 기초를 굳은 지반에 지지시킨다.

    ㉡ 마찰말뚝을 사용한다.

    ㉢ 지하실을 온통기초로 설치한다.

    ㉣ 기초 상호간을 지중보로 연결하도록 한다.

# CHAPTER 3 조적식 구조

## 01 벽돌구조의 장단점

| 장점 | 단점 |
|---|---|
| ① 내화 · 내구적이다.<br>② 방한 · 방서적이다.<br>③ 외관이 장중 · 미려하다.<br>④ 구조 및 시공법이 간단하다. | ① 횡력(지진 · 바람 등)에 약하고 벽체에 균열이 가기 쉽다.<br>② 벽체에 습기가 차기 쉽다.<br>③ 벽 두께가 두꺼워지기 때문에 실내공간이 줄어든다. |

## 02 벽돌의 특성

### (1) 벽돌의 크기

(단위: mm)

| 구분 | 길이 | 너비 | 두께 | 허용값 |
|---|---|---|---|---|
| 표준형 | 190 | 90 | 57 | ±3 |
| 내화벽돌 | 230 | 114 | 65 | ±2 |

지중응력 분포도

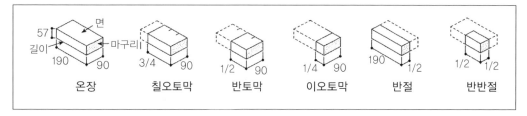

### (2) 벽돌의 품질

① 소성이 잘된 벽돌로 압축강도가 커야 한다.

② 흡수율이 낮아야 한다.

③ 소리는 맑은 청음이 나는 것이 좋다.

④ 형상이 바르고 갈라짐 등의 결함이 없어야 한다.

## 03 벽돌쌓기시 주의사항 ★

① 불량벽돌은 반출하고 사용하지 않는다.

② 굳기 시작한 모르타르는 사용하지 않는다.

③ 벽돌쌓기시 충분히 물축임을 하여 쌓는다.

④ 하루에 벽돌 쌓는 높이는 1.2m(18켜)를 표준으로 하고, 최대 1.5m(22켜) 이하로 한다.

⑤ 모르타르의 강도는 벽돌의 강도보다 커야 한다.

⑥ 가로 및 세로줄눈의 두께는 10mm가 표준이며, 보강블록조를 제외하고 통줄눈이 되지 않게 쌓는다.

⑦ 벽돌조 벽체의 수장을 위해서 나무벽돌·고정철물 등은 미리 벽돌 벽면에 설치한다.

⑧ 쌓기 작업이 끝난 후에는 거적 등을 씌워 보양하고, 충격 또는 압력을 주어서는 안 된다.

⑨ 벽돌쌓기는 도면 또는 공사시방서에서 정한 바가 없을 때에는 영국식 쌓기 또는 네덜란드식 (화란식) 쌓기로 한다.

⑩ 벽돌벽이 블록벽과 서로 직각으로 만날 때에는 연결철물을 만들어 벽돌 3단마다 보강하여 쌓는다.

# 철근콘크리트구조

## 01  개설

### (1) 철근콘크리트구조 ★

① 콘크리트 속에 철근을 넣어 압축력이 강한 콘크리트와 인장력이 강한 철근의 특성이 하나가 되어 외력에 저항한다.

② 콘크리트와 철근은 서로 부착성이 좋다.

③ 알칼리성인 콘크리트는 철근이 녹스는 것을 방지한다.

④ 콘크리트와 철근은 온도팽창계수가 거의 같으므로 온도변화에 대하여 2차 응력이 생기지 않고, 자유롭게 변형할 수 있다.

⑤ 인장강도는 철근이, 압축강도는 콘크리트가 부담하도록 설계한 구조로 라멘구조 또는 RC(Reinforced Concrete)조라 한다.

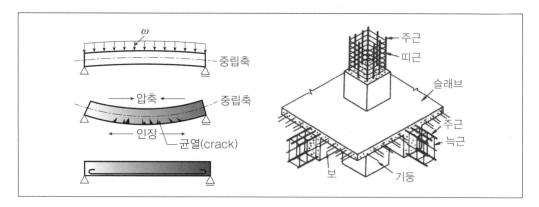

### (2) 철근콘크리트구조의 장단점 ★

| 장점 | 단점 |
| --- | --- |
| ① 내화·내구·내진·내풍적인 구조이다. | ① 습식구조이므로 겨울철 공사가 어렵고, 공사기간이 길다. |
| ② 형태를 자유롭게 구성할 수 있다. | ② 자중(自重)이 크다. |
| ③ 유지·관리비가 적게 든다. | ③ 파괴·철거가 곤란하다. |
| ④ 재료가 풍부하고 구입이 용이하다. | ④ 전음도(傳音度)가 크다. |
| ⑤ 고층건물, 지하 및 수중구축을 할 수 있다. | ⑤ 공사비가 비교적 고가이다. |

## 02 철근공사

### (1) 철근의 종류

① **원형철근**(round steel bar, SR): 공칭 직경은 mm 단위로, 표시기호는 ∅로 한다.
② **이형철근**(deformed steel bar, SD): 철근 표면에 마디와 리브가 있는 철근으로서 공칭 직경은 mm 단위로, 표시기호는 D로 한다(이형철근은 원형철근보다 콘크리트와의 부착력이 40% 이상 증가한다).

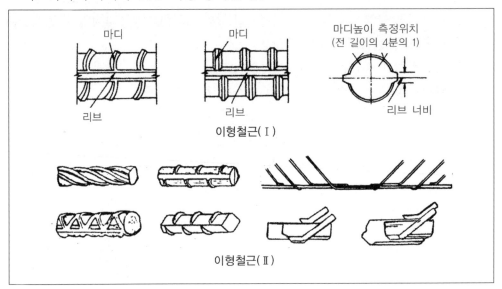

이형철근( I )

이형철근( II )

③ **고장력철근**(high tensile bar): 인장력이 큰 고강도 철근으로서 고강도의 콘크리트와 같이 사용한다.

### (2) 철근의 가공

① 철근은 지름 25mm 이하는 상온에서, 28mm 이상은 가열하여 가공한다.
② 원형철근의 말단부에는 반드시 갈고리(hook)를 둔다.
③ 이형철근은 부착력이 커서 말단에 갈고리(hook)를 생략할 수 있지만, 다음의 경우에는 반드시 설치한다.
　㉠ 기둥·보의 단부
　㉡ 대근(띠철근)
　㉢ 늑근(stirrup bar)
　㉣ 굴뚝철근
　㉤ 캔틸레버보·단순보의 지지단

### (3) 철근의 부착력 ★

철근콘크리트 부재에 휨에 의한 인장력이 작용할 때 콘크리트의 인장강도는 기대하기 어렵고, 철근이 인장력을 부담하여야 한다. 이때 콘크리트에 발생한 응력을 철근에 전달하도록 콘크리트와 철근을 일체화시키는 역할을 하는 것이 부착력이다.

| 특징 | ① 콘크리트의 압축강도가 클수록 부착력이 증가한다. |
| --- | --- |
| | ② 철근의 주장에 비례한다. |
| | ③ 동일한 철근비일 때 굵은 철근을 쓰는 것보다 가는 철근을 사용하는 것이 유리하다. |
| | ④ 원형철근보다 이형철근의 부착력이 더 크다. |
| | ⑤ 표면에 약간 녹이 슨 철근은 부착력이 좋다. |
| | ⑥ 수평철근보다 수직철근의 부착력이 더 크다. |
| | ⑦ 같은 수평철근의 경우 상부철근보다 하부철근의 부착력이 크다. |
| | ⑧ 철근의 정착길이를 증가시키면 부착력이 증가하지만, 부착력이 정착길이에 반드시 비례하는 것은 아니다. |

## 03 거푸집공사

거푸집은 콘크리트구조물을 일정한 형태나 크기로 만들기 위하여 굳지 않은 콘크리트를 부어 넣어 원하는 강도에 도달할 때까지 양생 및 지지하는 가설 구조물이다.

### (1) 거푸집의 조건

① 콘크리트를 부었을 때 변형되거나 파괴되지 않아야 한다.

② 모르타르나 시멘트풀이 누출되지 않아야 한다.

③ 형상과 치수가 정확하며 표면이 매끈하여야 한다.

④ 재료비가 싸고 재료가 적게 소요되며, 가공이 쉽고 반복사용이 가능하여야 한다.

⑤ 조립 및 해체가 용이하여야 한다.

### (2) 거푸집의 부속품

| 긴결재<br>(form tie, 긴장재) | 콘크리트를 부어 넣을 때 거푸집이 벌어지거나 우그러지는 것을 막는 데 쓰인다. |
| --- | --- |
| 격리재(separator) | 거푸집 상호간의 간격을 일정하게 유지하는 데 쓰인다. |
| 간격재(spacer) | 철근과 거푸집의 피복두께를 유지하기 위한 것이다. |
| 박리재(form oil) | 거푸집 제거시 콘크리트에서 거푸집을 떼어내기 쉽게 바르는 물질이다. |

## (1) 기둥(柱, column)

① **기둥의 의의:** 기둥은 지붕이나 바닥슬래브의 하중과 기둥으로부터 전달되는 하중을 아래 기둥이나 기초로 전달하는 수직부재로, 축압력과 휨모멘트를 지지한다.

② **기둥의 종류**

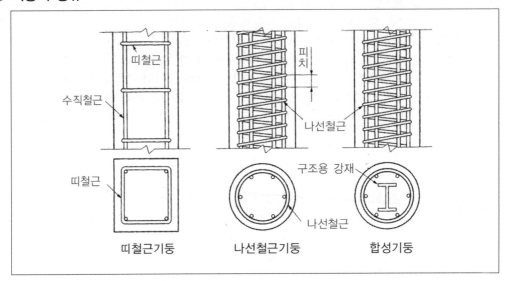

③ **기둥의 구조**

　㉠ 각 층의 바닥하중을 기초에 전달하는 수직압축부재이다.

　㉡ 기둥의 단면에는 4각형, 다각형, 원형 등이 있다.

　㉢ 축방향의 수직철근을 주근이라 한다.

　㉣ 주근을 둘러싼 수평철근을 띠철근 또는 대근이라 한다.

　㉤ 기둥에서 나선형으로 둘러 감은 철근을 나선철근이라 한다.

　㉥ 주근의 이음위치는 바닥판 상단 500mm 위에서부터 층고(층높이)의 3분의 2 이하에 둔다.

　㉦ 주근은 한곳에서 2분의 1 이상을 잇지 않고, 엇갈리게 배치한다.

## (2) 보(beam, girder)

### ① 보의 의의

ⓐ 보는 기둥 사이에 걸쳐댄 큰보(girder)와 큰보 사이에 걸쳐댄 작은보(beam)가 있으며, 보통 지붕판이나 바닥판과 일체로 만들어 하중을 기둥이나 기초에 전달하는 역할을 한다.

ⓑ 보의 종류에는 장방형보, T형보 및 반T형보가 있고, 배근 상태에 따라 단근보와 복근보로 나뉜다.

### ② 보의 주근(main bar)

ⓐ 보에서 인장력을 부담하는 쪽에만 주근을 배치하는 것을 단근보라고 하고, 압축력이 생기는 쪽에도 주근을 배치하는 것을 복근보라고 한다. 구조내력상 주요한 보는 복근보로 하는 것이 좋다.

ⓑ 인장 주근의 이음은 중앙의 상부, 단부(端部)의 하부에 두고, 절곡근은 굽힌 부분에 둔다.

ⓒ 주근의 간격은 25mm 이상 또는 주근의 공칭 지름 이상으로 배근한다.

### ③ 굽힘철근(折曲筋, bend-up bar)

ⓐ 전단력을 보강할 수 있다는 점에서 대단히 유효하지만 늑근과 병용하여야 효과가 있다.

ⓑ 굽힘철근과 재축(材軸)과의 각도는 30°~45°로 한다.

ⓒ 반곡점은 순지간의 4분의 1로 본다.

### ④ 늑근(stirrup bar)

ⓐ 보의 전단 보강을 위하여 넣는 철근을 늑근 또는 스터럽(stirrup)이라 한다.

ⓑ 보에 작용하는 전단력은 양단부에서 크고, 중앙부에서는 작으므로 늑근은 단부에서 조밀하게 배근한다.

## (3) 바닥판(slab)

① 슬래브는 고정하중과 활하중 등을 직접 받는 평판구조로서, 보나 벽체 또는 기둥에 직접 지지되는 수평재이다.

② 슬래브구조는 보의 사용 여부에 따라 보슬래브구조와 플랫슬래브구조로 나뉘며, 하중의 전달방법에 따라 1방향 슬래브와 2방향 슬래브로 나뉜다.

# 철골구조

## 01 철골구조의 개요

철골구조(steel structure)란 건축물의 뼈대를 강재로 구축한 것으로 '강구조'라고도 하며, 강판 및 각종 형강을 볼트나 용접 등으로 조립한 구조이다. 재료에 따라 보통형강구조, H형강구조, 경량철골구조, 강관구조 등으로 분류할 수 있다.

### (1) 철골구조의 장단점 ★

| | |
|---|---|
| 장점 | ① 구조체의 자중이 내력에 비하여 작다.<br>② 내구 · 내진적인 구조이다.<br>③ 재료의 균질성이 있고, 인성이 커서 변위에 대한 저항성이 높다.<br>④ 경간(span)이 큰 구조물이나 고층구조물에 적합하다.<br>⑤ 시공이 편리하고 공사기간을 단축할 수 있다. |
| 단점 | ① 열에 약하여 고온에서 강도가 저하되거나 변형되기 쉽다(내화성이 작다).<br>② 부재의 길이가 비교적 길기 때문에 좌굴하기 쉽다.<br>③ 가격이 비싸고 녹슬기 쉬우므로 녹막이처리가 필요하다.<br>④ 조립식 구조이므로 접합에 유의하여야 한다. |

### (2) 강재의 명칭

| 구분 | 내용 |
|---|---|
| SS계열 | 일반구조용 압연강재 |
| SM계열 | 용접구조용 압연강재 |
| SN계열 | 건축구조용 압연강재 |
| FR계열 | 건축구조용 내화강재 |
| SMA계열 | 용접구조용 내후성 열간압연강재 |

## 02 철골접합

철골구조의 접합방식에는 리벳접합 · 볼트접합 · 고력볼트접합 · 용접접합방식이 있고, 힘의
전달방식에 의한 분류에는 롤러접합 · 힌지(핀)접합 · 강접합이 있다.

### (1) 리벳접합

| | |
|---|---|
| 정의 | 가열한 리벳을 양판재의 구멍에 끼우고 압력을 이용하여 열간타격으로 접합하는 방식이다. |
| 특징 | ① 리벳은 800℃~1,000℃로 가열한 것을 사용하고 뉴매틱해머(pneumatic hammer)로 두드려서 접합하는 방법이다.<br>　⊕ 600℃ 이하로 냉각된 것은 사용 불가<br>② 소음이 크기 때문에 거의 사용하지 않는다.<br>③ 둥근머리리벳이 가장 많이 사용되고 있다.<br>④ 리벳구멍에 의한 단면결손이 생긴다.<br>⑤ 리벳 · 볼트 · 고장력볼트는 최소 2개 이상 배치한다. |

### (2) 볼트접합

| | |
|---|---|
| 정의 | 지압접합에 의하여 응력이 전달되는 접합방식이다. |
| 특징 | ① 볼트접합은 볼트의 여유간격(clearance)만큼 미끄럼이 생기므로 소규모 구조물에 많이 사용한다.<br>② 시공과 해체가 용이하다.<br>③ 소음이 작다.<br>④ 볼트 축과 구멍 사이에 공극이 발생한다.<br>⑤ 진동에 의하여 풀리는 경우가 있다.<br>⑥ 구멍지름만큼의 단면결손이 생긴다. |

### (3) 고력볼트접합

| | |
|---|---|
| 정의 | 고장력볼트를 조여서 생기는 인장력으로 인해 접합재 상호간에 발생하는 마찰력을 이용하여 접합하는 방식을 말한다. |
| 특징 | ① 접합부의 강성이 크다.<br>② 소음이 적고, 불량부분의 수정이 쉽다.<br>③ 현장설비가 간단하여 노동력 절감 및 공기 단축이 가능하다.<br>④ 피로강도가 높다.<br>⑤ 고장력볼트의 조임은 중앙에서 단부 쪽으로 조여 간다. |

## (4) 용접접합

| 정의 | 용접봉의 끝에 열을 가하여 녹이면서 동시에 모재(母材)도 국부적으로 녹여 두 강재를 용융상태에서 접합하는 방식이며, 접합부가 일체화되는 강접합이다. | |
|---|---|---|
| 장단점 | **장점** | **단점** |
| | ① 부재 단면의 결손이 없다. | ① 용접공의 기술에 대한 의존도가 높다. |
| | ② 강재의 절감으로 자중이 감소한다. | ② 접합부의 검사가 어렵다. |
| | ③ 무소음·무진동이다. | ③ 용접열에 의한 모재의 변형이 발생한다. |
| | ④ 응력 전달이 확실하다. | ④ 용접부의 취성파괴 우려가 있다. |
| | ⑤ 접합두께의 제한이 없다. | |

## 01 지붕

### (1) 지붕의 종류

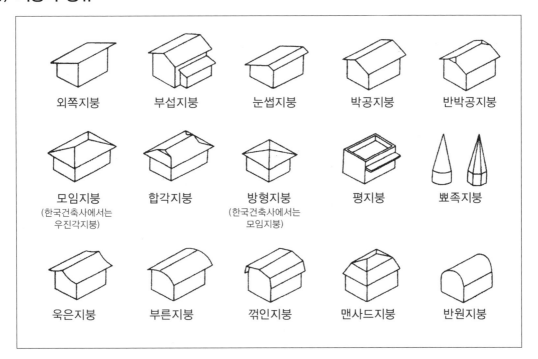

외쪽지붕    부섭지붕    눈썹지붕    박공지붕    반박공지붕

모임지붕
(한국건축사에서는
우진각지붕)
   합각지붕    방형지붕
(한국건축사에서는
모임지붕)
   평지붕    뾰족지붕

욱은지붕    부른지붕    꺾인지붕    맨사드지붕    반원지붕

### (2) 지붕재료의 조건 ★

① 열전도율이 작고 불연재일 것
② 경량이면서 내수 · 내풍적일 것
③ 방한 · 방서적이며 내구적일 것
④ 시공성이 좋고 수리가 용이할 것
⑤ 모양과 빛깔이 좋고 건물과 잘 조화될 것

2과목

공동주택시설개론 | 2025 해커스 주택관리사(보) 1차 기초입문서

## 02  물매

### (1) 물매의 정의

① 물매란 빗물이 잘 흐를 수 있도록 지붕에 적당한 경사를 두는 것을 말한다.
② 물매는 수평거리 10cm에 대한 직각삼각형의 수직높이이다.

### (2) 물매의 종류

| 되물매 | 수평거리가 10cm일 때 수직높이가 10cm인 물매이며, 45° 물매라고도 한다. |
| --- | --- |
| 된물매 | 45° 이상의 물매이며, 급경사 물매를 말한다. |
| 뜬물매 | 45° 미만의 물매를 말한다. |

**지붕물매**

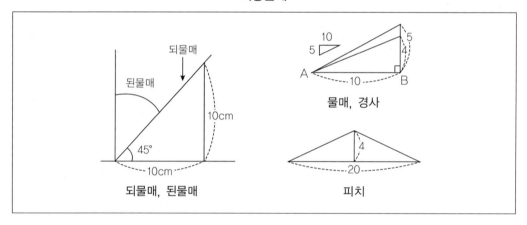

### (3) 물매의 일반적 사항

| 된물매(급한) | 지붕면적이 클수록 |
| --- | --- |
| | 강우량과 적설량이 많은 지역 |
| | 간사이가 클수록 |
| 뜬물매(완만한) | 지붕재료의 내수성이 클수록 |
| | 지붕재료가 클수록 |

# 방수공사 - 재료에 따른 방수공사

## 01 아스팔트방수

| 정의 | 바탕면에 아스팔트 펠트, 아스팔트 루핑 등을 적층하고, 가열하여 녹인 아스팔트로 붙여대는 방법이다. |
|---|---|
| 특징 | ① 방수가 확실하고 보호처리를 잘하면 내구적이며, 비교적 공사비가 저렴하므로 지하실·옥상·평지붕 등에 많이 사용된다.<br>② 결함부의 발견이 쉽지 않고 수리범위가 광범위하며, 보호누름까지 보수하여야 하는 단점이 있다. |

## 02 시멘트액체방수

| 정의 | 유기질계 재료를 시멘트, 물, 모래 등과 함께 혼합하여 반죽상태로 만들어 콘크리트구조체의 바탕 표면에 발라 방수층을 형성하는 공법이다. |
|---|---|
| 특징 | ① 욕실 및 화장실·베란다·발코니·다용도실·지하실 등에 사용되는 방수공법이다.<br>② 시멘트계 방수공법은 시멘트를 주재료로 하는 방수공법으로 시멘트액체방수, 폴리머시멘트모르타르방수, 시멘트혼입 폴리머계 방수로 나눌 수 있다. |

## 03 시트방수

| 정의 | 내수성이 있는 시트를 접착제를 이용하여 바탕면에 접착하는 방식으로, 합성고분자시트방수와 개량아스팔트시트방수로 나뉜다. |
|---|---|
| 특징 | ① 두께가 균일하여 마감이 예쁘게 나올 수 있지만 시공 후 누수 발생시 국부적 보수가 어렵다.<br>② 복잡한 시공부위, 시트와 시트 사이의 이음부위 등은 하자 발생률이 높다. |

## 04 도막방수

| 정의 | 고분자에 의한 방수공법의 일종으로 방수바탕에 합성고무나 합성수지의 용제 또는 유제를 도포하여 3mm 정도의 방수피막을 형성하는 방식이다. |
|---|---|
| 특징 | ① 시공이 간단하므로 공기 단축이 가능하다.<br>② 액상의 재료이므로 작업이 복잡한 장소에서 시공이 용이하다. |

## 05 실링(sealing)방수

| 개요 | ① 실링재는 의도적으로 거동을 계획한 줄눈을 충전하고, 수밀하고 기밀하게 하여야 하므로 탄성을 지녀야 하며, 접착부재의 신축과 진동에 장시간 견딜 수 있는 성능을 가져야 한다.<br>② 충진용 도구인 코킹건(calking gun)을 이용하여 충진하며, 틈이 깊거나 관통되었을 때에는 백업재를 사용하고 틈이 얕을 경우에는 본드브레이커를 붙이기도 한다.<br>③ 코킹재와 실링재는 서로 다르나 용도가 유사하기 때문에 광의의 의미로 양자를 포함하여 실링재로 부른다. |
|---|---|
| 조건 | ① 부재와의 접착성이 좋고 수밀성이 있을 것<br>② 조인트 부위의 변형에 추종성이 있을 것<br>③ 내부 응집력 변화에 따른 내부 파괴가 없을 것<br>④ 불침투성 재료일 것 |

# 미장 및 타일공사

## 01 미장공사

### (1) 개요

미장공사(美裝工事, plaster work)는 회반죽, 진흙, 모르타르 등을 바르는 공사이며, 각종 마감공사 중 건물의 우열을 결정하는 규준이 될 정도로 중요한 공사이다.

### (2) 미장공사의 재료

#### ① 기경성 재료

| 정의 | 공기 중의 이산화탄소(탄산가스)와 반응하여 굳어지는 재료이며 진흙, 회반죽, 회사벽, 돌로마이트플라스터 등이 있다. |
|---|---|
| 특징 | ㉠ 경화가 느리다.<br>㉡ 강도가 작다.<br>㉢ 시공이 용이하다. |

#### ② 수경성 재료

| 정의 | 물과 반응하여 굳어지는 재료이며 시멘트모르타르, 석고플라스터, 무수석고(경석고플라스터, 킨즈시멘트), 인조석바름, 테라조현장바름 등이 있다. |
|---|---|
| 특징 | ㉠ 경화가 빠르다.<br>㉡ 강도가 크다.<br>㉢ 시공이 불편하다. |

## 02 타일공사

### (1) 타일의 종류

| 구분 | 소성온도 | 소지 | | 투명 정도 | 건축재료 |
|---|---|---|---|---|---|
| | | 흡수율 | 색 | | |
| 토기 | 700~900℃ | 20% 이상 | 유색 | 불투명 | 기와, 벽돌, 토관 |
| 도기 | 1,000~1,300℃ | 15~20% | 백색, 유색 | 불투명 | 타일, 테라코타타일 |
| 석기 | 1,300~1,400℃ | 8% 이하 | 유색 | 불투명 | 바닥타일, 클링커타일 |
| 자기 | 1,300~1,450℃ | 1% 이하 | 백색 | 반투명 | 위생도기, 타일 |

### (2) 타일붙임공법의 종류

| | |
|---|---|
| 떠붙임공법 | ① 타일 뒷면에 붙임모르타르를 바르고 빈틈이 생기지 않게 눌러 붙이는 방법이다.<br>② 모르타르의 두께는 12~24mm를 표준으로 한다. |
| 압착붙임공법 | ① 평평하게 만든 바탕모르타르 위에 붙임모르타르를 바르고 그 위에 타일을 눌러 붙이는 방법이다.<br>② 붙임모르타르의 두께는 타일 두께의 2분의 1 이상인 5~7mm를 표준으로 한다. |
| 개량압착붙임공법 | ① 평평하게 만든 바탕모르타르 위에 붙임모르타르를 바르고, 타일 뒷면에도 붙임모르타르를 얇게 발라 타일을 두드려 눌러 붙이는 방법이다.<br>② 압착붙임공법의 단점인 붙임시간 문제를 해결하기 위하여 개발된 방법이다. |
| 접착붙임공법 | ① 접착제를 이용하여 압착공법과 거의 동일한 방법으로 타일을 붙이는 방법이다.<br>② 내장공사에 한하여 적용한다. |
| 동시줄눈붙임<br>(밀착)공법 | ① 바탕면에 붙임모르타르를 발라 타일을 붙인 다음 충격공구로 타일면에 충격을 가하는 공법이다.<br>② 외장타일붙이기에만 적용하고, 바탕에 붙임모르타르를 5~8mm 바른다. |
| 선부착공법 | ① 콘크리트구조체와 PC 커튼월을 제작할 때 미리 타일을 붙여 마감하는 공법이다.<br>② 거푸집의 재료는 강재를 사용하는 것을 원칙으로 한다. |

# CHAPTER 9 창호 및 유리공사

## 01 창호의 종류와 특징 – 기능상의 분류

| | |
|---|---|
| 여닫이문(창) | 문지도리(경첩, 돌쩌귀)를 문틀에 달고 여닫는 문을 말한다. |
| 미닫이문(창) | 문짝을 상하 문틀에 홈을 파서 끼우고 벽에 밀어 넣는 문을 말한다. |
| 미서기문(창) | 미닫이문과 비슷한 구조이며 문 한 짝을 다른 한 짝에 밀어붙이는 문을 말한다. |
| 회전문(창) | 출입구의 통풍기류를 차단하고 출입인원을 제한하기 위하여 사용한다. |
| 접문 · 주름문 | 칸막이용으로 실을 구분하기 위하여 사용하는 문을 말한다. |
| 자재문 | 자유경첩을 달아 문을 안팎으로 자유로이 열며 저절로 닫히는 문을 말한다. |
| 기타 문(창) | 오르내리창, 붙박이창 등이 있다. |

## 02 창호철물

| | | |
|---|---|---|
| 경첩 | 경첩(hinge) | 여닫이문을 다는 데 사용하는 철물로 '힌지'라고도 한다. |
| | 자유경첩(spring hinge) | 안팎으로 개폐할 수 있으며, 자재문에 사용한다. |
| 레버토리힌지(lavatory hinge) | | 문을 약 10cm 정도 열린 상태로 유지하는 것으로 공중전화박스나 화장실에 사용한다. |
| 피벗힌지(pivot hinge) | | 용수철이 없는 문장부식 힌지를 사용하여 무거운 여닫이철문에 사용한다. |
| 플로어힌지(floor hinge) | | 사람의 출입이 많은 중량의 자재문에 사용한다. |
| 도어클로저(door closer) | | 여닫이문이 자동적으로 닫히게 하는 장치이며 '도어체크'라고도 한다. |
| 나이트래치(night latch) | | 외부에서는 열쇠로 열고, 내부에서는 작은 손잡이를 돌려서 여는 자물쇠이다. |
| 오르내리꽂이쇠 | | 쌍여닫이창문의 문짝 상하에 달아 고정하는 것이다. |
| 도어홀더(door holder) | | 문 하부에 부착하여 열린 문이 닫히지 않도록 지지하는 철물이다. |
| 도어스톱(door stop) | | 열린 문을 받아 벽을 보호하는 철물이다. |
| 크리센트(crescent) | | 오르내리창이나 미서기창의 잠금장치이다. |

| | |
|---|---|
| **보통판유리** | 보통판유리는 건축물 등의 창유리에 사용되는 판유리로서 채광용으로 사용된다. |
| **후판유리** | ① 두께가 6mm 이상이며 채광용보다는 실내차단용으로 쓰인다.<br>② 칸막이벽, 스크린, 통유리문, 가구 등에 사용된다. |
| **무늬유리** | ① 판유리의 한쪽 표면에 요철을 넣어 장식적인 효과를 위한 여러 모양의 무늬가 음각된 반투명유리이다.<br>② 시선을 차단하거나 보호하기 위한 곳에 많이 사용된다. |
| **착색유리** | ① 판유리에 착색제를 넣어 만든 유리로서 '스테인드유리'라고도 한다.<br>② 교회건축의 창, 천장 및 상업건축의 장식용으로 많이 사용되고 있다. |
| **스마트유리** | ① 통과하는 빛과 열을 통제할 수 있게 만든 유리이다.<br>② 버튼을 누르면 투명했던 유리가 불투명해지며, 블라인드와 달리 스마트유리는 빛을 부분적으로 차단할 수 있어 유리 뒤의 풍경을 볼 수 있다. |
| **열선반사유리**<br>(solar reflective<br>glass) | 반사유리는 플로트유리를 진공상태에서 표면 코팅한 것으로, 빛을 쾌적하게 느낄 정도로만 받아들이고 외부시선을 막아주는 효율적인 기능을 가진 유리이다. |
| **로이유리**<br>(Low-Emissivity<br>glass) | ① 로이유리는 반사유리나 컬러유리를 은으로 코팅한 것으로 창호를 통해 유입되는 태양 복사열을 내부로 투과시키고, 내부에서 발생하는 난방열을 밖으로 빠져나가지 못하도록 개발된 유리이다.<br>② 냉난방비를 절감할 수 있는 에너지 절약형 유리이다. |
| **강화유리**<br>(tempered<br>glass) | ① 판유리를 약 600℃까지 가열한 후 급랭하여 강도를 높인 안전유리이다.<br>② 보통의 판유리와 투시성은 같으나 강도가 5배 강하며, 제조 후 절단 등의 가공은 불가능하다. |
| **접합유리**<br>(laminated<br>glass) | ① 유리 사이에 플라스틱 필름을 넣고 150℃의 고열로 강하게 접착하여 파손되더라도 파편이 떨어지지 않게 만든 안전유리이다.<br>② 주위의 소음을 흡수하기 때문에 도로변, 공항, 공장 주변, 학교, 관공서, 기차, 선박, 자동차 등의 창유리로 사용된다.<br>③ 후판유리 또는 강화유리를 여러 장 접합한 유리는 방탄성능이 있어 '방탄유리'라고도 한다. |
| **망입유리**<br>(wired glass) | ① 유리 내부에 금속망을 삽입하고 압착 성형한 판유리로서 '철망유리' 또는 '그물유리'라고도 한다.<br>② 깨어지는 경우에도 파편이 튀지 않고 연소도 방지할 수 있어 안전이 요구되는 곳에 사용된다. |
| **복층유리**<br>(pair glass) | ① 2장 이상의 판유리 표면에 가공한 광학박막을 똑같은 틈새를 두고 나란히 넣고, 그 틈새에 대기압에 가까운 압력의 건조공기를 채우고 그 주변을 밀봉한 유리이다.<br>② 단열 및 방음성능을 높인 유리이며, 결로 방지에 좋다.<br>③ 현장가공이 불가능하다. |

| | |
|---|---|
| 포도유리 (prism glass) | 보도(步道) 밑의 지하실 등의 채광용으로 사용된다. |
| 유리블록 (glass block) | ① 사각형이나 원형으로 된 상자형 유리 2개를 합쳐서 약 600℃의 고열로 융착시키고 그 빈 곳에 건조공기를 봉입한 중공(中空)유리블록이다.<br>② 내·외장재로서 다양한 장식표현이 가능하며 채광효과, 단열성 및 방음성이 우수하다.<br>③ 열전도율이 벽돌의 4분의 1 정도이고, 실내의 냉난방에 효과적이다. |
| 에칭유리 | ① 유리가 불화수소에 부식되는 성질을 이용하여 유리면에 그림이나 무늬, 모양, 문자 등을 새긴 유리로 '조각유리'라고도 한다.<br>② 장식용으로 많이 사용된다. |
| 자외선 투과유리 | ① 보통유리의 성분 중 철분을 줄여 자외선 투과율을 높인 유리이다.<br>② 병원의 선룸, 결핵 요양소, 온실 등에 사용된다. |
| 자외선 흡수유리 | ① 세륨(Cerium), 티타늄(Titanium), 바나듐(Vanadium)을 함유시킨 담청색의 투명유리로서 '자외선 차단유리'라고도 한다.<br>② 자외선을 피해야 하는 곳, 의류의 진열창, 식품·약품창고의 창유리 등으로 사용된다. |

공동주택시설개론 | 2025 해커스 주택관리사(보) 1차 기초입문서

## 01 도장공사의 목적

건물을 보호하고 아름다운 외관을 부여하기 위하여 하는 공사이다. 최근의 도장기술은 방균·방식·방화·내방사선 등과 같은 특수목적의 기능성이 추구되고 있다.

## 02 도장공사시 일반사항 ★

① 바람이 강하게 부는 날에는 칠작업을 중지한다.
② 야간작업은 금하는 것이 좋다.
③ 기온이 5℃ 이하인 경우에는 공사를 하지 않는다.
④ 습도가 85% 이상이면 작업을 중지한다.
⑤ 연한 색으로 칠해서 점차 진한 색으로 시공한다.
⑥ 도장 후 서서히 건조시킨다.
⑦ 칠막의 각 층은 얇게 하고, 충분히 건조시킨다.
⑧ 하도·중도·상도의 3공정으로 작업을 진행한다.
⑨ 솔칠은 위에서 아래로, 왼쪽에서 오른쪽으로 한다.
⑩ 건조제를 많이 첨가하면 도막에 균열이 발생한다.
⑪ 롤러칠은 평활하고 큰 면을 칠할 때 적당하지만 두께가 일정하게 발리지 않는다는 단점이 있다.

# 01 개요

## (1) 적산

① 적산(積産)이란 건설물을 생산하는 데 소요되는 비용, 즉 공사비를 산출하는 공사
  원가의 계산 과정을 말한다.

② 공사설계도면과 시방서, 현장설명서 및 시공계획에 의거하여 시공하여야 할 재료
  및 품의 수량을 말한다.

③ 공사량과 단위단가를 구하여 재료비·노무비·경비를 산출하고, 여기에 일반관리
  비와 이윤 등 기타 소요되는 비용을 가산하여 총공사비를 산출하는 과정을 말한다.

④ 건축공사에서 적산은 공사용 재료 및 품의 수량, 즉 공사량을 산출하는 기술활동이고,
  견적은 공사량에 단가를 곱하여 공사비를 산출하는 기술활동이다.

## (2) 견적

① **견적의 종류**: 견적은 그 목적과 필요한 시기 및 조건에 따라 정밀도가 달라지며, 이
  에는 명세견적과 개산견적의 두 가지 방식이 있다.

| | |
|---|---|
| **명세견적** | ㉠ 완성된 설계도서, 현장설명, 질의응답에 의거하여 정밀한 적산과 견적을 하여 공사비를 산출하는 것으로 '상세견적'이라고도 한다. <br> ㉡ 산출된 공사비는 입찰가격의 결정 및 계약의 기초가 된다. |
| **개산견적** | ㉠ 설계도서가 미완성이거나 시간 부족으로 인하여 정밀한 적산을 할 수 없을 때에 하는 견적이다. <br> ㉡ 건물의 용도, 구조마무리의 정도를 검토하고 과거의 비슷한 건물의 실적통계 등을 참고로 하여 공사비를 개략적으로 산출하는 방법이다. |

② **정미량과 소요량**

| | |
|---|---|
| **정미량** | 공사에 실제로 들어가는 자재량이 정미량이며, 외주공사시 노임금액의 기준이 된다. |
| **소요량** | 산출된 정미량에 시공시 발생되는 손실량을 고려하여 일정비율의 수량(할증량)을 가산하여 산출된 수량이다. <br><br> **소요량 = 정미량 + 할증률** |

### (3) 할증률

| 할증률 | 종류 |
|---|---|
| 1% | 유리, 철근콘크리트 |
| 3% | 붉은 벽돌, 내화벽돌, 이형철근, 고력볼트, 일반용 합판, 타일(모자이크, 도기, 자기, 클링커) |
| 4% | 시멘트블록 |
| 5% | 시멘트벽돌, 기와, 일반볼트, 리벳, 강관, 목재, 아스팔트타일, 석고보드, 텍스 |
| 7% | 대형 형강 |
| 10% | 단열재, 목재(판재), 석재(정형), 강판 |

## 02 공사별 수량 산출 – 벽돌공사

**(1)** 벽체의 두께별로 벽 면적을 산출하고 단위면적당($1m^2$) 장수를 곱하여 정미수량을 계산한다.

**(2)** 개구부 면적과 인방은 면적에서 공제한다.

### (3) 벽돌쌓기 기준량

(단위: 장/$m^2$)

| 벽 두께 | 0.5B | 1.0B | 1.5B | 2.0B | 2.5B | 3.0B |
|---|---|---|---|---|---|---|
| 표준형(장려형) | 75 | 149 | 224 | 298 | 373 | 447 |

### (4) 수량 산출방법

- **정미수량** = 벽돌쌓기 면적 × 단위면적당 장수
- **소요수량** = 정미수량 + 할증률

house.Hackers.com

## ▶ 핵심개념

각 CHAPTER별로 자주 출제되는 핵심개념을 정리하였습니다. 핵심개념은 본문에서도 ★로 표시되어 있으니 이 부분을 중점적으로 학습하세요.

# PART 2
# 건축설비

 선생님의 비법전수

건축설비는 인체에 비유하면 혈관과 같습니다. 모든 혈관이 다 중요하듯이 모든 CHAPTER가 시험에 골고루 출제되지만, 특히 급수설비, 배수 및 통기설비, 냉난방설비, 전기설비는 많은 비중을 차지하고 있으므로 깊이 있는 학습이 필요합니다.

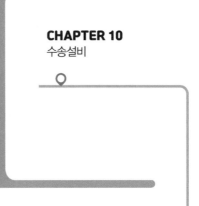

**CHAPTER 10**
수송설비

**CHAPTER 7**
가스설비

- 가스연료의 특성 ★
- LPG ★
- LNG ★

**CHAPTER 8**
냉난방설비

- 내단열 ★
- 외단열 ★
- 결로 ★

**CHAPTER 9**
전기설비 – 전기의 기초

- 역률 ★

# 급수설비

## 01 기본이론

### (1) 물

① 물의 질량과 부피는 압력과 온도에 따라 변하고, 같은 질량일 때 1기압 4℃에서 가장 무겁고 부피가 최소이다.

> **물 1m³의 무게** = 1,000kg(kg/m³) = 1ton/m³

② **물의 부피**

ⓐ 순수한 물은 0℃에서 얼며 부피가 약 9% 커진다.

ⓑ 4℃의 물이 100℃의 물이 되면 부피가 약 4.3% 커진다.

ⓒ 100℃의 물이 100℃의 증기로 변하면 부피가 약 1,700배 커진다.

### (2) 압력

① **수압과 수두**: 수압은 수면으로부터의 깊이에 비례하므로 수압의 경우 수면으로부터의 깊이를 압력 대신 사용하는데 이것을 '수두'라고 한다.

> 수압 P(0.1Mpa) ≒ 수두(10mAq)

② **마찰손실수두(friction loss)**

> $$h = f \cdot \frac{l}{d} \cdot \frac{v^2}{2g}$$
>
> h: 마찰손실수두(m), f: 손실계수, d: 관경(m)
> l: 관의 길이(m), g: 중력가속도(9.8m/sec²), v: 유속(m/sec)

## 02 일반사항

### (1) 수질(水質)

① **물의 경도(hardness of water):** 경도란 물속에 녹아 있는 칼슘·마그네슘 등의 염류의 양을 탄산칼슘의 농도로 환산하여 표시한 것이다.

② **탄산칼슘의 함유량에 따른 분류**

| 극연수 | 탄산칼슘의 함유량이 0ppm에 가까운 순수한 물이다. |
|---|---|
| 연수 | 탄산칼슘의 함유량이 90ppm 이하인 물로서, 음료용으로는 적합하지 않다. |
| 적수 | 탄산칼슘의 함유량이 90~110ppm인 물로서, 마시기에 적당한 물이다. |
| 경수 | 칼슘·마그네슘·탄산칼슘 등의 광물질 함유량이 비교적 많이 포함된 천연수로, 경도가 110ppm 이상인 물이다. |

### (2) 정수과정

채수 ⇨ 침전 ⇨ 폭기 ⇨ 여과 ⇨ 살균(멸균) ⇨ 급수

## 03 급수방식

| 수도직결방식 | 도로에 매설되어 있는 수도본관에서 수도관을 연결하여 건물 내의 필요한 곳에 직접 급수하는 방식으로, 1~2층 정도의 낮은 건축물이나 주택과 같은 소규모 건축물에 이용된다. |
|---|---|
| 고가탱크방식 | 물을 지하저수조에 모은 후 양수펌프를 이용하여 고가수조로 양수한 후 그 수위를 이용하여 하향급수관에 의해 급수하는 방식이다. |
| 압력탱크방식 | 저수조의 물을 급수펌프로 보내면 압력탱크 내부는 압축된 공기로 인하여 압력이 높아지게 된다. 압력탱크방식은 이 공기압력으로 급수가 필요한 장소에 물을 공급하는 방식이다. |
| 펌프직송방식 | 수도본관으로부터 물을 물받이탱크에 저수한 후 급수펌프만으로 건물 내에 급수하는 방식으로, 배관 내의 압력을 감지하여 펌프를 운전하는 방식이다. |

# CHAPTER 2 급탕설비

## 01 개별식(국소식) 급탕방식의 장단점

| | |
|---|---|
| 장점 | ① 손쉽게 고온의 물을 얻을 수 있다.<br>② 배관길이가 짧기 때문에 배관 중의 열손실이 적다.<br>③ 급탕개소가 적을 경우 설비비가 싸다.<br>④ 급탕개소의 증설이 비교적 쉽다.<br>⑤ 소규모 건축물에 적합하고, 난방 겸용의 온수보일러를 이용할 수 있다. |
| 단점 | ① 급탕개소마다 가열기의 설치공간이 필요하다.<br>② 급탕개소가 많으면 설비비가 비싸고 비효율적이다.<br>③ 소형 온수보일러는 수압의 변동이 생겨 사용이 불편하다.<br>④ 급탕개소마다 탕비기를 설치하므로 미관상 좋지 않다. |

## 02 중앙식 급탕방식의 장단점

| | |
|---|---|
| 장점 | ① 연료비가 적게 든다(석탄·중유·가스 사용).<br>② 열효율이 좋다.<br>③ 관리상 유리하다.<br>④ 총용량을 적게 할 수 있다(기구의 동시사용률을 고려).<br>⑤ 배관을 통하여 필요개소에 어디든지 급탕할 수 있다. |
| 단점 | ① 초기투자비가 많이 든다.<br>② 전문기술자가 필요하다.<br>③ 배관 도중에 열손실이 많다.<br>④ 시공 후의 기구 증설에 따른 배관 변경공사가 어렵다. |

# CHAPTER 3 배수 및 통기설비

## 01 배수설비

### (1) 배수의 분류

① **오염 정도에 의한 분류**

| | |
|---|---|
| **일반배수(잡배수)** | 세면기, 싱크, 욕조 등에서의 배수를 말한다. |
| **오수배수** | 수세식 화장실로부터의 배수 중 오물을 포함하고 있는 대·소변기, 비데, 변기소독기 등에서의 배수를 말한다. |
| **우수배수** | 옥상이나 마당에 떨어지는 빗물의 배수를 말한다. |
| **특수배수** | 공장폐수 등과 같이 유해한 물질이나 병원균·방사능 물질 등을 포함한 물의 배수를 말한다. |

② **사용개소에 의한 분류**: 건물 외벽면에서 1m 떨어진 곳을 기준으로 옥내배수와 옥외배수로 구분한다.

③ **중력식 배수 · 기계식 배수**

| | |
|---|---|
| **중력식 배수** | 높은 곳에서 낮은 곳으로의 중력에 의한 대부분의 일반배수이다. |
| **기계식 배수** | 지하층과 같이 배수집수정이 공공하수도관보다 낮을 경우 배수펌프를 사용하여 공공하수도관으로 퍼 올리는 강제배수이다. |

### (2) 배수용 트랩(trap)

① **트랩의 설치목적**: 배수관 속의 악취, 유독가스 및 벌레 등이 실내로 침투하는 것을 방지하기 위하여 배수계통의 일부에 봉수를 고이게 하는 기구를 '트랩'이라 한다.

② 트랩의 종류

　㉠ 사이펀식 트랩

| S트랩 | ⓐ 대변기·소변기·세면기에 부착하여 바닥 밑의 배수수평지관에 접속할 때 사용한다.<br>ⓑ 사이펀작용을 일으키기 쉬운 형태로 봉수가 쉽게 파괴된다. |
| --- | --- |
| P트랩 | ⓐ 위생기구에 가장 많이 쓰이는 형식으로 벽체 내의 배수수직관에 접속할 때 사용된다.<br>ⓑ 세면기에 많이 사용된다. |
| U트랩 | ⓐ 일명 '가옥트랩(house trap)' 또는 '메인트랩(main trap)'이라고도 하며, 배수수평주관 도중에 설치하여 공공하수관에서의 하수가스의 역류방지용으로 사용하는 트랩이다.<br>ⓑ 수평배수관 도중에 설치할 경우 유속을 저해한다는 단점이 있다. |

　㉡ 비사이펀식 트랩: 자기세정작용이 없는 트랩이다.

| 드럼트랩 | 주방 싱크의 배수용 트랩으로 다량의 물을 고이게 하므로 봉수가 잘 파괴되지 않으며, 청소가 가능하다. |
| --- | --- |
| 벨트랩 | '플로어트랩'이라고도 하며, 화장실·샤워실 등의 바닥배수용으로 쓰인다. |

　㉢ 저집기(intercepter): 저집기는 배수 중에 혼입한 여러 가지 유해물질이나 기타 불순물 등을 분리 수집함과 동시에 트랩의 기능을 발휘하는 기구이다.

| 그리스저집기<br>(그리스트랩) | 주방 등에서 나오는 기름기가 많은 배수로부터 기름기를 제거·분리시키는 장치로, 분리된 기름기를 제거한 후 다시 사용한다. |
| --- | --- |
| 샌드저집기<br>(샌드트랩) | 배수 중의 진흙이나 모래가 다량으로 포함되는 곳에 사용한다. |
| 헤어저집기<br>(헤어트랩) | 이발소, 미장원 등에 설치하여 배수관 내에 모발 등이 침투하여 막히는 것을 방지한다. |
| 플라스터저집기<br>(플라스터트랩) | 치과의 기공실, 정형외과의 깁스실의 배수에 사용하는 트랩이다. |
| 가솔린저집기<br>(가솔린트랩) | ⓐ 가솔린을 많이 사용하는 곳에 사용하며, 배수에 포함된 가솔린을 트랩 수면 위에 뜨게 하여 휘발시킨다.<br>ⓑ 주차장·차고 등의 바닥배수용 트랩이다. |

③ **트랩의 봉수**

  ㉠ **봉수깊이**: 봉수깊이는 50~100mm 정도이다. 유효봉수의 깊이가 너무 낮으면 봉수를 손실하기 쉽고, 또 이것을 너무 깊게 하면 유수의 저항이 증가하여 통수능력이 감소하고 자정작용이 없어지게 된다.

**트랩의 각부 명칭**

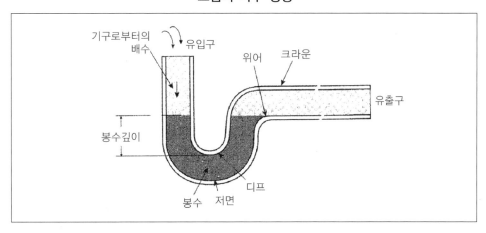

  ㉡ **트랩의 봉수 파괴원인**

| | |
|---|---|
| **자기사이펀작용** | 배수시 트랩 및 배수관은 사이펀관을 형성하여 만수된 물이 일시에 흐르게 되면 트랩 내의 물이 자기세정작용에 의해 모두 배수관 쪽으로 흡인되어 봉수가 파괴된다. |
| **유인사이펀작용** | 수직관에 접근하여 기구를 설치할 경우, 수직관 상부에서 일시에 다량의 물이 낙하하면 그 수직관과 수평관과의 연결 부분에 순간적으로 진공이 생겨 트랩 내의 봉수가 흡인되는 작용을 말한다. |
| **분출작용 (토출작용)** | 수직관 가까이에 기구가 설치되어 있을 때 수직관 위로부터 일시에 다량의 물이 흐르게 되면 일종의 피스톤작용을 일으켜서 하류 또는 하층기구의 트랩봉수를 공기의 압축에 의하여 실내 측으로 불어내는 작용이다. |
| **모세관현상** | 트랩의 출구에 실이나 천조각, 머리카락 등이 걸렸을 경우 모세관현상에 의해 봉수가 파괴된다. |
| **증발** | 장시간 사용을 하지 않아서 봉수가 모두 증발한 경우를 말한다. |
| **관성작용** | 강풍이나 갑작스러운 기압의 변화 등으로 배관 중에 급격한 압력 변화가 생긴 경우 봉수가 요동치면서 배출되는 현상이다. |

## (1) 통기관의 설치목적 ★

① 트랩의 봉수를 보호한다.

② 배수의 흐름을 원활하게 한다.

③ 신선한 공기를 유통시켜 관 내의 청결을 유지한다.

④ 배수관 내의 기압을 일정하게 유지한다.

## (2) 통기관의 종류

### 통기계통도

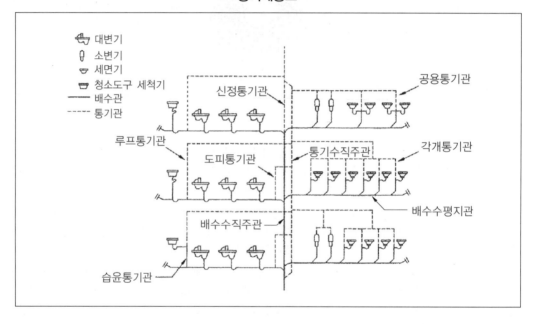

# CHAPTER 4 위생기구 및 배관용 재료

## 01 위생기구

### (1) 위생기구의 장단점

| 장점 | ① 산·알칼리에 침식되지 않으며, 내구성이 우수하다.<br>② 흡수성이 없어 오수나 악취 등이 흡수되지 않으며, 변질이 되지 않는다.<br>③ 청소하기 쉬워 위생적이다.<br>④ 매우 복잡한 형태의 기구도 제작할 수 있다. |
|---|---|
| 단점 | ① 탄력성이 없고, 충격에 약하므로 파손되기 쉽다.<br>② 파손되면 보수할 수 없다.<br>③ 팽창계수가 아주 작으므로 금속기구나 콘크리트와의 접속에는 특수공법이 요구된다.<br>④ 정밀한 치수를 기대하기 어렵다. |

### (2) 위생설비의 유닛(unit)화

| 목적 | ① 공정을 단순화 및 합리화시킨다.<br>② 공사기간을 단축시킨다.<br>③ 시공의 정밀도를 향상시킨다.<br>④ 재료비와 인건비를 절감할 수 있다. |
|---|---|
| 조건 | ① 대량생산이 가능하고 제작공정이 단순할 것<br>② 운반이 편리하고 견고할 것<br>③ 현장에서 조립과 설치가 간단할 것<br>④ 본관과의 배관접속이 쉽고 유닛 배관도 복잡하지 않을 것<br>⑤ 배관이 방수를 관통하지 않고 바닥 위에서 처리할 수 있을 것 |

## 02 밸브

| | |
|---|---|
| 슬루스밸브<br>(sluice valve) | ① '게이트밸브'라고도 하며, 유체의 마찰저항이 가장 작다.<br>② 급수 · 급탕용으로 가장 많이 사용되는 밸브이다.<br>③ 대형 및 고압밸브로 사용된다. |
| 글로브밸브<br>(globe valve) | ① '스톱밸브 · 구형밸브'라고도 하며, 마찰저항이 가장 크다.<br>② 구조상 유량 조절과 흐름의 개폐용으로 사용된다. |
| 역지밸브<br>(check valve) | ① 유체를 한 방향으로만 흐르게 하는 역류방지용 밸브로, 유량 조절이 불가능하다.<br>② 종류<br>　㉠ 리프트형: 수평배관에 사용한다.<br>　㉡ 스윙형: 수평 · 수직배관에 모두 사용할 수 있다. |

## 03 배관 도시기호

### 물질의 종류와 식별색

| 종류 | 식별색 | 종류 | 식별색 |
|---|---|---|---|
| 물 | 청색 | 산 · 알칼리 | 회자색 |
| 증기 | 진한 적색 | 기름 | 진한 황적색 |
| 공기 | 백색 | 전기 | 엷은 황적색 |
| 가스 | 황색 | – | – |

## 01 수질오염의 지표 – BOD와 COD

### (1) BOD(Biochemical Oxygen Demand) – 생물학적 산소요구량

① 주로 미생물이 포함된 생활하수의 유기물 농도를 측정하고자 할 때 사용한다.

② 수질오염의 정도를 측정하는 지표이며, 측정 소요시간은 5일이다.

### (2) COD(Chemical Oxygen Demand) – 화학적 산소요구량

① 주로 중금속이 포함되어 미생물이 살 수 없는 공장폐수의 유기물 농도를 측정하고자 할 때 사용한다.

② 측정 소요시간은 3시간 이내이다.

⊕ BOD와 COD가 낮을수록 깨끗한 물을 의미하며, 단위는 ppm(parts per million)이라는 백만분율을 사용한다.

### (3) BOD제거율

① 오물정화조의 성능을 나타내는 지표로, 다음 식에 의해 구할 수 있다.

$$\text{BOD제거율(\%)} = \frac{\text{유입수 BOD} - \text{유출수 BOD}}{\text{유입수 BOD}} \times 100$$

② BOD제거율이 높을수록, 유출수(방류수) BOD는 낮을수록 성능이 우수한 정화조이다.

2과목    공동주택시설개론 | 2025 해커스 주택관리사(보) 1차 기초입문서

## 02 오수정화처리방식

### (1) 물리적 처리방식

| | |
|---|---|
| 스크린(screen) | 일종의 여과장치로서 거칠고 큰 부유물질을 제거하는 정화 전 처리방법이다. |
| 침전 (sedimentation) | 오수 중의 부유성 고형물을 가라앉혀 부패시키는 방법이다. |
| 교반(agitation) | 폭기조 등에서 오수 중에 공기를 혼입시키기 위하여 기계적으로 휘저어 섞어 산화시키는 방법이다. |
| 여과(filtration) | 공극이 있는 매개층을 통하여 물을 통과시켜서 부유물을 제거하는 방법으로 여과재에는 모래, 활성탄, 규조토, 섬유 등의 다공질 여재가 있다. |

### (2) 화학적 처리방식

| | |
|---|---|
| 중화 | 오수의 수질이 산성이나 알칼리성이 강할 때 산성제나 알칼리제를 혼입하여 중화하는 방식이다. |
| 소독 | 처리수를 방류하기 전의 최종적인 처리방식으로 차아염소산 소다, 차아염소산 칼슘 및 액체염소 등을 처리수에 투입하여 소독하는 방식이다. |

### (3) 생물학적 처리방식

미생물의 활동을 이용하여 처리하는 정화방식이다.

| | | |
|---|---|---|
| 호기성 처리방법 | 정의 | 산소가 있는 장소에서 생존하고 생존에 필요한 산소를 오수 중 혹은 공기 중에서 받아 증식하는 미생물을 호기성 미생물이라 하고, 이러한 호기성 미생물을 이용하여 정화하는 방식을 호기성 처리방식이라고 한다. |
| | 특징 | ① 짧은 시간에 양호한 처리수를 얻을 수 있는 고급설비이다. ② 공간을 적게 차지하지만 운전상 기술을 요하고 운전유지비가 많이 소요된다. ③ 호기성 분해의 산물로서 초산성 질소, 초산염, 탄산가스 등이 방출된다. |
| 혐기성 처리방법 | 정의 | 슬러지(하수처리 또는 정수과정에서 생긴 침전물) 또는 하수 중의 유기물을 산소 공급 없이 혐기성 상태에서 처리하는 방법으로, 하수처리장에서는 하수처리가 아닌 슬러지의 처리에 혐기성 소화방식이 일반적으로 채용되고 있다. |
| | 특징 | ① 산소 공급이 필요 없으므로 유지비가 적게 소요된다. ② 처리공간이 많이 필요하다. ③ 악취 발생의 문제가 있다. ④ 혐기성 분해의 산물로서 암모니아, 질소, 메탄가스, 유화수소가스 등의 유화물이 방출된다. |

## 03 부패탱크식 오물정화조

### (1) 오물정화조의 정화순서

오물의 유입 ⇨ 부패조 ⇨ 산화조 ⇨ 소독조 ⇨ 방류

부패조
- 제1부패조
- 제2부패조
- 예비여과조

### (2) 부패탱크식 오물정화조

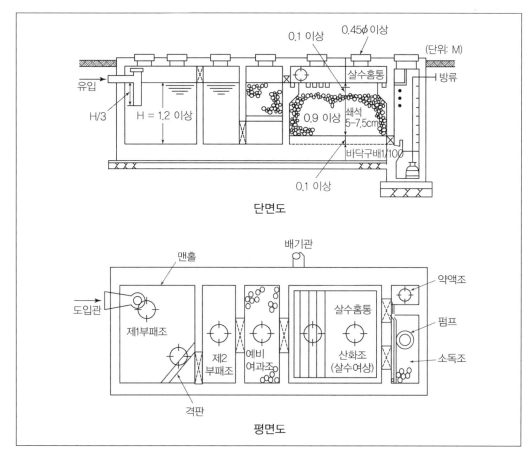

단면도

평면도

# CHAPTER 6 소화설비

## 01 개요

### (1) 소화의 원리

| | |
|---|---|
| 냉각소화 | 액체 또는 고체를 사용하여 열을 내리는 방법이다. |
| 질식소화 | 포말이나 불연성 기체 등으로 연소물을 감싸 산소를 차단하는 방법이다. |
| 제거소화 | 가연물을 제거하는 방법이다. |
| 희석소화 | 산소농도와 가연물의 조성을 연소한계점보다 묽게 하는 방법이다. |

### (2) 소방설비의 종류

| | | |
|---|---|---|
| 소방에 필요한 설비 | 소화설비 | ① 소화기 및 간이소화용구, 자동식 소화기<br>② 옥내소화전설비<br>③ 스프링클러설비 및 간이스프링클러설비<br>④ 물분무소화설비 · 포소화설비 · 이산화탄소소화설비 · 할로겐화합물설비 · 청정소화약제소화설비 · 분말소화설비<br>⑤ 옥외소화전설비 |
| | 경보설비 | ① 비상경보설비<br>② 비상방송설비<br>③ 누전경보기<br>④ **자동화재탐지설비**: 감지기, 수신기, 발신기 등<br>⑤ 자동화재속보설비 |
| | 피난설비 | ① **피난기구**: 미끄럼대, 공기안전매트, 완강기, 피난교, 피난밧줄 등<br>② **인명구조기구**: 방열복, 공기호흡기 등<br>③ 피난구유도등, 통로유도등, 유도표지, 비상조명등 |
| 소화용수설비 | | ① 소화수조 · 저수지 기타 소화용수설비<br>② 상수도 소화용수설비 |
| 소화활동설비 ★ | | ① 제연설비<br>② 연결송수관설비<br>③ 연결살수설비<br>④ 비상콘센트설비<br>⑤ 무선통신보조설비<br>⑥ 연소방지설비 |

## 02 소화설비 – 소방시설의 설치기준

| 구분 | 연결송수관 | 옥외소화전 | 옥내소화전 | 스프링클러 | 드렌처 |
|---|---|---|---|---|---|
| 표준방수량(l/min) | 2400 | 350 | 130 | 80 | 80 |
| 방수압력(MPa) | 0.35 | 0.25 | 0.17 | 0.1 | 0.1 |
| 수원의 수량(m³) | – | 7N[2] | 2.6N[2] | 1.6N | 1.6N |

⊕ N은 동시개구수이며, (    ) 안은 1개층 최대기구수를 나타낸다.

## 03 경보설비

경보설비는 화재 발생을 신속하게 알리기 위한 설비로서 자동화재탐지설비, 누전경보기, 자동화재속보설비, 비상경보설비(비상벨, 자동식 사이렌, 방송설비) 등으로 분류되며 자동화재탐지설비(감지기, 발신기, 수신기) 중 감지기의 종류는 다음과 같다.

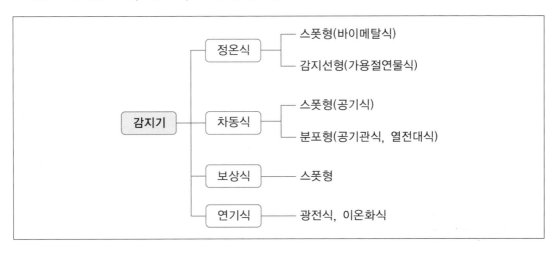

# 가스설비

## 01 도시가스

### (1) 도시가스 공급계통도

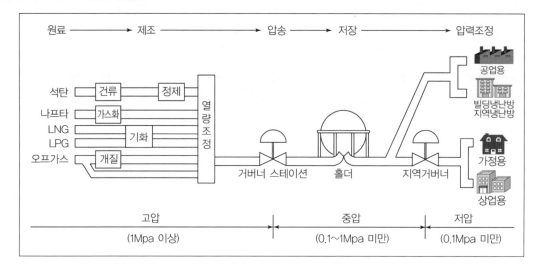

### (2) 도시가스의 공급방식

| 구분 | 공급압력 |
|------|----------|
| 고압공급 | 1Mpa 이상 |
| 중앙공급 | 0.1Mpa 이상~1Mpa 미만 |
| 저압공급 | 0.1Mpa 미만 |

### (3) 가스연료의 특성 ★

① 무공해 연료이다.

② 무색·무취이므로 누설시 감지가 어렵다.

③ 폭발 위험이 있다.

④ 연소시 재나 그을음이 생기지 않는다.

## 02 도시가스의 원료와 특성

### (1) LPG(Liquefied Petroleum Gas, 액화석유가스) ★

① 석유의 정제과정에서 채취된 가스를 압축냉각하여 액화시킨 것이다.

② 주성분은 프로판($C_3H_8$), 부탄($C_4H_{10}$), 부틸렌($C_4H_8$), 프로필렌($C_3H_6$) 등이다.

③ 액화하면 부피가 약 250분의 1로 감소한다.

④ 무색·무미·무취이지만 프로판에 부탄을 배합하여 냄새를 만든다.

⑤ 공기보다 무거우므로 가스경보기는 바닥 위 30cm에 설치한다.

⑥ 발열량이 크고, 연소할 때 많은 공기량을 필요로 한다.

⑦ 액화 및 기화가 용이하다.

⑧ 생성가스에 의한 중독위험이 있으므로 완전연소시켜 사용하여야 한다(연소시 환기 필요).

### (2) LNG(Liquefied Natural Gas, 액화천연가스) ★

① 메탄($CH_4$)을 주성분으로 하는 천연가스를 냉각하여 액화한 것이다.

② 1기압하, −162℃에서 액화하며, 이때 부피가 580분의 1~600분의 1로 감소한다.

③ 공기보다 가볍기 때문에 누설되어도 공기 중에 흡수되어 안전성이 높다.

④ 가스경보기는 천장에서 30cm 아래에 설치한다.

⑤ 발열량이 크고, 무공해이다.

## 01 일반사항

### (1) 난방도일(HD; Heating Degree Day)

① 어느 지방의 추운 정도를 나타내는 지표이다.

② 실내의 평균기온과 실외의 평균기온과의 차에 일수(days)를 곱한 것이다.

③ 난방도일의 값은 실외의 평균기온에 따라 그 값이 변화된다.

④ 난방도일의 값이 크면 클수록 연료의 소비량이 많아진다.

⑤ 연료소비량을 추정하는 데 사용된다.

$$HD = \Sigma(t_i - t_o) \times days[℃ \cdot days]$$
$$t_i: \text{실내평균기온}(℃), \ t_o: \text{실외평균기온}(℃)$$

### (2) 열량(heat quantity)

물의 온도를 높이는 데 소요되는 열의 양으로, 표준기압하에서 순수한 물 1kg을 1℃ 올리는 데 필요한 열량을 4.19kJ라 한다.

$$Q = G \cdot C \cdot \Delta t(kJ)$$
$$G: \text{질량}(kg), \ C: \text{비열}(kJ/kg \cdot K), \ \Delta t: \text{가열 전후의 온도차}(℃)$$

① **비열**: 어떤 물질 1kg을 1K 올리는 데 필요한 열량을 '비열$(kJ/kg \cdot K)$'이라 한다.

② **열용량(heat capacity, kJ/K)**: 어떤 물질의 온도를 1K 변화시키기 위하여 필요한 열량을 말한다. 따라서 열용량이 크다는 것은 온도변화에 많은 열량이 필요하다는 것을 의미한다.

$$\text{열용량}(kJ/K) = \text{질량}(kg) \times \text{비열}(kJ/kg \cdot K)$$

③ **현열(sensible heat)**: 상태는 변하지 않고, 온도변화에 따라 출입하는 열을 말한다.

④ **잠열(latent heat)**: 온도는 변하지 않고, 상태변화에 따라 출입하는 열을 말한다.

## (3) 전열

| | |
|---|---|
| **전도**<br>(conduction) | 고체 또는 정지한 유체에서 분자 또는 원자의 열에너지 확산에 의하여 열이 전달되는 형태를 의미한다. |
| **대류**<br>(convection) | 유체의 이동에 의하여 열이 전달되는 형태를 의미한다. |
| **복사**<br>(radiation) | ① 고온의 물체 표면에서 저온의 물체 표면으로 공간을 통해 전자파에 의하여 열이 전달되는 형태로 진공에서도 일어난다.<br>② 보통 전열현상은 이들 전열형태의 하나가 단독으로 일어나는 것이 아니고 복합된 형태로 일어난다. |

## (4) 단열

| | |
|---|---|
| **내단열** | ① 빠른 시간 안에 더워지므로 간헐난방을 하는 곳에 쓰인다.<br>② 내부결로를 방지하기 위하여 단열재의 고온 측에 방습막을 설치하는 것이 좋다.<br>③ 표면결로는 발생하지 않으며, 한쪽의 벽돌벽이 차가운 상태로 있기 때문에 외단열보다 결로가 발생할 가능성이 크다.<br>④ 강당이나 집회장에 유리하다. |
| **외단열** | ① 지속난방에 유리하며, 내단열보다 결로의 위험을 반감시킬 수 있다.<br>② 내단열보다 공사비가 비싸며, 한랭지 시공에 적합하다.<br>③ 벽체의 습기 문제뿐만 아니라 열적 문제에 있어서도 유리한 방법이다.<br>④ 단열재를 건조한 상태로 유지시켜야 하며, 내단열보다 단열효과가 우수하다.<br>⑤ 내구성이 우수하고 외부충격에 견디어야 하며, 외관의 표면처리도 보기 좋아야 한다.<br>⑥ 내단열에 비하여 시공이 어렵다. |

## (5) 열교

벽이나 바닥, 지붕 등의 건축물 부위에 단열이 연속되지 않는 부분이 있을 때, 이 부분이 열적 취약부위가 되어 이 부위를 통한 열의 이동이 많아지는데 이것을 '열교(heat bridge)' 또는 '냉교(cold bridge)'라고 한다.

| | |
|---|---|
| **조건** | 단열재가 불연속됨이 없도록 철저한 단열시공이 이루어져야 한다. |
| **특징** | ① 열교가 발생하는 부위는 표면온도가 낮아지므로 결로가 쉽게 발생한다.<br>② 구조체 단열구조의 지지부재들, 중공벽의 연결철물이 통과하는 구조체, 벽체와 지붕 또는 바닥과의 접합부위, 창틀 등에서 많이 발생한다. |

## (6) 결로 ★

공기 중의 수증기에 의하여 발생되는 일종의 습윤상태를 말하는 것으로, 습공기가 차가운 벽이나 천장, 바닥 등에 닿으면 공기 중의 수증기가 응축되어 물방울로 맺히는데 이것을 '결로'라고 한다.

| | |
|---|---|
| 발생원인 | ① 실내·외 온도 차이(실내·외 온도차가 클수록 심하다)<br>② 실내습기의 과다발생<br>③ 생활습관에 의한 환기 부족<br>④ 구조체의 열적 특성<br>⑤ 불완전한 단열시공 등 시공상의 불량<br>⑥ 시공 직후의 미건조상태에 따른 결로 |
| 방지대책 | ① 실내 측벽의 표면온도를 실내공기의 노점온도보다 높게 한다.<br>② 벽에 방습층을 설치한다.<br>③ 난방에 의한 수증기 발생을 억제한다.<br>④ 벽체의 열관류율을 작게 한다.<br>⑤ 벽체의 열관류저항을 크게 한다.<br>⑥ 환기를 잘 한다.<br>⑦ 각 실간의 온도차를 작게 한다. |

## 02  공기조화설비

## 1. 정의

공기조화란 주어진 실내공간에서 사람 또는 물품을 대상으로 온도·습도·기류 및 청정도 등을 그 실의 사용목적에 적합한 상태로 유지시키는 것을 말한다.

## 2. 공기조화방식

**공조방식의 종류와 특징**

| 구분 | 열원방식 | 시스템 명칭 |
|------|----------|-------------|
| 중앙방식 | 전공기방식 | ① 정풍량 단일덕트방식<br>② 변풍량 단일덕트방식<br>③ 이중덕트방식<br>④ 멀티존유닛방식<br>⑤ 각층유닛방식 |
| | 공기 · 수방식 | ① 덕트병용 팬코일유닛방식<br>② 유인(인덕션)유닛방식<br>③ 복사냉난방방식 |
| | 전수방식 | 팬코일유닛방식 |
| 개별방식 | 냉매방식 | ① 룸에어컨<br>② 패키지유닛방식(중앙식)<br>③ 패키지유닛방식(터미널유닛방식) |

### (1) 전공기방식

① 실내에 열을 공급하는 매체로 공기를 사용한 것이 전공기방식이다.

② 중앙공조기에서 온도 · 습도 · 청정도 등이 조절된 공기를 만들고, 이 공기를 공조가 요구되는 각 실에 송풍하여 공조를 행하는 방식이다.

③ 냉방의 경우 실내에 공급되어 온도가 올라간 공기는 중앙공조기로 되돌아와 차갑게 된 후 다시 실내로 공급된다.

**전공기방식**

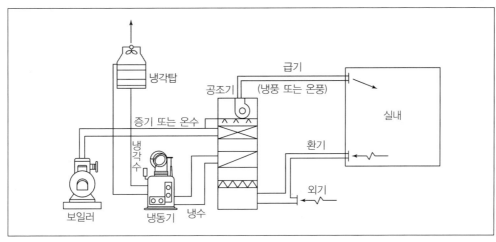

④ **특징**

| | |
|---|---|
| 장점 | ⊙ 모든 공기가 공조기 필터를 통과하여 청정도가 높은 공조로, 냄새 및 소음 제어가 용이하다.<br>ⓒ 장치가 집중되어 운전 및 유지 · 보수가 용이하다.<br>ⓒ 열회수가 용이하다.<br>ⓔ 겨울철 가습이 용이하다.<br>ⓜ 외기냉방이 용이하다. |
| 단점 | ⊙ 덕트 크기가 커지므로 설치공간이 많이 필요하다.<br>ⓒ 다른 방식에 비하여 반송동력이 크다.<br>ⓒ 대형의 공조기계실이 필요하다. |
| 적용 | ⊙ 고도의 청정도가 요구되는 클린룸, 병원의 수술실 등<br>ⓒ 고도의 온 · 습도 조절이 필요한 컴퓨터실<br>ⓒ 유해가스나 냄새의 배출을 위하여 배기풍량을 많이 설정하여야 하는 연구실, 레스토랑 등 |

## (2) 공기 · 수방식

① 중앙장치에서 냉각 또는 가열된 물과 공기가 각 실에 설치되어 있는 기기(터미널유닛)로 반송되어 실내 온 · 습도를 조절하는 방식이다.

② 열원장치에서 만든 냉 · 온수 또는 증기를 실내에 설치한 열교환유닛으로 보내서 실내공기를 냉각 또는 가열한다.

③ 공기방식과 마찬가지로 공조기에서 냉각감습 또는 가열가습한 외기를 실내로 송풍한다.

**공기 · 수방식**

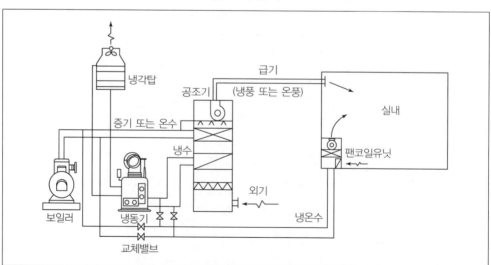

④ 특징

| | |
|---|---|
| 장점 | ㉠ 각 실에 설치된 유닛별로 제어하면 개별제어가 가능하다.<br>㉡ 전공기방식에 비하여 덕트공간, 공조실공간 및 반송동력이 작다. |
| 단점 | ㉠ 전공기방식보다 상대적으로 실내 송풍량이 적으므로 전공기방식에 비하여 실내 청정도가 떨어진다.<br>㉡ 실내 수(水)배관이 필요하므로 누수 우려가 있다.<br>㉢ 외기냉방·폐열회수가 곤란하다.<br>㉣ 필터 보수, 기기 점검이 증대하여 관리가 어렵다.<br>㉤ 실내기기를 바닥에 설치할 경우 바닥 유효면적이 감소한다. |
| 적용 | 다수의 공간을 가지면서 고도의 온·습도 조절이 필요하지 않은 사무소·병원·호텔 등 대다수의 건물에 널리 이용되고 있다. |

## (3) 전수방식

① 중앙장치에서 처리된 냉수 또는 온수를 실내에 설치된 기기(팬코일유닛, 컨벡터 등)에 순환시켜 냉난방하는 방식이다.

② 실내의 열은 처리가 가능하지만 외기를 공급하지 못하기 때문에 공기의 정화 및 환기를 충분히 할 수 없다.

③ 냉·온수가 이송되는 배관의 수에 따라 2관식과 4관식 등이 있다.

전수방식

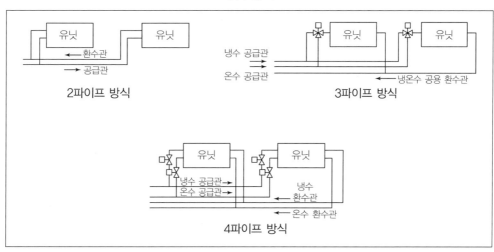

④ **특징**

| | |
|---|---|
| **장점** | ㉠ 많은 개수의 팬코일유닛, 컨벡터 등을 모두 개별적으로 조정할 수 있으므로 개별제어 · 개별운전이 용이하다.<br>㉡ 덕트공간 및 공조기 설치공간이 불필요하여 공간에 대한 활용도에 여유가 있다.<br>㉢ 열매(열을 옮겨주는 매체)의 반송은 주로 송풍기가 아닌 펌프에 의하여 이루어지므로 반송동력이 작다.<br>㉣ 장래의 부하증가 · 증축 등에 대해서는 유닛을 증설함에 따라 쉽게 대응할 수 있어 융통성이 있다. |
| **단점** | ㉠ 기기가 분산되어 있으므로 유지보수가 어렵다.<br>㉡ 습도 · 청정도 · 실내 기류분포에 대한 제어가 곤란하다.<br>㉢ 덕트가 없어 외기냉방이 불가능하다.<br>㉣ 실내에 물배관, 전기배선, 필터 등이 필요하며 이에 대한 정기적인 점검이 필요하다. |
| **적용** | 높은 청정도 및 습도조절이 불필요한 사무소, 호텔 등 |

## 3. 공기조화기

### (1) 특징

① 공기조화기는 냉동기, 보일러 등의 열원기기로부터 냉수 · 온수 · 증기를 공급받아 냉풍 · 온풍을 생산하는 기기이다.

② 이러한 과정에서 공기 온도 외에도 가습 · 감습과 같은 습도 조절, 필터를 이용한 청정도 조절 등도 동시에 행하게 된다.

③ 공조기에는 이런 목적을 달성하기 위하여 냉 · 온수코일, 송풍기, 필터 등이 내장되어 있다.

④ 공조기에는 넓은 범위의 공조를 담당할 수 있는 중앙식 공기조화기로 흔히 에어핸들링유닛(AHU; Air Handling Unit)과 좁은 범위의 공조를 담당하는 팬코일유닛(FCU; Fan Coil Unit) 등이 있다.

⑤ 대형 에어컨 및 소형 가정용 에어컨과 같은 패키지 에어컨은 냉동기가 내장되어 있는 공기조화기라고 할 수 있다.

## (2) AHU의 종류와 구성요소

| 공기여과기(air filter) | 정전식, 여과식, 충돌점착식 |
|---|---|
| 공기가열기(air heater) | 온수코일, 증기코일, 전기히터 |
| 공기냉각기(air cooler) | 공기코일(냉수형, 직접팽창형 또는 DX형) |
| 공기가습기(air humidifier) | 증기취출식, 물분무식, 기화식 |
| 공기감습기<br>(air dehumidifier) | 공기세정기(Air Washer), 공기코일(냉수형, 직접팽창형 또는 DX형) |
| 송풍기(blower) | ① 다익송풍기[시로코팬(sirrocco fan)]<br>② 익형송풍기(air foil fan)<br>③ 리미트로드팬(limit load fan) |

## 03 난방설비

### 1. 개요

### (1) 난방방식의 분류

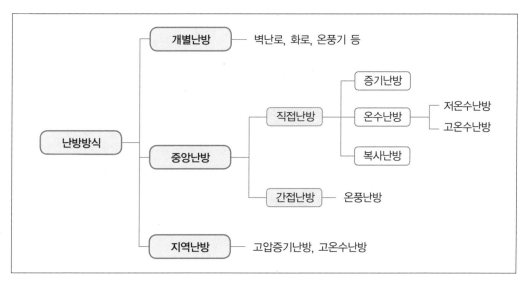

## (2) 난방방식의 특징

① **개별난방**: 열원기기(난로, 페치카, 스토브)를 실내에 설치하여 난방하는 방식이다.

② **중앙난방**: 건물의 중앙기계실에서 온수나 증기 등의 열매를 만들어 실내의 난방장치로 공급하여 난방하는 방식이다.

| 직접난방 | ㉠ 난방하는 실내에 직접 방열장치를 설치하여 그 방열장치로 실내의 온도를 조절하는 방식이다.<br>㉡ 방열체의 방열형식에 따라 대류난방 · 복사난방으로 구분한다.<br>㉢ 사용열매에 따라 증기난방 · 온수난방 · 온풍난방으로 구분한다. |
|---|---|
| 간접난방 | 중앙기계실의 공기가열장치에서 가열한 공기를 덕트를 통해 실내로 송풍하는 방식이다. |

③ **지역난방**: 도시 혹은 일정 지역 내에 대규모 고효율의 열원플랜트를 설치하여 여기에서 생산된 열매(증기 또는 온수)를 지역 내의 각 주택, 상가, 사무실, 병원 등 수용가에 공급함으로써 효율적인 에너지 사용을 도모하는 난방방식이다.

## 2. 난방방식

### (1) 증기난방(steam heating)

| 장점 | ① 증발잠열을 이용하므로 열의 운반능력이 크다.<br>② 방열기의 방열면적이 작아도 된다.<br>③ 설비비가 싸다.<br>④ 열용량이 작기 때문에 예열시간이 짧고 증기순환이 빠르다.<br>⑤ 한랭지에서 동결에 의한 파손의 위험이 작다. |
|---|---|
| 단점 | ① 방열기의 방열량 제어가 어렵다.<br>② 방열기의 표면온도가 높아 접촉하면 화상의 우려가 있다.<br>③ 먼지 등의 상승으로 난방의 쾌적감이 나쁘다.<br>④ 스팀해머가 발생할 우려가 있다.<br>⑤ 응축수관이 부식하기 쉽다.<br>⑥ 증기트랩의 고장 및 응축수 처리에 배관상 기술을 요한다. |

### (2) 온수난방(hot water heating)

| 장점 | ① 난방부하의 변동에 따라 온도조절이 용이하다.<br>② 현열을 이용하므로 증기난방에 비하여 쾌적감이 좋다.<br>③ 방열기 표면온도가 낮기 때문에 화상을 입을 우려가 없다.<br>④ 보일러 취급이 용이하다.<br>⑤ 증기난방에 비하여 관의 부식이 적다.<br>⑥ 스팀해머(steam hammer)가 생기지 않아 소음이 없다. |
|---|---|

|      | ① 증기난방에 비하여 방열면적이 커서 설비비가 비싸다. |
| 단점 | ② 공기의 정체에 의하여 순환을 저해하는 원인이 생길 수 있다. |
|      | ③ 예열시간이 길다. |
|      | ④ 한랭시 난방을 정지하는 경우 동결이 우려된다. |
|      | ⑤ 온수순환시간이 길다. |

## (3) 복사난방(panel heating)

바닥, 천장, 벽 등에 관을 매설하고 온수를 공급하여 그 복사열에 의해서 실내를 난방하는 방법이다.

|      |  |
| --- | --- |
|      | ① 실내의 온도 분포가 균일하고 쾌적감이 좋다. |
|      | ② 방열기를 설치하지 않으므로 바닥의 이용도가 높다. |
| 장점 | ③ 방을 개방상태로 하여도 난방효과가 높다. |
|      | ④ 실온이 낮아도 난방효과가 높다. |
|      | ⑤ 대류현상이 적으므로 바닥면의 먼지가 상승하지 않는다. |
|      | ⑥ 천장이 높아도 난방이 가능하다. |
|      | ① 열용량이 크기 때문에 외기온도의 급변에 따른 방열량 조절이 곤란하다. |
|      | ② 시공이 어렵고 수리비 · 시설비가 비싸다. |
| 단점 | ③ 매입배관이므로 고장요소를 발견하기 어렵다. |
|      | ④ 열손실을 막기 위한 단열층을 필요로 한다. |
|      | ⑤ 바닥하중이 증대한다. |

## (4) 지역난방(district heating)

|      |  |
| --- | --- |
|      | ① 열원장치가 1개소에 대규모로 집중되어 설치되므로 대용량기기의 사용에 따른 기기효율이 증대되고 연료비가 절감된다. |
|      | ② 각 건물의 기계실 넓이를 대폭 축소하고 유효면적을 넓힐 수 있다. |
| 장점 | ③ 열원설비를 집중관리하므로 관리인원 감소, 연료의 대량구매를 통한 비용절감이 된다. |
|      | ④ 도시의 대기오염이 감소하고 자연보호효과도 기대할 수 있다. |
|      | ⑤ 화재의 위험을 줄일 수 있다. |
|      | ① 초기 시설투자비가 많아진다. |
|      | ② 열원기기의 용량제어가 어렵다. |
| 단점 | ③ 배관에서의 열손실이 많다. |
|      | ④ 열의 사용량이 적으면 기본요금이 높아진다. |
|      | ⑤ 고도의 숙련된 기술자가 필요하다. |

## 04  환기설비

### (1) 환기방식의 종류

| 구분 | 급기구 | 배기구 | 사용장소 |
|---|---|---|---|
| 제1종 환기 | 송풍기 | 배풍기 | 병원의 수술실 |
| 제2종 환기 | 송풍기 | 자연 배기 | 반도체 공장, 무균실 |
| 제3종 환기 | 자연 급기 | 배풍기 | 주방, 화장실 등(수증기, 열기, 취기 등이 발생하는 장소) |
| 제4종 환기 (자연 환기) | 자연 급기 | 자연 배기 | 일반실 |

### (2) 환기량 결정방법

① **환기횟수에 의한 계산방법**: 환기량은 실의 크기와 상관없이 절대량만을 사용하는 경우도 많으나, 실의 크기와 관련하여 표현하는 경우 환기횟수 $n$을 다음 식으로 표현한다.

$$\text{환기횟수 } n = \frac{Q}{V} \text{(회/h)}$$

$Q$: 환기량($m^3$/h), $V$: 실의 용적($m^3$)

② **허용치에 의한 계산방법**: 실내환경 유지를 위한 환경요인의 허용치와 오염량이 제시된 경우, 그 허용치를 지키기 위해 필요한 환기량을 계산에 의하여 구한다.

$$\text{필요 환기량 } Q = \frac{k}{P_i - P_o} \text{($m^3$/h)}$$

$k$: 실내 유해가스 발생량, $P_i$: 실내 $CO_2$ 허용농도, $P_o$: 실외 $CO_2$ 농도

# 전기설비 - 전기의 기초

## 01 기본단위

### (1) 전압(voltage)

① 도체 안에 있는 두 점 사이의 전기적인 위치에너지의 차를 말한다.

② 단위는 'V(volt, 볼트)'를 쓴다.

### (2) 전류(electric current)

① 전하가 도선(導線)을 따라 흐르는 현상을 말한다.

② 단위는 'A(ampere, 암페어)'를 쓴다.

### (3) 저항(resistance)

① 도체에 전류가 흐를 때 전류의 흐름을 방해하는 요소를 의미한다.

② 단위는 'Ω(ohm, 옴)'을 쓴다.

③ 전선의 저항은 전선의 길이에 비례하고, 전선의 단면적에 반비례한다.

$$\text{저항 } R = \rho \, \frac{L}{A} (\Omega)$$

$\rho$: 도선의 고유저항(도체의 재질과 온도로써 정해지는 고유저항)
A: 도선의 단면적($cm^2$), L: 도선의 길이(cm)

### (4) 옴의 법칙(Ohm's law)

'전류(I)는 전압(V)에 비례하고 저항(R)에 반비례한다'는 법칙이다.

$$I = \frac{V}{R}(A), \quad R = \frac{V}{I}(\Omega), \quad V = IR(V)$$

## 02 직류와 교류

### (1) 직류(DC; Direct Current)

① 시간에 관계없이 세기와 방향이 일정한 전기를 '직류'라 한다.

② 전화, 전기시계, 고속 엘리베이터 등에 이용된다.

### (2) 교류(AC; Alternating Current)

① 시간에 따라 전기의 세기와 방향이 주기적으로 변하는 것을 '교류'라 한다.

② 일반 전열설비, 전등설비, 동력설비, 저속 엘리베이터 등에 이용된다.

### (3) 주파수(frequency)

① 1초 동안에 전류의 같은 위상차가 반복되는 횟수를 말한다.

② 주파수의 단위는 'Hz(헤르쯔)'를 쓴다.

③ 우리나라는 60Hz를 사용하고 있다.

## 03 전력(電力)

### (1) 전력의 의미

① 전력은 전기가 하는 일의 양을 의미한다.

② 단위는 'W(와트)' 또는 'kW(kilowatt, 킬로와트)' 등을 쓴다.

### (2) 전력의 종류

① 직류

$$P(W) = V \times I = I^2R = V^2/R$$

② 단상 교류

$$P = V \times I \times 역률(\cos\theta, \text{power factor})$$

③ 3상 교류

$$P = \sqrt{3} \times V \times I \times 역률(\cos\theta, \text{power factor})$$

## 04 역률 ★

### (1) 역률의 의미

① 역률은 전기기기에 실제로 걸리는 전압과 전류가 얼마나 유효하게 일을 하는가 하는 비율을 의미한다.

② 역률이란 공급된 전기가 의도한 목적에 얼마나 효율적으로 쓰여지는지를 나타내는 수치이다.

③ 공급된 전기의 100%를 해당 목적에 소모하는 경우를 1로 보았을 때, 1에 가까우면 효율이 높은 제품이다.

④ 역률은 피상전력과 유효전력의 비이다.

$$역률 = \frac{유효전력}{피상전력}$$

### (2) 역률의 개선

① **역률 개선의 방법**: 역률을 개선하기 위하여 각 기기마다 콘덴서를 설치하고, 대형 건물에서는 변전실 내에 고압용 콘덴서(진상용 콘덴서)를 두어 일괄하여 역률을 개선한다.

② **역률 개선의 효과**
  ㉠ 전력손실의 감소
  ㉡ 수변전설비의 용량 감소
  ㉢ 한국전력공사의 송전능력 확대

# 3과목

# 민법

| 민법총칙 | 60% |
| 물권법 | 20.25% |
| 채권법 | 19.75% |

▶ **3과목 민법은 어떻게 공부해야 할까요?**

✔ 민법은 법학 공부의 시작이며 합격을 위한 중요한 과목으로 내용의 이해를 위해 법률용어를 잘 알아야 합니다.

✔ 민법은 체계적으로 공부해야 합니다. 방대한 양 때문에 어렵게 느껴질 수 있지만 개념을 정립한 후 민법 체계에 따라 학습하도록 합니다.

## ▶ 핵심개념

각 CHAPTER별로 자주 출제되는 핵심개념을 정리하였습니다. 핵심개념은 본문에서도 ★로 표시되어 있으니 이 부분을 중점적으로 학습하세요

# PART 1
# 민법총칙

 선생님의 비법전수

민법총칙의 출제비중(60%)은 매우 높습니다.
민법총칙은 물권법, 채권법의 총칙이므로 그 파트와 함께 유기적으로 공부하여야 효과가 있습니다.

| CHAPTER 5<br>법률행위 | CHAPTER 6<br>기간 | CHAPTER 7<br>소멸시효 |
|---|---|---|
| • 권리변동의 일반이론 ★ | | • 소멸시효의 요건 ★ |
| • 법률행위의 기초이론 ★ | | • 소멸시효의 효과 ★ |
| • 법률행위의 종류 ★ | | |
| • 법률행위의 해석 ★ | | |
| • 법률행위의 목적 ★ | | |
| • 의사표시 ★ | | |

# 서론

## 01 민법의 의의 ★

**(1)** 민법은 개인 사이의 생활관계를 규율하는 법이다. 형식적으로는 '민법'이라는 이름을 가진 성문법전, 즉 '민법전'을 가리키지만, 실질적으로는 모든 사람들에게 일반적으로 적용되는 사법, 즉 '일반사법'을 뜻한다.

**(2)** 실질적 민법과 형식적 민법은 일치하지 않는다. 민법학의 대상이 되는 민법은 실질적 민법이다.

## 02 민법의 법원 ★

### (1) 서설

> 제1조 【법원】 민사에 관하여 법률에 규정이 없으면 관습법에 의하고 관습법이 없으면 조리에 의한다.

① 일반적으로 '법원(法源)'이란 법관이 재판을 함에 있어서 적용하여야 할 기준, 즉 법의 존재형식 내지 법을 인식하는 근거가 되는 자료를 의미한다.
② 물권의 종류와 내용은 민법 제185조에 의해 '법률과 관습법'에 의해서만 인정된다. 즉, 조리에 의해서는 인정될 수 없고, 또 그 법률에는 명령이나 규칙은 포함되지 않는다.

### (2) 민법의 법원의 종류

① **법률(성문민법):** 제1조의 법률은 모든 성문법(제정법)을 뜻한다.

> **핵심**
>
> 명령(대통령의 긴급명령, 긴급재정 · 경제명령 포함)과 대법원규칙, 조례 · 규칙(자치법규), 비준 · 공포된 조약과 일반적으로 승인된 국제법규도 민사에 관한 것일 경우에는 법률과 동일한 효력을 가지므로 민사에 관한 법원이 된다(헌법 제6조 제1항).

② **관습법**

　㉠ 관습법이란 자연적으로 발생한 관행이나 관례가 수범자에 의해 인정된 법적 확신
　　을 기초로 법규범화된 것을 말하는데, 이는 우리 민법상 법원이 된다(제1조).

　㉡ 관습법에 의해 인정되는 것으로는, 분묘기지권(대판 2001.8.21, 2001다28367),
　　관습법상의 법정지상권 등 관습법에 의해 인정되는 물권과 명인방법이라는 공시
　　방법 등이 있다.

> **보충**
>
> 1. **분묘기지권**: 분묘를 수호하고 봉제사하는 목적을 달성하는 데 필요한 범위 내에서 타인의 토
>    지를 사용할 수 있는 권리이다.
> 2. **관습법상의 법정지상권**: 동일인에게 속하였던 토지 및 건물이 매매 기타의 원인으로 소유자
>    를 달리하게 된 때에 그 건물을 철거한다는 특약이 없으면 건물소유자가 당연히 취득하게 되
>    는 법정지상권이다.
> 3. **명인방법**: 수목의 집단이나 미분리의 과실을 토지와는 독립하여 거래하고자 할 때 인정되는
>    공시방법이다.

③ **조리**: 조리는 사물의 본질적 법칙 또는 사물의 도리를 말하며, 경험칙·사회통념
　 등으로 표현되기도 한다. 법관은 법의 흠결을 이유로 재판을 거부할 수 없으므로
　 조리를 재판의 준칙으로 인정하고 있다.

# 권리와 법률관계

## 01 법률관계

### (1) 서설

① **의의**: 사람의 생활관계 중에 '법에 의하여 규율되는 생활관계'를 법률관계라고 한다. 비법률관계는 법 대신 도덕·관습·종교 등의 다른 사회규범에 의하여 규율되며, 국가권력에 의한 강제력은 수반하지 않는다.

② **호의관계**: 호의관계란 법적으로 구속받으려는 의사 없이 행하여진 생활관계를 말한다. 비법률관계의 대표적인 예로 호의관계가 있다. 친구의 산책에 동행해 주기로 한 경우, 어린아이를 그 부모가 외출하는 동안 대가를 받지 않고 돌보아 주기로 한 경우, 저녁식사에 초대한 경우, 자기 차에 아는 사람을 무료로 태워준 경우(이른바 호의동승)가 그 예이다.

### (2) 내용

법률관계는 법에 의하여 구속되는 자와 법에 의하여 보호받는 자의 관계로 나타나는바, 전자의 지위를 의무, 후자의 지위를 권리라고 한다. 결국 법률관계는 권리·의무관계이다.

## 02 권리와 의무 ★

### (1) 권리의 의의

① **개념**: 권리란 권리주체가 일정한 이익을 누릴 수 있도록 법이 인정하는 힘을 말한다[권리법력설(통설)].

② **구별개념**
　⊙ **권한**: 권한이란 다른 사람을 위하여 그에게 일정한 법률효과를 발생케 하는 행위를 할 수 있는 법률상의 지위나 자격을 말한다(예 대리인의 대리권, 이사의 대표권).
　ⓛ **권능**: 권능이란 권리의 내용을 이루는 개개의 법률상의 힘을 말한다. 가령 소유권이라는 권리에 대하여 그 내용인 사용권·수익권·처분권을 말한다.

© **권원**: 권원이란 일정한 법률상 또는 사실상의 행위를 하는 것을 정당화하는 법률상의 원인을 말한다. 예컨대, 타인의 부동산에 무단으로 건물 등을 지은 경우에는 그것은 타인의 소유권을 침해하는 것으로서 그 타인은 그 건물 등의 철거를 청구할 수 있는데(제214조), 그 철거를 당하지 않기 위해서는 그 토지를 사용할 권원이 있어야 하고, 그러한 것으로는 지상권·임차권 등이 있다.

② **반사적 이익(권리반사)**: 반사적 이익이란 법이 일정한 사람에게 일정한 행위를 명하거나 금지함에 따라 다른 사람이 반사적으로 누리는 이익을 말한다. 가령 불법원인급여에 해당하는 경우에 급여자는 급여의 반환을 청구할 수 없는데(제746조), 그 결과 수익자가 그 급여의 소유권을 취득하는 것은 반사적 이익에 불과하다.

## (2) 의무의 의의

일정한 행위를 하여야 할 또는 하지 않아야 할 법률상의 구속을 말한다. 보통 의무는 권리의 반면으로 권리에 대응한다. 그러나 언제나 권리와 의무가 상응하는 것은 아니다. 즉, 의무만 있고 권리는 없는 경우가 있는가 하면, 권리만 있고 의무는 없는 경우도 있다.

## (3) 권리의 종류

법이 공법과 사법으로 나누어짐에 따라 권리도 공법상의 권리인 공권과 사법상의 권리인 사권으로 구별된다. 민법상의 권리는 사권이다.

① **내용에 의한 분류**

㉠ **재산권**: 재산권은 경제적 가치가 있는 이익을 누리는 것을 내용으로 하는 권리로서, 물권·채권·지식재산권이 있다. 물권에는 점유권·소유권, 용익물권인 지상권·지역권·전세권, 담보물권인 유치권·질권·저당권이 있다. 지식재산권은 발명·저작 등의 정신적·지능적 창조물을 독점적으로 이용하는 것을 내용으로 하는 권리로서, 특허권·실용신안권·디자인권·상표권·저작권 등이 이에 속한다.

㉡ **가족권(신분권)**: 부부·친자 등의 가족공동체의 일원인 지위에 기한 권리(예 친권·부양청구권, 상속권)로서, 이에는 친족권과 상속권의 두 가지가 있다.

㉢ **인격권**: 생명·신체·신용·명예·정조·성명·초상·창작 등과 같이 권리의 주체와 불가분적으로 결합되어 있는 인격적 이익을 내용으로 하는 권리이다.

㉣ **사원권**: 사단법인의 구성원이 그 구성원이라는 지위에서 사단에 대하여 가지는 권리·의무를 총칭하여 사원권이라고 부른다. 사원권에는 자익권(예 이익배당청구권·잔여재산분배청구권)·공익권(예 결의권·소수사원권 등)이 있는데, 상법의 적용을 받는 회사에서는 전자가, 민법의 적용을 받는 비영리법인에서는 후자가 중심을 이룬다.

② **작용(효력)에 의한 분류**

　㉠ **지배권**: 지배권이란 타인의 행위를 개입시키지 않고 일정한 객체를 직접 지배할 수 있는 권리(사용, 수익, 처분 등을 할 수 있는 권리)를 말한다. 직접 지배한다는 것은 권리의 내용인 이익을 실현하기 위하여 권리자 아닌 타인의 행위나 동의를 필요로 하지 않는다는 의미이며, 이 점에서 청구권과 구별된다. 물권이 전형적인 지배권이지만, 그 밖에 준물권, 지식재산권, 친권, 후견권 등도 이에 속한다.

　㉡ **청구권**: 청구권이란 특정인이 다른 특정인에 대하여 일정한 행위(작위·부작위)를 요구할 수 있는 권리를 말한다. 예컨대 주택 매매계약에 기한 매수인의 소유권이전등기청구권은 채권적 청구권이다. 전형적인 청구권은 채권이고, 소유물반환청구권과 같은 물권적 청구권(제213조), 상속회복청구권(제999조) 등도 이에 속한다.

　㉢ **형성권**

　　ⓐ 형성권이란 권리자의 일방적인 의사표시에 의하여 법률관계를 발생·변경·소멸시키는 권리를 말한다.

　　ⓑ 형성권으로는 권리자의 의사표시만 있으면 법률관계의 변동이 일어나는 것(법률행위의 동의권, 취소권, 추인권, 상계권, 계약의 해지·해제권, 매매의 일방예약완결권 등)과 그 권리의 행사가 제3자에 대하여 중대한 영향을 미치기 때문에 법원의 판결이 있어야 비로소 법률관계의 변동이 일어나는 것(채권자취소권, 재판상 이혼권 등)의 두 유형이 있다.

　　ⓒ 한편 공유물분할청구권(제268조), 지료증감청구권(제286조), 지상물매수청구권(제283조, 제285조), 부속물매수청구권(제316조), 매매대금감액청구권(제572조), 차임증감청구권(제628조) 등은 법문상 청구권으로 표현되어 있지만 형성권으로 해석한다(다수설).

　㉣ **항변권**: 항변권이란 상대방의 청구권의 행사에 대해 그 작용을 저지할 수 있는 권리를 말한다(반대권이라고도 한다). 항변권으로는 청구권의 행사를 일시적으로 저지할 수 있을 뿐인 연기적 항변권(동시이행의 항변권, 보증인의 최고·검색의 항변권)과 그것을 영구히 저지할 수 있는 영구적 항변권(상속인의 한정승인의 항변권)의 두 종류가 있다.

③ **기타의 분류**

　㉠ **절대권과 상대권**

　　ⓐ **절대권**: 특정의 상대방이 없고 누구에 대해서도 주장할 수 있는 권리로서 대세권이라고도 하는데, 물권이나 인격권이 그 예이다.

ⓑ **상대권**: 특정인에 대해서만 주장할 수 있는 권리로서 대인권이라고도 하는데, 채권 등의 청구권이 그 예이다.

ⓒ **일신전속권과 비전속권**: 일신전속권은 권리가 고도로 인격적이기 때문에 타인에게 이전되어서는 의미가 없는 귀속상의 일신전속권(즉, 양도성과 상속성이 없다. 제979조의 부양청구권의 처분금지 규정 참조)과 권리자 자신이 직접 행사하지 않으면 의미가 없기 때문에 타인이 권리자를 대리하여 또는 대위하여 행사할 수 없는 행사상의 일신전속권[따라서 자신이 직접 행사하여야 한다(**예** 제913조의 친권)]이 있다. 한편, 비전속권은 양도성과 상속성이 있는 권리로 대부분의 재산권이 이에 속한다.

ⓒ **주된 권리와 종된 권리**: 권리 가운데에는 하나의 권리가 다른 권리를 전제로 하여 존재하는 경우가 있다. 이때 그 전제가 되는 권리가 주된 권리이고, 그것에 의존하는 권리를 종된 권리라고 한다. 종된 권리는 주된 권리에 의존하고 그와 법률적 운명을 같이하기 때문에, 주된 권리가 이전되면 종된 권리도 이전되며, 주된 권리가 시효로 소멸하면 종된 권리도 소멸한다(제183조).

ⓒ **기성의 권리와 기대권**: 이는 권리가 성립 요건을 모두 갖추었는가에 의한 구별이다. 기성의 권리는 권리의 성립요건이 모두 갖추어져서 성립된 권리를 말한다. 이에 대해 기대권은 권리의 발생요건 중 일부만을 갖추어 장래 남은 요건이 갖추어지면 권리를 취득할 수 있는 상태로서 법에 의하여 보호되는 권리를 말한다. 조건부 권리(제148조, 제149조), 기한부 권리(제154조) 등이 그 전형적인 예이다.

## 03 권리의 발생 및 경합 ★

### (1) 권리의 발생(권리규정)

권리 발생요건을 그 내용으로 하는 실질적 민법의 규정을 권리규정이라고 한다.

### (2) 권리의 경합

① 의의

㉠ 권리의 경합이란 하나의 생활사실이 수개의 법규가 정하는 요건을 충족하여 동일한 목적을 가지는 수개의 권리가 발생하는 경우를 말한다. 가령, 임대차계약의 종료에 따라 임대목적물의 소유자인 임대인에게는 임대차에 기한 반환청구권(제654조, 제615조)과 소유권에 기한 반환청구권(제213조)이 주어진다.

ⓛ 이들 수개의 권리는 동일한 목적을 위하여 존재하므로, 그중 어느 하나의 행사로 목적을 달성하면 나머지 권리는 소멸한다. 그러나 각각의 권리는 독립하여 존재하고, 서로 관계없이 행사될 수 있으며, 각기 따로 시효 기타의 사유로 소멸할 수 있다.

② **경합의 모습** ★
  ㉠ **청구권경합**: 임차목적물이 임차인의 고의나 과실로 멸실된 경우에 임대인이 가지는 채무불이행에 기한 손해배상청구권과 불법행위에 기한 손해배상청구권이 청구권경합의 관계에 있다.
  ㉡ **법조경합**: 하나의 생활사실이 수개의 법규의 요건을 충족하지만, 그 수개의 법규가 특별법과 일반법의 관계에 있거나, 하나의 법규가 다른 법규와 경합하여 그 효과를 제한하는 경우에, 전자의 법규만이 적용되는 것을 말한다.

## 04 권리의 행사와 의무의 이행

### (1) 권리의 행사와 의무의 이행

① **권리의 행사**: 권리의 내용을 실현하는 것을 말한다. 반면 의무의 이행이란 의무자가 의무의 내용을 실현하는 것을 말한다.

② **권리의 의무이행**: 권리의 행사는 원칙적으로 권리자의 의사에 맡겨져 있다(사적자치). 즉, '자기의 권리를 행사하는 자는 그 누구를 해하는 것도 아니다'. 다만, 친권과 같이 타인의 이익을 위하여 인정되는 권리에서는 그 권리를 행사하여야 할 의무가 있으나(제913조), 이것은 예외적인 것이다. 또한 민법은 제2조에서 권리행사의 한계를 명문으로 규정하고 있다.

### (2) 권리의 충돌과 순위 ★

① **권리의 충돌**: 동일한 객체에 대하여 수개의 권리가 존재하여 모든 권리를 만족시킬 수 없는 경우를 말한다. 충돌의 유형으로 물권 상호간의 충돌, 채권 상호간의 충돌 및 물권과 채권의 충돌 등이 있다.

② **권리의 순위**
  ㉠ **물권 상호간**
    ⓐ 소유권과 제한물권 사이에서는 제한물권의 성질상 그것이 언제나 소유권에 우선한다.
    ⓑ 하나의 물건 위에 서로 양립할 수 없는 수개의 물권이 성립하는 경우에, 먼저 성립한 권리가 나중에 성립한 권리에 우선한다(우선적 효력).

ⓛ **물권과 채권간**: 동일물에 대하여 물권과 채권이 병존하는 경우에는, 그 성립시기를 불문하고 원칙적으로 물권이 우선한다.

ⓒ **채권 상호간**: 동일한 채무자에 대하여 수개의 채권이 충돌하는 경우에, 채권자평등의 원칙에 따라 동일 채무자에 대한 수개의 채권은 평등하게 다루어진다. 다만, 이러한 원칙이 그대로 지켜지는 것은 파산의 경우이며, 그 밖의 경우에는 각 채권자가 임의로 채권을 실행하여 변제받을 수 있다. 그 결과 채권을 먼저 행사하는 자가 이익을 얻게 되는데, 이를 선행주의라고 한다.

## 05 신의성실의 원칙 ★

> **제2조【신의성실】** ① 권리의 행사와 의무의 이행은 신의에 좋아 성실히 하여야 한다.
> ② 권리는 남용하지 못한다.

### (1) 서론

① **의의**: 신의성실의 원칙은 법률관계의 당사자가 상대방의 이익을 배려하여 형평에 어긋나거나 신뢰를 저버리는 내용 또는 방법으로 권리를 행사하거나 의무를 이행하여서는 아니 된다는 추상적 규범이다(대판 2006.6.29, 2005다11602).

ⓐ **적용범위**

ⓐ 신의성실의 원칙은 오늘날 민법의 모든 분야에서뿐만 아니라 상법 등 사법 모든 분야에서 적용된다. 이처럼 민법 전체에 적용되지만, 실제로는 채권법 분야에서 가장 실효성이 크다. 뿐만 아니라 노동법이나 기타 경제법 등 사회법 분야에 있어서도 그 적용이 많으며, 민사소송법·헌법·행정법·세법 등 공법 분야에 있어서도 그 적용이 있다.

ⓑ 신의칙이 적용되기 위해서는 당사자 사이에 법적인 특별결합관계가 존재하여야 한다. 일반적인 행위규범은 1차적으로 민법 제750조에서 정하고 있는 '위법행위'의 판단에 의하여 설정된다.

ⓒ **신의칙과 권리남용의 관계**: 통설과 판례의 대체적인 경향은 권리의 행사가 신의성실에 반하는 경우에는 권리남용이 된다고 하여, 권리남용의 금지를 신의칙의 효과로 보고 있다. 그래서 양 조항의 중복적용을 긍정하고 있다(대판 2002.10.25, 2002다32332).

ⓒ **효과**
ⓐ 권리의 행사가 신의칙에 위반하는 때에는 권리의 남용이 되는 것이 보통이다. 따라서 일반적으로 권리행사로서의 효과가 생기지 않는다.
ⓑ 신의성실의 원칙에 반하는 것 또는 권리남용은 강행규정에 위배되는 것이므로, 당사자의 주장이 없더라도 법원은 직권으로 판단할 수 있다(대판 1989. 9.29, 88다카17181). 따라서 매매계약의 당사자가 계약체결시에 신의칙 위반을 이유로 매매의 효력을 다투지 않기로 한 특약은 무효이다.

② **신의칙의 적용상의 한계**
㉠ **현존하는 법규에의 구속**
ⓐ 신의성실의 원칙의 과제는 1차적으로 현존하는 법규들 또는 법률관계들을 그 의미와 목적에 따라 구체화하거나 형식적으로 주어진 법적 지위의 한계를 제시해주는 데에 있다.
ⓑ 권리의 행사가 신의칙에 위배되더라도 신의칙보다 상위에 있는 민법의 기본이념에 배치되지 않는 경우에는 이러한 권리행사는 허용된다. 예컨대, 제한능력을 이유로 의사표시를 취소하는 경우, 권리남용에 해당한다고 할 수 없다. 특히 강행규정에 반하는 행위를 한 자가 강행규정 위반을 이유로 무효를 주장하는 것은 신의칙 위반이 아니다.
㉡ **최후의 비상수단**: 일반적 원칙을 적용하여 법이 두고 있는 구체적인 제도의 운용을 배제하는 것은 법적 안정성을 해할 위험이 있으므로 그 적용에는 신중을 기하여야 한다(대판 2005.5.13, 2004다71881).
㉢ **일반조항과 그 구체화**: 제2조는 그 내용이 일반적이고 추상적인 일반조항의 대표적인 예이다. 신의성실의 원칙을 개별적·구체적 사건에 적용함에 있어서 법적 안정성 내지 예측가능성을 확보하기 위하여 보다 상세하게 구체화되어야 한다.

## (2) 신의칙의 기능
① **해석기능**: 신의칙은 법률과 법률행위를 해석하여 그 내용을 보다 명확하게 하는 기능이 있다.
② **보충기능**: 신의칙은 법률이나 법률행위에 있어서 규율되지 않은 틈이 있는 경우에 그 틈을 보충하는 기능이 있다.
③ **수정기능**: 신의칙은 이미 명백하게 확정되어 있는 법률이나 법률행위의 내용을 수정하는 기능이 있다.
④ **금지기능**: 신의칙에는 구체적인 행위가 신의성실에 반하는 경우에 그 행위의 효과를 금지하는 기능이 있다. 이 금지기능에 의하여 채무이행 행위가 신의성실에 반하면 채무불이행으로, 권리행사가 신의성실에 반하면 권리남용으로 평가된다.

## (3) 신의칙이 구체화된 하부원칙(파생원칙) ★

① **사정변경의 원칙**: 사정변경의 원칙은 '법률행위 성립 후 당시 환경이 된 사정에 당사자 쌍방이 예견 못하고 또 예견할 수 없었던 변경이 발생한 결과 본래의 급부가 신의형평의 원칙상 당사자에 현저히 부당하게 된 경우, 당사자가 그 급부내용을 적당히 변경할 것을 상대방에게 제의할 수 있고, 상대방이 이를 거절하는 때에는 당해 계약을 해제할 수 있는 규범'이다(대판 1955.4.14, 4286민상231).

② **모순행위금지의 원칙**: 모순행위금지의 원칙은 권리자의 권리행사가 그의 종전의 행동과 모순되는 경우에 그러한 권리행사는 허용되지 않는다는 원칙을 말한다. 이는 영미법상의 금반언(禁反言)의 법리와 유사하다.

> **핵심**
>
> 본인의 지위를 단독상속한 무권대리인이 본인의 지위에서 상속 전에 행한 무권대리행위의 추인을 거절하는 것은 신의칙에 반한다(대판 1994.9.27, 94다20617).

③ **실효의 원칙**

ㄱ 권리자가 권리를 행사하지 않음으로써 상대방에 대하여 앞으로도 권리를 행사하지 않을 것이라는 확신을 주고 상대방이 이에 따라 행동하였는데, 그 후에 권리자가 권리의 행사를 주장하는 것은 신의칙에 반하며, 그 권리는 실효된다.

ㄴ 권리의 실효는 법의 일반원리인 신의성실의 원칙에 바탕을 둔 파생원칙이므로 사법관계뿐만 아니라 공법관계에도 적용이 있다(대판 1988.4.27, 87누915).

> **핵심**
>
> 항소권과 같은 소송법상의 권리에 대하여도 실효의 원칙은 적용되며(대판 1996.7.30, 94다51840), 1년 4개월 전에 발생한 해제권을 행사하지 아니한 사안에서 실효의 원칙을 적용한 것이 있다(대판 1994.6.28, 93다26212).

## (4) 권리남용금지의 원칙

① 권리남용금지의 원칙이라 함은 신의칙에 위배되는 권리의 행사는 허용되지 않는다는 원칙이다.

② 권리남용금지의 원칙은 백지규정이며, 재판규범이면서 행위규범이다. 그리고 강행규정이다(대판 1989.8.29, 88다카17181). 그 원칙은 물권법에서 발전하였지만 민법의 모든 영역에 걸쳐 널리 적용된다. 물론 실효성이 가장 큰 분야는 물권법이다.

# CHAPTER 3 권리의 주체

## 01 총설

민법상 권리의 주체로는 사람인 '자연인'과, 일정한 단체, 즉 사단 또는 재단으로서 법인격을 취득한 '법인'의 둘이 있다. 조합은 권리의 주체가 아니다.

## 02 자연인 ★

### 1. 권리능력

> **제3조 【권리능력의 존속기간】** 사람은 생존한 동안 권리와 의무의 주체가 된다.

권리능력이란 권리 · 의무의 주체가 될 수 있는 지위 또는 자격을 말한다. 제3조는 모든 사람은 평등하게 권리능력을 가지고(권리능력 평등의 원칙), 또 출생한 때부터 사망한 때까지(즉, 생존한 동안) 권리능력을 가지는 것으로 규정한다.

### 2. 행위능력

### (1) 총설

① **의사능력**

㉠ **의의**: 의사능력은 통상인이 가지는 정상적인 판단능력을 가리키며, 의사능력의 유무는 당해 구체적인 법률행위와 관련하여 개별적으로 판단된다(대판 2006.9.22, 2006다29358).

㉡ **효력**: 의사무능력자(예 유아 · 정신병자 · 만취자 등)가 한 의사표시에 대해서는 법적 효과를 부여할 수 없으며, 무효이다(대판 2002.10.11, 2001다10113).

② **행위능력**

㉠ **개념 및 효과**

ⓐ 행위능력이란 독자적으로 유효하게 법률행위를 할 수 있는 지위를 말하는데, 의사능력과 달리 객관적 · 획일적으로 판단된다. 민법상 단순히 능력이라고 하면, 이는 행위능력을 말한다.

168 해커스 주택관리사(보) house.Hackers.com

ⓑ 개정 전에는 민법상의 무능력자로 미성년자·한정치산자·금치산자의 셋이 있었다. 개정 민법은 넓은 의미에서 행위능력이 제한되는 자, 즉 제한능력자로 미성년자(제4조)·피성년후견인(제9조)·피한정후견인(제12조)의 세 가지를 규정하고 있다.

⊕ 피특정후견인은 행위능력상 전혀 제약을 받지 않으며, 법정후견을 받기 때문에 여기에 함께 규정한 것이다.

ⓛ **제도적 의미**

ⓐ 행위능력제도는 사적자치의 원칙의 대전제이며, 강행규정이다. 그리고 제한능력자가 한 법률행위는 의사능력이 없는 상태에서 행해졌다는 증명이 없어도 이를 취소할 수 있게 함으로써 제한능력자를 보호하고, 거래상대방에게 불측의 손해를 주지 않기 위하여 마련된 제도이다.

ⓑ 이 제도는 사회의 획일적 기준에 의하여 의사능력을 객관화한 것이다. 따라서 성년후견개시 또는 한정후견개시의 심판을 받지 않았으면 설사 그러한 심판을 받을만한 상태에 있었다고 하여도 제한능력자에 관한 규정을 유추적용해서는 안 된다. 판례도 같은 입장이다(대판 1992.10.13, 92다6433).

## (2) 미성년자

### ① 미성년자

> **제4조 【성년】** 사람은 19세로 성년에 이르게 된다.

만 19세 이상의 자연인을 성년자로 하고, 성년에 달하지 않은 자를 미성년자라고 한다. 연령은 출생일을 산입하여 역(曆)에 의하여 계산한다(제158조).

### ② 미성년자의 행위능력

> **제5조 【미성년자의 능력】** ① 미성년자가 법률행위를 함에는 법정대리인의 동의를 얻어야 한다. 그러나 권리만을 얻거나 의무만을 면하는 행위는 그러하지 아니하다.
> ② 전항의 규정에 위반한 행위는 취소할 수 있다.

## (3) 피성년후견인

> **제9조 【성년후견개시의 심판】** ① 가정법원은 질병, 장애, 노령 그 밖의 사유로 인한 정신적 제약으로 사무를 처리할 능력이 지속적으로 결여된 사람에 대하여 본인, 배우자, 4촌 이내의 친족, 미성년후견인, 미성년후견감독인, 한정후견인, 한정후견감독인, 특정후견인, 특정후견감독인, 검사 또는 지방자치단체의 장의 청구에 의하여 성년후견개시의 심판을 한다.
> ② 가정법원은 성년후견개시의 심판을 할 때 본인의 의사를 고려하여야 한다.

피성년후견인은 '질병, 장애, 노령 그 밖의 사유로 인한 정신적 제약으로 사무를 처리할 능력이 지속적으로 결여된 사람'으로서 일정한 자의 청구에 의하여 가정법원으로부터 '성년후견개시의 심판'을 받은 자이다(제9조 제1항).

## (4) 피한정후견인

> **제12조 【한정후견개시의 심판】** ① 가정법원은 질병, 장애, 노령 그 밖의 사유로 인한 정신적 제약으로 사무를 처리할 능력이 부족한 사람에 대하여 본인, 배우자, 4촌 이내의 친족, 미성년후견인, 미성년후견감독인, 성년후견인, 성년후견감독인, 특정후견인, 특정후견감독인, 검사 또는 지방자치단체의 장의 청구에 의하여 한정후견개시의 심판을 한다.
> ② 한정후견개시의 경우에 제9조 제2항을 준용한다.

피한정후견인은 '질병, 장애, 노령 그 밖의 사유로 인한 정신적 제약으로 사무를 처리할 능력이 부족한 사람'으로서 일정한 자의 청구에 의하여 가정법원으로부터 '한정후견개시의 심판'을 받은 자이다(제12조 제1항).

## (5) 피특정후견인

> **제14조의2 【특정후견의 심판】** ① 가정법원은 질병, 장애, 노령 그 밖의 사유로 인한 정신적 제약으로 일시적 후원 또는 특정한 사무에 관한 후원이 필요한 사람에 대하여 본인, 배우자, 4촌 이내의 친족, 미성년후견인, 미성년후견감독인, 검사 또는 지방자치단체의 장의 청구에 의하여 특정후견의 심판을 한다.
> ② 특정후견은 본인의 의사에 반하여 할 수 없다.
> ③ 특정후견의 심판을 하는 경우에는 특정후견의 기간 또는 사무의 범위를 정하여야 한다.

피특정후견인은 '질병, 장애, 노령 그 밖의 사유로 인한 정신적 제약으로 일시적 후원 또는 특정한 사무에 관한 후원이 필요한 사람'으로서 일정한 자의 청구에 의하여 가정법원으로부터 '특정후견의 심판'을 받은 자이다(제14조의2 제1항). 피특정후견인은 1회적 · 특정적으로 보호를 받는 점에서 지속적 · 포괄적으로 보호를 받는 피성년후견인 · 피한정후견인과 차이가 있다.

> **핵심**
> 특정후견의 심판이 있어도 피특정후견인은 행위능력에 전혀 영향을 받지 않는다.

## 3. 주소

### (1) 주소의 개념

① 사람은 보통 일정한 장소와 밀접한 관련을 가지고 법률관계를 형성·유지하는데, 사람의 생활관계의 중심지를 주소라고 한다. 즉, 주소란 사람의 생활의 근거가 되는 곳을 말한다(제18조 제1항).

② 주민등록지란 30일 이상 거주할 목적으로 특정한 장소에 주소나 거소를 가진 자가 주민등록법에 의하여 등록하는 장소를 말한다(주민등록법 제6조 제1항). 주민등록지는 공법상의 개념이나, 반증이 없는 한 주소로 추정된다.

### (2) 주소의 결정

> 제18조 【주소】 ① 생활의 근거되는 곳을 주소로 한다.
> ② 주소는 동시에 두 곳 이상 있을 수 있다.

민법은 주소에 관하여 실질주의, 복수주의를 채택하고 있다. 우리 민법은 명문의 규정을 두고 있지 않으나, 의사무능력자를 위한 법정주소에 관한 규정이 없고 실질주의와 복수주의를 취하고 있는 점에서 객관주의를 취하고 있다고 할 수 있다.

## 4. 부재와 실종

### (1) 총설

어떤 사람이 종래의 주소를 떠나 쉽게 돌아올 가망이 없는 경우에 적절한 조치를 취할 필요가 있다. 이에 법은 우선 부재자가 생존하고 있는 것으로 추정하여 부재자가 돌아오기를 기다리며 그의 잔류재산을 관리하다가(부재자의 재산관리), 부재자의 생사불명 상태가 일정기간 계속되어 생존가능성이 적게 되면 일정한 절차에 따라 그가 사망한 것으로 보아 법률관계를 정리한다(실종선고).

### (2) 부재자의 재산관리

부재자란 종래의 주소 또는 거소를 떠나 용이하게 돌아올 가능성이 없어서 그의 재산을 관리하여야 할 필요가 있는 자를 말한다. 따라서 부재자는 실종선고의 경우와는 달리 반드시 생사불명일 필요는 없다(대판 1971.10.22, 71다1636).

> **핵심**
>
> 부재자는 성질상 자연인에 한하며 법인은 이에 해당되지 않는다(대판 1953.5.21, 4286민재항7).

## (3) 실종선고

실종선고란 생사불명의 상태가 일정기간 계속된 부재자에 대해 가정법원의 선고에 의하여 사망으로 의제하는 제도를 말한다. 사람이 권리능력을 잃는 것은 사망에 의해서만이며, 실종선고는 실종자의 종래의 주소나 거소를 중심으로 한 법률관계를 확정하는 제도이다.

> **제27조【실종의 선고】** ① 부재자의 생사가 5년간 분명하지 아니한 때에는 법원은 이해관계인이나 검사의 청구에 의하여 실종선고를 하여야 한다.
> ② 전지에 임한 자, 침몰한 선박 중에 있던 자, 추락한 항공기 중에 있던 자 기타 사망의 원인이 될 위난을 당한 자의 생사가 전쟁종지 후 또는 선박의 침몰, 항공기의 추락 기타 위난이 종료한 후 1년간 분명하지 아니한 때에도 제1항과 같다.

## 03  법인 ★

### (1) 총설

① **법인제도**: 법인이란 법률에 의하여 권리능력이 인정된 단체 또는 재산을 말한다. 법인으로 될 수 있는 단체에는 사단과 재단이 있다.

② **법인의 종류**

  ㉠ **공법인과 사법인**: 법인은 법률의 규정에 의하여 성립한다(제31조). 그런데 법인 설립의 근거가 되는 법률이 공법인가 아니면 사법인가에 따라 법인은 공법인과 사법인으로 나뉜다. 일반적으로 국가와 지방공공단체는 공법인이고, 민법과 상법상의 법인은 사법인에 해당하는 것으로 본다.

  ㉡ **영리법인과 비영리법인**

   ⓐ 영리법인은 구성원의 경제적 이익을 도모하는 것, 즉 법인의 이익을 구성원에게 분배하는 것을 목적으로 하는 법인이고, 비영리법인은 그렇지 않은 것이다. 따라서 구성원이 없는 재단법인은 영리법인이 될 수 없다. 사단법인은 영리법인과 비영리법인이 있을 수 있다.

   ⓑ 영리법인 중 전형적인 것은 주식회사로 상법의 규율을 받는다(제39조 참조). 반면 비영리법인은 영리를 목적으로 하지 않는 사단법인 또는 재단법인이고, 민법의 규율을 받는다.

ⓒ **사단법인과 재단법인**: 사단법인은 일정한 목적을 위하여 결합된 사람들의 단체로서 사원을 요소로 하며, 사원총회가 사단의 의사를 자율적으로 결정한다(영리법인과 비영리법인이 있다). 재단법인은 일정한 목적에 바쳐진 재산의 존재를 요소로 하고, 법인설립자의 의사에 의하여 타율적으로 활동한다(언제나 비영리법인이다). 민법상의 법인은 반드시 사단법인·재단법인 가운데 어느 하나에 속하여야 하며, 둘의 중간적 법인은 인정되지 않는다.

③ **권리능력 없는 사단과 재단(비법인사단 및 재단)**

　　㉠ **의의**: 사단 또는 재단의 실체를 가지면서도 그 허가를 받지 못하거나 또는 그 등기를 하지 않아서 법인으로 되지 않는 것을 '법인 아닌 사단 또는 재단'이라고 한다. '권리능력 없는 사단 또는 재단' 또는 '인격 없는 사단 또는 재단'이라고도 한다.

　　㉡ **권리능력 없는 사단**

　　　　ⓐ 권리능력 없는 사단이란 사단의 실질을 가지고 있지만, 법인으로 되지 않는 것을 말한다. 법인 아닌 사단(비법인사단) 또는 인격(법인격) 없는 사단이라고도 한다.

　　　　ⓑ 종중 또는 교회가 권리능력 없는 사단의 대표적인 예이다.

　　㉢ **권리능력 없는 재단**

　　　　ⓐ 권리능력 없는 재단이란 재단의 실체를 가지고 있으나 아직 법인격을 취득하지 못한 것을 말한다.

　　　　ⓑ 재산의 귀속형태는 권리능력 없는 재단의 단독소유에 속한다(대판 1994.12. 13, 93다43545).

## (2) 법인의 설립

> **제31조 【법인성립의 준칙】** 법인은 법률의 규정에 의함이 아니면 성립하지 못한다.
>
> **제32조 【비영리법인의 설립과 허가】** 학술, 종교, 자선, 기예, 사교 기타 영리 아닌 사업을 목적으로 하는 사단 또는 재단은 주무관청의 허가를 얻어 이를 법인으로 할 수 있다.

법인의 설립에 관하여 민법은 제31조에서 자유설립주의를 배제하고, 제32조에서 허가주의를 채택하고 있다.

## (3) 법인의 기관

① **서설**: 사단법인의 기관으로 필요기관인 이사와 사원총회 그리고 임의기관인 감사가 있다. 반면 재단법인의 기관으로 이사와 감사가 있으며 성질상 사원총회는 있을 수 없다.

② **이사**

제57조 【이사】 법인은 이사를 두어야 한다.

이사는 대외적으로 법인을 대표하고(대표기관), 대내적으로는 법인의 업무를 집행하는 (집행기관) 상설적 필요기관이다. 사단법인은 물론 재단법인에서도 이사는 필요기관 이다(제57조). 참고로 감사는 임의기관이다(제66조).

③ **감사**

제66조 【감사】 법인은 정관 또는 총회의 결의로 감사를 둘 수 있다.

법인은 정관 또는 총회의 결의에 의해 1인 또는 수인의 감사를 둘 수 있다(제66조). 주식회사에서는 감사가 필요적 상설기관이지만(상법 제409조 제1항), 민법상의 법 인에서는 임의기관으로 되어 있다. 그의 성명·주소는 등기사항이 아니다.

④ **사원총회**: 사원총회는 사단법인의 사원 전원으로 구성되는 최고의 의사결정기관이 다. 총회는 필요기관이므로 정관으로도 이를 폐지할 수 없다. 재단법인에는 사원이 없으므로 사원총회가 있을 수 없으며, 재단법인의 최고의사는 정관에 정하여져 있 다. 사원총회는 집행기관이 아니고 의결기관이다.

## (1) 권리의 객체 일반론

① 권리는 일정한 이익을 누리게 하기 위하여 법이 인정하는 힘이다(권리법력설). 권리의 내용을 실현하기 위하여 필요한 대상을 권리의 객체라고 한다.

② 권리의 객체는 권리의 종류에 따라 다르다. 예컨대, 물권은 물건, 채권은 채무자의 일정한 행위(급부), 지식재산권은 저작·발명 등의 정신적 창작물, 친족권은 친족법상의 지위, 상속권은 상속재산, 인격권은 권리주체 자신, 형성권은 법률관계, 항변권은 항변의 대상이 되는 상대방의 청구권이 그 객체이다.

## (2) 물건의 의의

제98조【물건의 정의】 본 법에서 물건이라 함은 유체물 및 전기 기타 관리할 수 있는 자연력을 말한다.

## (3) 부동산과 동산

제99조【부동산, 동산】 ① 토지 및 그 정착물은 부동산이다.
② 부동산 이외의 물건은 동산이다.

## (4) 주물과 종물★

'물건의 소유자가 그 물건의 상용에 이바지(供)하기 위하여 자기 소유인 다른 물건을 이에 부속'하게 한 경우에, 그 물건을 주물이라고 하고, 주물에 부속된 다른 물건을 종물이라고 한다(제100조 제1항). 배와 노, 시계와 시곗줄이 그 예이다.

## (5) 원물과 과실

① 물건으로부터 생기는 수익을 과실이라고 하고, 과실을 생기게 하는 물건을 원물이라고 한다. 과실은 물건이어야 하고, 또 물건인 원물로부터 생긴 것이어야 한다. 따라서 권리의 과실이나(예 주식배당금·특허권의 사용료 등), 임금과 같은 노동의 대가, 원물의 사용대가로서 노무를 제공받는 것 등은 민법상의 과실이 아니다(통설).

② 민법은 과실을 천연과실과 법정과실로 나눈다. '물건의 용법에 의하여 수취하는 산출물'을 천연과실이라고 하고(제101조 제1항), '물건의 사용대가로 받는 금전 기타 물건'을 법정과실이라고 한다(제101조 제2항).

## 01 권리변동의 일반이론 ★

### (1) 서설(법률요건에 의한 법률효과의 발생)

일정한 원인이 있는 경우에 그 결과로 법률관계의 변동 내지 권리의 변동이 일어난다. 이러한 권리변동의 원인이 되는 것을 법률요건이라고 하며, 그 결과로 생기는 법률관계의 변동을 법률효과라고 한다. 권리변동, 즉 권리·의무의 발생·변경·소멸은 주로 법률행위에 의하여 발생하나, 법률의 규정에 의하는 경우도 있다.

### (2) 권리변동(법률효과)의 모습

#### ① 권리의 발생(취득) – 권리취득의 모습

| 원시취득 | | 특정한 권리가 타인의 권리에 기초함이 없이 특정인에게 새롭게 발생하는 것이다.<br>예 신축건물 소유권취득·선점·유실물습득·선의취득·시효취득·인격권·가족권 등 | |
|---|---|---|
| 승계취득 | 이전적<br>승계 | 특정승계 | 개개의 권리가 각각의 취득원인에 의해서 취득되는 것을 말한다.<br>예 매매·유증·사인증여 등 |
| | | 포괄승계 | 하나의 취득원인에 의해 다수의 권리를 일괄해서 취득하는 것을 말한다.<br>예 상속·포괄유증·회사 합병 등 |
| | 설정적<br>승계 | | 소유권에 기초해 지상권·전세권·저당권을 설정하는 경우처럼, 구권리자는 그의 권리를 보유하면서 신권리자는 소유권이 가지는 권능 중 일부를 취득하는 것을 말한다. |

#### ② 권리의 변경 – 권리변경의 모습

| 주체변경 | | 이전적 승계에 해당한다. |
|---|---|---|
| 내용변경 | 질적 변경 | 선택채권의 선택, 물상대위, 대물변제, 일반채권의 손해배상채권화 등 |
| | 양적 변경 | 물건의 증감, 첨부, 소유권의 객체에 대한 제한물권의 설정 등 |
| 작용변경 | | 저당권의 순위가 변동하는 경우, 대항력이 없던 부동산임차권의 등기완료 등 |

③ **권리의 소멸**: 권리의 소멸로 기존의 권리가 완전히 없어지는 절대적 소멸(건물의 멸실, 소멸시효·변제 등에 의한 채권의 소멸 등)과, 권리가 타인에게 이전되어 종래의 주체가 권리를 잃는 상대적 소멸이 있다.

## (3) 권리변동의 원인(법률요건과 법률사실)

① **법률요건**: 법률효과가 발생하는 데 필요충분조건을 다 갖춘 것이 법률요건이다. 법률요건이란 권리변동을 생기게 하는 법적 원인으로서 의사표시를 요소로 하는 '법률행위'뿐만 아니라 준법률행위·불법행위·부당이득 등 '법률의 규정'을 포함한다.

② **법률사실**

　㉠ **의의**: 법률요건을 구성하는 개개의 사실을 법률사실이라고 한다. 법률요건은 하나의 법률사실로 구성될 수도 있으나, 보통 다수의 법률사실로 이루어진다. 법률사실은 크게 사람의 정신작용에 기초하는 사실(용태)과 그렇지 않은 사실(사건)의 둘로 나누어진다.

　㉡ **법률사실의 분류**

| 용태 | 외부적 용태 | 적법행위 | 법률행위 | | 의사표시를 불가결의 요소로 하는 법률요건으로서, 단독행위, 계약, 합동행위(多)가 이에 속한다. |
|---|---|---|---|---|---|
| | | | 준법률행위 | 표현행위 / 의사의 통지 | 자기의 의사를 타인에게 통지하는 행위로서, 각종 최고, 각종 거절이 이에 속한다. |
| | | | | 표현행위 / 관념의 통지 | 현재 또는 과거의 사실을 알리는 것으로서, 사실의 통지라고도 한다. 사원총회소집통지, 채무승인, 채권양도통지·승낙, 공탁통지, 승낙연착통지 등이 있다. |
| | | | | 표현행위 / 감정의 표시 | 일정한 감정을 표시하는 행위로서, 용서(제556조 제2항, 제841조)가 이에 속한다. |
| | | | | 비표현행위 (사실행위) / 순수사실행위 | 외부적 결과의 발생만 있으면 일정한 효과를 주는 것을 말하며, 매장물 발견, 주소의 설정, 가공, 유실물습득, 특허법상의 발명 등이 있다. |
| | | | | 비표현행위 (사실행위) / 혼합사실행위 | 외부적 결과의 발생 외에 어떤 의식과정이 따를 것을 요구하는 것으로서, 선점, 물건의 인도. 점유의 취득상실 등이 있다. ⊕ 사무관리·부부간 동거(의사사실행위설) |
| | | 위법행위 | 채무불이행(제390조 이하), 불법행위(제750조 이하) | | |

| | 관념적 용태 | 의식이 일정한 사실에 관한 관념 또는 인식으로서, 선의, 악의, 정당한 대리인이라는 인식(제126조)이 이에 속한다. |
|---|---|---|
| 내부적 용태 | 의사적 용태 | 의식이 일정한 의사를 가지는 것으로서, 소유의 의사(제197조), 제3자의 변제에 있어서 채무자의 허용·불허용의 의사(제469조), 사무관리의 본인의 의사(제734조) 등이 있다. |
| 사건 | | 사람의 정신작용에 기하지 않는 법률사실로서, 사람의 출생과 사망, 실종, 시간의 경과, 물건의 자연적인 발생과 소멸, 사람에 의한 천연과실의 분리, 물건의 파괴, 혼화·부합, 부당이득 등이 있다. |

## 02 법률행위의 기초이론 ★

### (1) 법률행위의 의의 및 성질

법률행위는 의사표시를 불가결의 요소로 하는 법률요건을 말한다. 그 법률효과의 내용은 당사자가 의사표시에 의하여 표시한 대로이다.

### (2) 사적자치와 법률행위제도

① **사적자치의 의의와 헌법적 기초**: 사적자치라 함은 개인이 법질서의 한계 내에서 자기의 의사에 기하여 법률관계를 형성할 수 있다는 원칙을 말한다.

② **사적자치의 발현형식**: 민법은 사적자치의 원칙에 터잡고 있다. 따라서 각자는 자기의 법률관계를 자기의 의사에 따라 자주적으로 형성할 수 있는데, 사적자치를 실현하는 법적 수단이 법률행위이다. 법률행위의 자유는 '계약의 자유·유언의 자유·단체설립의 자유'를 포함한다.

③ **사적자치의 한계**: 사적자치 내지 법률행위의 자유는 법질서가 허용하는 한도에서만 인정된다.

### (3) 법률행위의 요건

① **의의**

㉠ 법률행위가 그 효과를 발생하려면 먼저 법률행위로서 '성립'하여야 하고, 그리고 성립된 법률행위가 '유효'한 것이어야 한다.

㉡ 법률행위의 성립요건은 법률행위의 효과를 주장하는 자가 증명하여야 하고, 그 효력요건의 부존재는 그 무효를 주장하는 자가 증명을 하여야 한다.

② **성립요건**

㉠ **일반성립요건**: 법률행위의 성립에 일반적으로 요구되는 요건으로서, 당사자·목적·의사표시의 세 가지가 필요하다는 것이 통설이다.

ⓛ **특별성립요건:** 개별적인 법률행위에서 법률이 그 성립에 관해 특별히 추가하는 요건으로서, 예컨대 질권설정계약에서 물건의 인도(제330조), 대물변제에서 물건의 인도(제466조), 혼인에서 신고(제812조) 등이 그러하다.

③ **효력요건**

㉠ **일반효력요건**

ⓐ 당사자에게 권리능력·의사능력·행위능력이 있어야 한다.

ⓑ 법률행위의 내용(목적)이 확정할 수 있어야 하고, 실현 가능하여야 하며, 강행법규에 위반하지 않아야 하고, 또 사회질서에 위반하지 않아야 한다.

ⓒ 의사표시가 그 효과를 발생하기 위해서는 의사와 표시가 일치하는 것이어야 하며, 사기·강박에 의한 의사표시가 아니어야 한다. 또한 원칙적으로 수령능력 있는 상대방에게 도달하여야 한다.

㉡ **특별효력요건 − 통설에 따른 성립·효력요건**

| 구분 | 일반요건 | | | 특별요건 |
|---|---|---|---|---|
| 성립<br>요건 | 당사자 | 목적 | 의사표시 | 요식행위에 있어서 일정한 방식, 요물계약에 있어서의 목적물의 인도 기타 급부 |
| 효력<br>요건 | 권리능력,<br>의사능력,<br>행위능력 | 확정,<br>가능,<br>적법,<br>사회적<br>타당성 | 의사와<br>표시가<br>일치하고,<br>사기·강박에<br>의한<br>의사표시가<br>아닐 것 | 대리행위에서 대리권의 존재, 미성년자·피한정후견인의 법률행위에 있어서 법정대리인의 동의, 조건부·기한부 법률행위에서 조건의 성취 또는 기한의 도래, 유언에서 유언자의 사망, 학교법인의 기본재산 처분에 있어서 관할청의 허가(사립학교법 제28조), 토지거래허가구역 내의 토지를 거래하는 경우에 당사자가 얻어야 하는 관할관청(시장·군수)의 허가 |

## 03 법률행위의 종류 ★

### (1) 서설

법률행위는 여러 기준에 의해 분류함으로써 그에 관하여 적용되는 법규정 및 법원리를 유형화할 수 있다.

### (2) 단독행위·계약·합동행위

① **단독행위**

㉠ 단독행위는 하나의 의사표시만으로 성립하는 법률행위이며, 일방행위라고도 한다.

ⓛ 단독행위는 '상대방 있는 단독행위'(예 동의 · 철회 · 상계 · 추인 · 취소 · 해제 · 해지 · 채무면제 · 시효이익의 포기 · 제한물권의 포기 등)와 '상대방 없는 단독행위'(예 유언 · 재단법인 설립행위 · 상속의 포기 · 소유권의 포기 등) 두 가지가 있다.

ⓒ 상대방 있는 단독행위는 상대방에 대하여 행하여지는 단독행위로서, 의사표시가 상대방에게 도달하여야 효력이 발생한다(제111조 제1항). 상대방 없는 단독행위는 상대방이 존재하지 않는 단독행위로서, 대체로 의사표시가 있으면 곧 효력이 발생하나, 관청의 수령이 있어야만 효력이 발생하는 것도 있다.

② **계약**

ⓐ 두 개의 대립되는 의사표시의 합치에 의해 성립하는 법률행위로서, 의사표시가 둘이라는 점에서 단독행위와 다르고, 그 복수의 의사표시가 상호 대립하는 점에서 합동행위와 다르다.

ⓛ 좁은 의미의 계약은 채권계약만을 가리키나, 넓은 의미의 계약에는 채권계약뿐만 아니라 물권계약, 준물권계약, 가족법상의 계약 등도 포함된다.

③ **합동행위**: 사단법인의 설립행위와 같이, 방향을 같이하는 두 개 이상의 의사표시가 합치하여 성립하는 법률행위를 말한다(다수설).

## (3) 요식행위 · 불요식행위

법률행위의 자유는 방식의 자유를 포함하기 때문에 불요식행위가 원칙이다. 다만, 법률은 행위자로 하여금 신중하게 행위를 하게 하거나 또는 법률관계를 명확하게 하기 위하여 일정한 방식(서면 · 신고 등)을 요구하는 경우가 있는데, 법인의 설립행위(제40조, 제43조), 혼인(제812조), 인지(제859조), 유언(제1060조 이하) 등이 그러하다.

## (4) 생전행위 · 사후행위

행위자의 사망으로 그 효력이 생기는 법률행위를 사후행위(死後行爲)라 하고, 유언(제1073조)과 사인증여(제562조)가 이에 속한다. 이에 대해 보통의 법률행위를 생전행위라고 한다.

## (5) 채권행위 · 물권행위 · 준물권행위

① **채권행위(의무부담행위)**: 채권행위는 채권 · 채무를 발생시키는 법률행위이다. 이런 점에서 의무부담행위라고도 하며, 이행의 문제가 남아 있지 않은 물권행위 · 준물권행위와 구별된다.

② **처분행위**

　　㉠ **물권행위**: 직접 물권의 변동을 가져오는 법률행위로서 이행의 문제를 남기지 않는다. 처분행위가 유효하기 위해서는 처분자에게 처분권한이 있어야 하고, 그렇지 않은 경우에는 그 행위는 무효이다.

　　㉡ **준물권행위**: 물권 이외의 권리의 변동을 직접 가져오는 법률행위로서, 채권양도 · 지식재산권의 양도 · 채무면제 등이 이에 속한다.

## 04　법률행위의 해석 ★

**(1)** 법률행위의 해석은 법률행위의 내용을 확정하는 작업이다. 궁극적으로 표시로부터 출발하여 의사표시를 한 자의 의사를 밝히는 작업이다. 법률행위의 해석은 의사표시가 존재하는지 여부의 검토를 포함한다.

**(2)** 법률행위의 해석은 법률행위의 성립과 유효 여부를 판단하는 데 선행되는 작업이다. 착오에 의한 취소의 경우에는, '법률행위의 해석은 취소에 앞선다'라는 명제가 있다. 이는 의사와 표시가 외형상 불일치하더라도 법률행위의 해석을 통해 일치하는 것으로 확정되면 착오(제109조)의 문제는 발생하지 않는다는 것이다.

**(3)** 법률행위 해석의 방법은 '자연적 해석', '규범적 해석', '보충적 해석'으로 나누어진다.

## 05　법률행위의 목적 ★

### (1) 총설

법률행위의 목적이란 법률행위를 하는 자가 그 행위에 의하여 발생시키려고 하는 법률효과를 말한다. 법률행위가 유효하기 위해서는 목적이 확정성, 실현가능성, 적법성, 사회적 타당성 요건을 갖추어야 한다(효력요건). 그 요건을 하나라도 갖추지 못하면 법률행위는 무효가 되며, 이 무효는 절대적이다.

### (2) 목적(내용)의 확정성

법률행위의 해석에 의해 그 내용을 확정할 수 있어야 하며, 그 해석에 의해서도 그 내용을 확정할 수 없는 경우에는 그 법률행위는 무효이다.

### (3) 목적(내용)의 가능성

① **서설**

　　㉠ 법률행위의 내용은 실현이 가능하여야 한다. 법률행위 성립 당시에 내용의 실현
　　　이 불가능한 경우에는 그 법률행위는 무효이다(대판 1994.10.25, 94다18232).
　　　실현불가능성에 관해 민법은 '불능'이라고 표현한다.

　　㉡ 목적의 불능은 물리적 불능이나 법률적 불능뿐만 아니라 사회관념상의 불능도
　　　포함한다. 따라서 한강에 가라앉은 반지를 찾아주기로 하는 약정은 무효이다. 그
　　　리고 불능은 확정적이어야 하며, 일시적으로는 불능이더라도 실현될 가능성이
　　　있는 경우에는 불능이 아니다.

② **불능의 종류**

　　㉠ 불능사유의 발생시점에 따라 원시적 불능·후발적 불능으로 나누어진다. 법률행
　　　위의 성립 당시에 불능인 것이 원시적 불능이고, 법률행위의 성립 후 그 이행 전
　　　에 불능으로 된 것이 후발적 불능이다. 그리고 불능의 범위에 따라 전부불능·일
　　　부불능, 법률적 불능·사실적 불능, 객관적 불능·주관적 불능으로 나누어진다.

　　㉡ 원시적·전부 불능은 무효이지만, 계약체결상 과실책임이 문제될 수 있다(제535조).

　　㉢ 후발적 불능은 주로 채권관계에서 문제되는데, 법률행위는 무효로 되지 않는다
　　　(즉, 유효). 그 불능이 채무자의 고의·과실에 의하여 발생한 경우에는 채무불이
　　　행으로서 이행불능이 성립하여 손해배상(제390조), 계약해제(제546조) 대상청
　　　구권(통설·판례)이 인정되며, 그렇지 않은 경우에는 위험부담이 문제된다(제
　　　537조, 제538조).

### (4) 목적(내용)의 적법성

> **제105조 【임의규정】** 법률행위의 당사자가 법령 중의 선량한 풍속 기타 사회질서에 관계없는
> 규정과 다른 의사를 표시한 때에는 그 의사에 의한다.

① 법률행위가 유효하기 위하여서는 그 목적이 적법한 것이어야 한다. 즉, 강행규정은
　사적자치의 한계를 이루고 이에 위반되는 법률행위는 부적법·위법한 것으로서 무효
　이다.

② 강행규정은 법령 중의 선량한 풍속 기타 사회질서에 관계있는 규정을 말하며(제
　105조), 당사자의 의사에 의하여 그 적용을 배제할 수 없다.

③ 반면, 법령 중의 선량한 풍속 기타 사회질서에 관계없는 규정을 임의규정이라고 하
　며, 당사자의 의사에 의하여 그 적용이 배제될 수 있다.

④ 행정법규 중에는 국가가 일정한 행위를 금지 내지 제한하는 내용의 소위 단속법규를 정하는 것이 많이 있는데, 이것도 개인의 의사에 의해 배제할 수 없다는 점에서 강행규정으로서의 성질을 가진다. 문제는 다른 개인과 거래를 하였을 경우에 그 효력 여하이다. 여기서 단속법규를 '효력규정'과 '단속규정'으로 나눈다.

⑤ 행정법규 가운데 특히 경찰법규는 단순한 단속규정이며, 그에 위반하는 행위는 행정법상의 제재를 가하는 것으로 그치고 사법행위는 무효로 되지 않는다. 그에 비하여 효력규정에 위반하는 행위는 무효로 된다.

## (5) 목적(내용)의 사회적 타당성

> **제103조 【반사회질서의 법률행위】** 선량한 풍속 기타 사회질서에 위반한 사항을 내용으로 하는 법률행위는 무효로 한다.
>
> **제746조 【불법원인급여】** 불법의 원인으로 인하여 재산을 급여하거나 노무를 제공한 때에는 그 이익의 반환을 청구하지 못한다. 그러나 그 불법원인이 수익자에게만 있는 때에는 그러하지 아니하다.

① 서설

  ㉠ 법률행위가 강행규정에 위반하지 않더라도 '선량한 풍속 기타 사회질서'에 위반하면 무효이다(제103조). 선량한 풍속이란 사회의 건전한 도덕관념을 말하며, 사회질서란 사회의 평화와 질서를 유지하기 위하여 국민이 지켜야 할 공공적인 질서를 말한다.

  ㉡ 공서양속이라고도 불리는 이 요건은 사회의 기초적 윤리규범에 반하는 법률행위의 효력을 부인하려는 것이다(계약자유의 원칙에 대한 한계). 구체적으로 무엇이 이에 해당하는지는 그 시대, 그 사회의 지배적 윤리의식에 따라 정해진다.

② 사회질서 위반행위의 효과

  ㉠ **법률행위의 무효**

   ⓐ 사회질서에 반하는 사항을 내용으로 하는 법률행위는 무효이다(제103조). 법률행위의 일부만이 사회질서에 반하는 경우에는 일부무효의 법리가 적용된다(제137조).

   ⓑ 사회질서에 반하는 법률행위는 절대적 무효이어서 선의의 제3자에게도 대항할 수 있다(대판 1996.10.25, 96다29151). 예컨대, 부동산의 이중매매가 사회질서에 반하는 경우에 그 계약은 절대적으로 무효이므로, 그 부동산을 제2매수인으로부터 다시 취득한 제3자는, 설사 제2매수인이 당해 부동산의 소유권을 유효하게 취득한 것으로 믿었더라도, 이중매매계약이 유효라고 주장할 수 없다(대판 1996.10.25, 96다29151).

ⓒ 법률행위가 사회질서에 반하여 무효인 경우에 추인의 법리가 적용될 수 없다(대판 1973.5.22, 72다2249).

ⓛ **무효에 따른 법률효과**

ⓐ **이행 전**: 사회질서에 위반된 법률행위는 무효이므로, 그에 기한 이행이 있기 전에는 이행할 필요가 없으며, 상대방도 그 이행을 청구할 수 없다.

ⓑ **이행 후**: 이미 이행이 이루어졌다면 일반적인 경우에는 부당이득반환청구를 인정하지만, 반사회적 법률행위에 기한 경우에는 제746조의 불법원인급여에 해당하여 부당이득반환청구를 부인한다. 나아가 소유권에 기한 반환청구도 인정하지 않는다(통설·판례). 가령, 부첩계약의 대가로 토지의 소유권을 이전하여 주었다면 그 토지를 돌려받을 수 없게 된다.

③ **불공정한 법률행위**

> **제104조【불공정한 법률행위】** 당사자의 궁박, 경솔 또는 무경험으로 인하여 현저하게 공정을 잃은 법률행위는 무효로 한다.

㉠ 불공정한 법률행위는 약자적 지위에 있는 자의 궁박, 경솔 또는 무경험을 이용한 폭리행위를 규제하려는 데 그 목적이 있다(대판 1997.7.25, 97다15371).

㉡ 통설·판례는 불공정한 법률행위는 사회질서에 반하는 법률행위의 일종이며, 따라서 제104조는 제103조의 예시규정에 불과하다고 본다. 그러므로 제104조의 요건을 갖추지 못한 경우에도 제103조에 의하여 무효로 될 수 있다고 할 것이다.

## 06  의사표시

### 1. 흠 있는 의사표시★

### (1) 개관

① 법률행위가 유효하기 위하여는 의사표시에서 의사와 표시가 일치하여야 하며, 의사형성과정에 하자가 있어서는 안 된다.

② 의사와 표시의 불일치에는 진의 아닌 의사표시(제107조), 허위표시(제108조), 착오(제109조)가 있다. 진의 아닌 의사표시와 허위표시는 표의자가 의사와 표시의 불일치를 알고 있는 경우이고, 착오는 표의자가 의사와 표시의 불일치를 알지 못하는 경우이다. 그리고 진의 아닌 의사표시, 허위표시는 표의자가 의사와 표시의 불일치를 알고 있는 점에서는 같으나, 상대방과의 통정이 있었는지 여부에 따라 다르다.

③ 하자 있는 의사표시에는 사기·강박에 의한 의사표시(제110조)가 있다. 이는 의사의 형성과정에 하자(부당한 간섭)가 존재하는 경우이다.

## (2) 진의 아닌 의사표시(비진의표시, 심리유보)

> **제107조【진의 아닌 의사표시】** ① 의사표시는 표의자가 진의 아님을 알고 한 것이라도 그 효력이 있다. 그러나 상대방이 표의자의 진의 아님을 알았거나 이를 알 수 있었을 경우에는 무효로 한다.
> ② 전항의 의사표시의 무효는 선의의 제3자에게 대항하지 못한다.

① **의의**: 진의 아닌 의사표시라 함은 표시행위의 의미가 표의자의 진의와 다르다는 것, 의사와 표시의 불일치를 표의자 스스로 알면서 하는 의사표시를 말한다. 예컨대, 회사의 지시로 사직의 의사 없는 근로자가 사직서를 제출한 경우이다.

② **효과**

    ㉠ **원칙**: 비진의표시는 상대방 있는 의사표시이든 상대방 없는 의사표시이든 표시한 대로 그 효과가 발생한다(제107조 제1항 본문).

    ㉡ **예외**

        ⓐ 상대방 있는 의사표시에서, 상대방이 표의자의 '진의 아님을 알았거나 알 수 있었을 경우'에는 무효이다(제107조 제1항 단서). 진의 아닌 의사표시의 무효를 주장하는 자가 이에 대한 증명책임을 진다(대판 1992.5.22, 92다2295).

        ⓑ 비진의표시가 예외적으로 무효로 되는 경우에, 그 무효는 선의의 제3자에게 대항하지 못한다(제107조 제2항).

## (3) (통정)허위표시

> **제108조【통정한 허위의 의사표시】** ① 상대방과 통정한 허위의 의사표시는 무효로 한다.
> ② 전항의 의사표시의 무효는 선의의 제3자에게 대항하지 못한다.

① **의의**

    ㉠ 허위표시라 함은 상대방과 통정하여 하는 허위의 의사표시를 말한다. 즉, 표의자가 허위의 의사표시를 하면서 그에 관하여 상대방과의 사이에 합의가 있는 경우이다(대판 1998.9.4, 98다17909).

    ㉡ 허위표시를 요소로 하는 법률행위를 가리켜 가장행위라고 한다. 채무자가 자기 소유의 부동산에 대한 채권자의 강제집행을 면하기 위하여 타인과 상의하여 부동산을 그 자에게 매도한 것으로 하고 소유권이전등기를 한 경우가 그 예이다.

② 효과

　㉠ 당사자간의 효과

　　ⓐ **무효**: 허위표시는 당사자간에는 언제나 '무효'이다(제108조 제1항). 따라서 이행을 하지 않았으면 이행할 필요가 없고, 이행한 후이면 부당이득반환청구를 할 수 있다. 불법원인급여(제746조)의 적용은 없다(통설·판례). 따라서 소유권에 기한 물권적 청구권도 행사할 수 있다(**예** 등기말소청구 등). 그리고 채권자는 채무자의 부당이득반환청구권을 대위행사할 수 있다.

　　ⓑ **허위표시와 채권자취소권(제406조와의 관계)**: 허위표시가 민법 제406조의 요건을 충족한 경우에 허위표시를 한 채무자의 채권자는 채권자취소권을 행사할 수 있다(대판 1984.7.24, 84다카68). 이는 무효와 취소의 이중효에 근거한다.

　㉡ 제3자에 대한 효력

　　ⓐ **서언**: 가장행위는 당사자 사이에서는 언제나, 제3자에 대해서도 원칙적으로 무효이다. 거래의 안전을 위하여 민법은 허위표시의 무효를 선의의 제3자에게 대항하지 못한다고 규정한다(제108조 제2항).

　　ⓑ **제3자의 범위**: 일반적으로 제3자란 당사자와 그 포괄승계인 이외의 자를 말하지만, 제108조 제2항에서 말하는 제3자는 위와 같은 제3자 중 허위표시를 기초로 하여 실질적으로 새로운 이해관계를 맺은 자로 한정된다(통설·판례).

　　ⓒ **제3자의 선의**: 제108조 제2항의 선의라 함은 의사표시가 허위표시임을 알지 못하는 것이다. 제3자가 보호되기 위하여 선의이면 족하고, 무과실까지 요구하는 것은 아니다(통설, 대판 2004.5.28, 2003다70041). 제3자는 특별한 사정이 없는 한 선의로 추정할 것이므로, 제3자가 악의라는 사실에 관한 주장·증명책임은 그 허위표시의 무효를 주장하는 자에게 있다(대판 2006.3.10, 2002다1321).

## (4) 착오로 인한 의사표시

> **제109조【착오로 인한 의사표시】** ① 의사표시는 법률행위의 내용의 중요부분에 착오가 있는 때에는 취소할 수 있다. 그러나 그 착오가 표의자의 중대한 과실로 인한 때에는 취소하지 못한다.
> ② 전항의 의사표시의 취소는 선의의 제3자에게 대항하지 못한다.

① 착오란 의사와 표시가 불일치하고 그 불일치를 표의자 자신이 모르는 것을 말한다(대판 1985.4.23, 84다카890).

② 착오에 의한 의사표시는 일단은 유효하다(잠정적 · 유동적 유효). 표의자는 법률행위의 내용의 중요부분의 착오에 의한 의사표시를 취소할 수 있다(제109조 제1항).

③ 착오를 이유로 의사표시가 적법하게 취소되면, 그 의사표시를 요소로 하는 법률행위가 처음부터 무효인 것으로 간주된다(제141조 본문). 취소권은 권리자의 일방적인 의사표시에 의하여 당사자 사이의 법률관계를 변동케 하는 효력이 있으므로, 형성권에 속한다.

## (5) 사기 · 강박에 의한 의사표시

> **제110조 【사기, 강박에 의한 의사표시】** ① 사기나 강박에 의한 의사표시는 취소할 수 있다.
> ② 상대방 있는 의사표시에 관하여 제3자가 사기나 강박을 행한 경우에는 상대방이 그 사실을 알았거나 알 수 있었을 경우에 한하여 그 의사표시를 취소할 수 있다.
> ③ 전2항의 의사표시의 취소는 선의의 제3자에게 대항하지 못한다.

① 사기나 강박에 의한 의사표시는 의사표시가 타인의 부당한 간섭으로 말미암아 방해된 상태에서 자유롭지 못하게 행하여지는 것을 말한다.

② 사기나 강박이란 남을 속이거나 위협하여 그로 하여금 의사표시를 하게 하는 것을 말한다. 이러한 의사표시에 있어서는 의사와 표시의 불일치는 존재하지 않으며, 단지 의사의 형성과정에 하자가 존재한다(대판 2005.5.27, 2004다43824).

## 2. 의사표시의 효력발생

## (1) 총설

상대방 없는 의사표시는 원칙적으로 표시행위가 완료된 때에 효력을 발생하며(표백주의), 특별한 문제가 없다. 그러나 상대방 있는 의사표시의 경우에는 표시행위에 의하여 효과의사가 외부에서 알 수 있는 상태로 됨으로써 충분한 것이 아니라, 표시행위가 바로 그 상대방을 향하여 행해져야 한다. 그 의사표시에 있어서는 의사표시의 효력발생시기, 의사표시의 수령능력, 상대방이 누구인지를 모르는 경우 등에 어떻게 하여야 하는가 등이 문제된다.

## (2) 상대방 있는 의사표시의 효력발생시기

> **제111조 【의사표시의 효력발생시기】** ① 상대방이 있는 의사표시는 상대방에게 도달한 때에 그 효력이 생긴다.
> ② 의사표시자가 그 통지를 발송한 후 사망하거나 제한능력자가 되어도 의사표시의 효력에 영향을 미치지 아니한다.

① 상대방 있는 의사표시는 보통 표의자에 의한 '표백 ⇨ 발신 ⇨ 상대방에의 도달 ⇨ 상대방의 요지'의 단계를 거친다. 의사표시의 효력발생에 관한 입법주의로 표백주의, 발신주의[민법상 제15조, 제71조, 제131조, 제455조, 제531조. 상법상 격지자간 청약의 구속력, 청약의 낙부(諾否) 통지], 도달주의(우리 민법의 원칙), 요지주의가 있다.

② 상대방 있는 의사표시는 격지자이냐 또는 대화자이냐를 구별하지 않고 표시행위가 상대방에게 도달한 때로부터 그 효력이 생긴다(제111조 제1항).

## 07  법률행위의 대리

### 1. 서설

#### (1) 대리의 의의

① 대리란 타인(대리인)이 본인의 이름으로 의사표시를 하거나 또는 의사표시를 받음으로써 그 법률효과가 직접 본인에 관하여 생기게 하는 제도이다.

② 대리는 원칙적으로 의사표시 또는 그것을 요소로 하는 법률행위에 한하여 인정된다(제114조 제1항).

#### (2) 대리의 종류

① **임의대리와 법정대리**: 대리권이 본인의 의사에 기초하여 주어지는 것이 임의대리이고, 대리권이 법률의 규정에 의하여 주어지는 것이 법정대리이다.

② **능동대리와 수동대리**: 본인을 위하여 제3자에 대하여 의사표시를 하는 대리가 능동대리이고, 본인을 위하여 제3자의 의사표시를 수령하는 대리가 수동대리이다. 특별한 사정이 없는 한 대리인은 위 두 가지 대리권을 모두 가지는 것으로 해석된다.

③ **유권대리와 무권대리**: 대리인으로 행동하는 자에게 대리권이 있는 경우가 유권대리이고, 대리권이 없는 경우가 무권대리이다.

#### (3) 대리의 3면관계

대리에서는 본인·대리인·상대방의 3면관계가 형성된다.

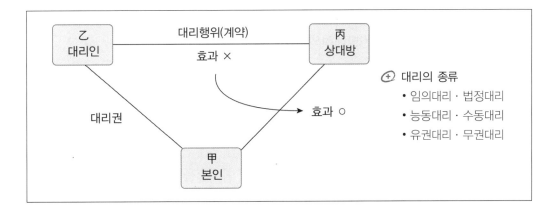

## 2. 유권대리

### (1) 대리권

① **의의**: 대리권이란 타인(대리인)이 본인의 이름으로 의사표시를 하거나 또는 의사표시를 받음으로써 직접 본인에게 법률효과를 발생시키는 법률상의 지위 또는 자격이다. 대리권은 권리가 아니며 일종의 권한이다.

② **대리권의 범위와 그 제한**

　㉠ **대리권의 범위**

　　ⓐ **법정대리권의 범위**: 법정대리권의 범위는 각종의 법정대리인에 관한 규정의 해석에 의하여 결정된다.

　　ⓑ **임의대리권의 범위**

　　• **일반론(수권행위의 해석)**: 임의대리권은 수권행위에 의하여 주어지므로, 그 구체적 범위의 결정은 수권행위의 해석의 문제로서, 의사표시해석의 일반원칙에 따라 이를 결정하여야 한다.

　　• **보충규정으로서 제118조**

> **제118조【대리권의 범위】** 권한을 정하지 아니한 대리인은 다음 각 호의 행위만을 할 수 있다.
> 1. 보존행위
> 2. 대리의 목적인 물건이나 권리의 성질을 변하지 아니하는 범위에서 그 이용 또는 개량하는 행위

　　제118조는 대리권은 있으나 그 범위가 분명하지 아니한 경우를 위한 보충적 규정이다. 제118조에 의하면 관리행위만을 할 수 있고, 처분행위는 할 수 없다.

ⓛ 대리권의 제한
    ⓐ **자기계약 및 쌍방대리의 금지**

> **제124조 【자기계약, 쌍방대리】** 대리인은 본인의 허락이 없으면 본인을 위하여 자기와 법률행위를 하거나 동일한 법률행위에 관하여 당사자 쌍방을 대리하지 못한다. 그러나 채무의 이행은 할 수 있다.

자기계약과 쌍방대리는 원칙적으로 금지된다(제124조). 그것은 본인과 대리인 사이의 이해충돌 또는 본인간의 이해충돌을 막기 위해서이다(통설). 즉, 본인의 이익을 보호하기 위해서이다.

    ⓑ **위반의 효과**: 제124조에 위반한 대리행위는 확정적 무효가 아니고 무권대리로 된다. 즉, 본인에 대하여 무효이지만, 본인의 추인에 의하여 유효로 될 수 있다.

③ **공동대리**

> **제119조 【각자대리】** 대리인이 수인인 때에는 각자가 본인을 대리한다. 그러나 법률 또는 수권행위에 다른 정하는 바가 있는 때에는 그러하지 아니하다.

ⓐ **의의 및 취지**: 대리인이 수인인 경우에는 원칙적으로 대리인 각자가 본인을 대리한다(각자대리. 제119조 본문). 즉, 단독대리가 원칙이다. 그러나 법률 또는 수권행위에서 수인의 대리인이 공동으로만 대리할 수 있는 것으로 정한 경우에는 공동으로 대리하여야 한다.

ⓛ **위반의 효과**: 공동대리에 위반한 대리행위는 무권대리가 된다. 다만, 본인의 추인이 있으면 유효로 되고, 나아가 제126조의 표현대리가 성립할 여지가 많을 것이다.

## (2) 대리행위

① **현명주의**

> **제114조 【대리행위의 효력】** ① 대리인이 그 권한 내에서 본인을 위한 것임을 표시한 의사표시는 직접 본인에게 대하여 효력이 생긴다.
> ② 전항의 규정은 대리인에게 대한 제3자의 의사표시에 준용한다.
>
> **제115조 【본인을 위한 것임을 표시하지 아니한 행위】** 대리인이 본인을 위한 것임을 표시하지 아니한 때에는 그 의사표시는 자기를 위한 것으로 본다. 그러나 상대방이 대리인으로서 한 것임을 알았거나 알 수 있었을 때에는 전조 제1항의 규정을 준용한다.

ⓐ 대리인은 대리행위를 함에 있어서 '본인을 위한 것임을 표시'하여야 하는데(제114조), 이를 현명주의라고 한다. 수동대리에서는 상대방 쪽에서 본인에 대한 의사표시임을 표시하여야 한다(통설).

ⓛ 대리인이 본인을 위한 것임을 표시하지 아니한 때에는 그 의사표시는 자기를 위한 것으로 본다(제115조 본문). 따라서 대리인이 법률관계의 당사자로 간주되므로 내심의 의사와 표시가 일치하지 않음을 근거로 착오를 주장하지 못한다. 그러나 '상대방이 대리인으로서 한 것임을 알았거나 알 수 있었을 때'에는 대리행위로서 본인에게 효력을 발생한다(제115조 단서).

② **대리행위의 하자(흠)**

> **제116조【대리행위의 하자】** ① 의사표시의 효력이 의사의 흠결, 사기, 강박 또는 어느 사정을 알았거나 과실로 알지 못한 것으로 인하여 영향을 받을 경우에 그 사실의 유무는 대리인을 표준으로 하여 결정한다.
> ② 특정한 법률행위를 위임한 경우에 대리인이 본인의 지시에 좇아 그 행위를 한 때에는 본인은 자기가 안 사정 또는 과실로 인하여 알지 못한 사정에 관하여 대리인의 부지를 주장하지 못한다.

　ⓐ **원칙**

　　ⓐ 대리에서 법률행위를 하는 자는 대리인이므로, 대리행위에서 '의사의 흠결, 사기, 강박 또는 어느 사정을 알았거나 과실로 알지 못한 것'은 '대리인을 표준'으로 하여 결정하여야 한다(제116조 제1항). 따라서 본인이 사기·강박을 당한 경우에는 취소권이 인정되지 않는다. 그러나 대리행위의 하자로 인하여 발생하는 효과는 원칙적으로 본인에게 귀속된다.

　　ⓑ 대리인이 매도인의 배임행위에 적극 가담하여 2중매매계약을 체결한 경우에 대리행위의 하자 유무는 대리인을 표준으로 판단하여야 하므로, 본인이 이를 몰랐거나 반사회성을 야기하지 않았을지라도 반사회질서행위가 부정되지 않는다(대판 1998.2.27, 97다45532).

　ⓛ **예외**: 대리의 경우 본인은 법률행위의 당사자는 아니지만 법률효과는 직접 본인에게 생기므로, 대리인이 선의일지라도 본인이 악의인 때에는 본인을 보호할 필요가 없다. 그리하여 민법은 "특정한 법률행위를 위임한 경우에 대리인이 본인의 지시에 좇아 그 행위를 한 때에는 본인은 자기가 안 사정 또는 과실로 인하여 알지 못한 사정에 관하여 대리인의 부지를 주장하지 못한다."고 규정한다(제116조 제2항).

③ **대리인의 능력**

> **제117조【대리인의 행위능력】** 대리인은 행위능력자임을 요하지 아니한다.

대리인은 행위능력자임을 요하지 않는다(제117조). 그 결과 제한능력자인 대리인이 대리행위를 한 때에도 그 행위는 취소할 수 없다. 물론 적어도 의사능력은 가지고 있어야 한다.

## (3) 대리의 효과

대리인이 한 의사표시의 효과는 모두 '직접' 본인에게 생긴다(제114조). 예컨대, 대리인이 주택을 매수한 경우, 소유권이전등기청구권과 이에 부수하는 하자담보청구권, 계약불이행시의 손해배상청구권 및 해제권, 대리행위의 하자로 인한 취소권 등의 권리취득과 대금지급의무의 부담이 모두 본인에게 귀속된다.

## (4) 복대리

① **의의**: 복대리란 대리인의 수권행위에 의한 또 하나의 대리를 말한다. 복대리인은 대리인이 그의 권한 내의 행위를 행하게 하기 위하여 대리인 자신의 이름으로(즉, 대리인의 권한으로) 선임한 본인의 대리인으로서, 그 선임권을 복임권, 선임행위를 복임행위라고 한다. 복임행위는 대리인의 대리행위가 아니다.

② **복대리인의 법적 성질**

   ㉠ 복대리인은 본인의 대리인이고, 대리인의 대리인이 아니다.

   ㉡ 복대리인은 대리인이 자신의 권한 및 이름으로 선임한 자로서, 임의대리인이다.

   ㉢ 복대리인을 선임한 후에도 대리인의 대리권은 소멸하지 않고 복대리인의 복대리권과 병존한다.

## 3. 무권대리

## (1) 총설

① **개관**

   ㉠ 대리인이 한 법률행위의 효과가 본인에게 귀속되기 위하여는 '대리인'이 '대리권의 범위 내에서' '대리행위'를 하여야 한다. 따라서 대리인이 대리권 없이 대리행위를 하거나 또는 대리권이 있더라도 대리권의 범위를 이탈하여 의사표시를 한 때에는 원칙적으로 대리의 효과가 발생할 수 없다. 이를 무권대리라고 한다.

   ㉡ 민법은 제130조를 포함하여 7개 조항에서 무권대리의 효력에 관하여 규정하고 있으며, 제125조, 제126조 및 제129조에서 표현대리에 관하여 규정하고 있다. 즉, 이러한 무권대리에는 표현대리와 좁은 의미의 무권대리가 있다.

② **협의의 무권대리와 표현대리**: 통설은 표현대리와 협의의 무권대리를 포괄하는 상위 개념으로서의 무권대리를 광의의 무권대리라고 한다. 광의의 무권대리에는 거래안전을 위해 상대방을 보호하여야 하는 경우가 생기고, 이를 위하여 민법은 표현대리 규정을 두고 있다. 협의의 무권대리를 논하기 위해서는 논리적으로 표현대리규정의 적용가능성을 먼저 검토하여야 한다.

## (2) 표현대리

### ① 표현대리 총설

#### ㉠ 표현대리의 개념 및 유형

ⓐ 표현대리제도는 대리제도의 신용을 유지하고 대리인과 거래하는 제3자의 이익을 보호하기 위한 것으로서, 당해 사항에 관하여 본인으로부터 직접 대리권을 수여받지 않았지만 상대방의 입장에서 대리권이 있는 것과 같은 외관이 있는 경우에 대리의 효과가 인정되는 것을 말한다.

ⓑ 민법이 규정한 세 가지 유형 이외의 표현대리는 인정되지 않는다. 즉, 제3자에 대하여 타인에게 대리권 부여사실을 표시한 경우(제125조), 대리인이 그 권한 외의 행위를 하였을 경우(제126조), 대리권의 소멸을 모르는 제3자에게 대한 경우(제129조)에 한한다(대판 1955.7.7, 4287민상366).

#### ㉡ 표현대리의 법적 성질 및 효과

ⓐ 표현대리의 법적 성질에 관하여 통설은 외관책임설(무권대리설)이다. 판례도, '표현대리의 법리는 거래의 안전을 위하여 어떠한 외관적 사실을 야기한데 원인을 준 자는 그 외관적 사실을 믿음에 정당한 사유가 있다고 인정되는 자에 대하여는 책임이 있다는 일반적인 권리외관이론에 그 기초를 두고 있는 것'이라고 하여 통설과 같다(대판 1998.5.29, 97다55317).

ⓑ 본인은 표현대리인의 행위에 대하여 '책임이 있다'(제125조, 제126조), 제129조에서는 '대항하지 못한다'고 표현하고 있으나 같은 의미로 해석할 수 있다. 상대방이 표현대리를 주장하는 경우에 본인은 무권대리행위라는 이유로 그 효과가 자기에게 미치는 것을 거부할 수 없다.

### ② 대리권수여의 표시에 의한 표현대리(제125조)

> **제125조【대리권수여의 표시에 의한 표현대리】** 제3자에 대하여 타인에게 대리권을 수여함을 표시한 자는 그 대리권의 범위 내에서 행한 그 타인과 그 제3자간의 법률행위에 대하여 책임이 있다. 그러나 제3자가 대리권 없음을 알았거나 알 수 있었을 때에는 그러하지 아니하다.

㉠ 본인이 타인에게 대리권을 실제로는 주지 않았으나 본인이 제3자에 대하여 타인에게 대리권을 수여하였음을 표시함으로써 '성립의 외관'이 존재하는 경우에 관한 것이다.

㉡ 본인에 의한 대리권수여의 표시는 반드시 대리권 또는 대리인이라는 말을 사용하여야 하는 것이 아니라 사회통념상 대리권을 추단할 수 있는 직함이나 명칭 등의 사용을 승낙 또는 묵인한 경우에도 대리권수여의 표시가 있는 것으로 볼 수 있다(대판 1998.6.12, 97다53762*).

\* 호텔 등의 시설이용 우대회원 모집계약을 체결하면서 자신의 판매점, 총대리점 또는 연락사무소 등의 명칭을 사용하여 회원모집 안내를 하거나 입회계약을 체결하는 것을 승낙 또는 묵인하였다면 민법 제125조의 표현대리가 성립할 여지가 있다.

③ **권한을 넘은 표현대리(제126조)**

> **제126조 【권한을 넘은 표현대리】** 대리인이 그 권한 외의 법률행위를 한 경우에 제3자가 그 권한이 있다고 믿을 만한 정당한 이유가 있는 때에는 본인은 그 행위에 대하여 책임이 있다.

　㉠ 제126조는 대리인이 대리권의 범위를 넘는 대리행위를 한 경우에, 일정한 요건 하에 대리권의 범위 안에서 대리행위를 한 경우에서와 같은 법률관계를 인정한다. '범위의 외관'이 존재하는 경우이다.

　㉡ 가령, 임야 불하의 동업계약을 체결할 수 있는 대리권을 가지고 있는 자가 본인 소유의 부동산을 매도한 경우(대판 1963.11.21, 63다418), 등기신청의 대리권을 가지고 있는 자가 대물변제를 한 경우(대판 1978.3.28, 78다282)에도 제126조의 표현대리가 성립할 수 있다.

④ **대리권소멸 후의 표현대리(제129조)**

> **제129조 【대리권소멸 후의 표현대리】** 대리권의 소멸은 선의의 제3자에게 대항하지 못한다. 그러나 제3자가 과실로 인하여 그 사실을 알지 못한 때에는 그러하지 아니하다.

　㉠ 제129조는 대리권이 소멸하여 대리권이 없게 된 자가 대리행위를 한 경우, 현재도 대리권이 있다고 믿은 상대방을 보호하기 위한 규정이다. 대리권 '존속의 외관'이 존재하는 경우이다.

　㉡ 제129조는 그 효과로 "제3자에 대항하지 못한다."라고 규정하는바, 표현이 제125조나 제126조와 다르지만, 그 의미는 마찬가지이다.

## (3) 협의의 무권대리

① **서설**

　㉠ 무권대리 가운데 표현대리가 아닌 경우가 좁은 의미(협의)의 무권대리이다. 표현대리에 해당할지라도 상대방이 표현대리를 주장하지 않으면 협의의 무권대리이다.

　㉡ 민법은 계약에 있어서의 무권대리와 단독행위에 있어서의 무권대리(제136조)를 구별하여 규정하고 있다.

② **계약의 무권대리**

　㉠ **본인과 상대방 사이의 효과**

> **제130조 【무권대리】** 대리권 없는 자가 타인의 대리인으로 한 계약은 본인이 이를 추인하지 아니하면 본인에 대하여 효력이 없다.

ⓐ **원칙**: 무권대리는 확정적 무효가 아니고, 유동적 무효상태에 있다. 민법은 본인에게는 무권대리행위에 대한 추인권(제130조, 제132조, 제133조) 혹은 추인거절권(제132조)을, 상대방에게는 최고권(제131조) 혹은 철회권(제134조)을 인정한다.

ⓑ **본인의 추인권**

> **제132조【추인, 거절의 상대방】** 추인 또는 거절의 의사표시는 상대방에 대하여 하지 아니하면 그 상대방에 대항하지 못한다. 그러나 상대방이 그 사실을 안 때에는 그러하지 아니하다.

- **추인의 성질**: 무권대리행위는 그 효력이 불확정상태에 있다가 본인의 추인 유무에 따라 본인에 대한 효력발생 여부가 결정되는 것인바, 그 추인은 무권대리행위가 있음을 알고 그 행위의 효과를 자기에게 귀속시키도록 하는 단독행위이다(대판 1995.11.14, 95다28090). 추인은 사후에 대리권을 수여하는 것이 아니며, 소급효를 지닌 일종의 형성권을 행사하는 것이다.

- **추인의 효과**

> **제133조【추인의 효력】** 추인은 다른 의사표시가 없는 때에는 계약시에 소급하여 그 효력이 생긴다. 그러나 제3자의 권리를 해하지 못한다.

추인시에 새로운 계약이 체결된 것처럼 되는 것이 아니라, 무권대리인이 체결한 계약 당시로 소급하여 처음부터 유권대리행위와 동일한 효력이 당사자에게 발생하는 것이다(대판 1965.10.26, 65다1677).

ⓒ **본인의 추인거절권**: 추인을 거절하면 본인에 대하여 확정적 무효로 되며, 본인은 다시 추인할 수 없다. 상대방도 최고권이나 철회권을 행사할 수 없다. 추인의 거절은 추인의 의사가 없음을 외부에 표시하는 것이므로 '의사의 통지'로서 준법률행위이다.

ⓓ **상대방의 최고권**

> **제131조【상대방의 최고권】** 대리권 없는 자가 타인의 대리인으로 계약을 한 경우에 상대방은 상당한 기간을 정하여 본인에게 그 추인 여부의 확답을 최고할 수 있다. 본인이 그 기간 내에 확답을 발하지 아니한 때에는 추인을 거절한 것으로 본다.

상대방은 상당한 기간을 정하여 본인에게 무권대리행위의 추인 여부의 확답을 최고할 수 있다. 본인이 그 기간 내에 확답을 발하지 아니한 때에는 (발신주의) 추인을 거절한 것으로 본다(제131조). 악의의 상대방도 최고할 수 있다.

민법 | 2025 해커스 주택관리사(보) 1차 기초입문서

ⓔ **상대방의 철회권**

> **제134조【상대방의 철회권】** 대리권 없는 자가 한 계약은 본인의 추인이 있을 때까지 상대방은 본인이나 그 대리인에 대하여 이를 철회할 수 있다. 그러나 계약 당시에 상대방이 대리권 없음을 안 때에는 그러하지 아니하다.

철회는 본인의 추인(또는 추인거절)이 있기 전에 한해 할 수 있다. 다만, 본인이 무권대리인에게 추인의 의사표시를 한 경우에는 상대방이 그 사실을 알 때까지는 철회할 수 있다(제132조 단서). 계약의 철회는 본인이나 무권대리인에 대하여 하여야 하며, 선의의 상대방만이 철회할 수 있다(제134조).

ⓛ **무권대리인과 상대방 사이의 효과**

> **제135조【상대방에 대한 무권대리인의 책임】** ① 다른 자의 대리인으로서 계약을 맺은 자가 그 대리권을 증명하지 못하고 또 본인의 추인을 받지 못한 경우에는 그는 상대방의 선택에 따라 계약을 이행할 책임 또는 손해를 배상할 책임이 있다.
> ② 대리인으로서 계약을 맺은 자에게 대리권이 없다는 사실을 상대방이 알았거나 알 수 있었을 때 또는 대리인으로서 계약을 맺은 사람이 제한능력자일 때에는 제1항을 적용하지 아니한다.

민법은 상대방 및 거래의 안전을 보호하고 대리제도의 신용을 유지하기 위하여, 무권대리인에게 무거운 책임을 지우고 있다(제135조). 무권대리인의 이 책임은 과실을 요건으로 하지 않는 무과실의 법정책임이며(대판 1962.4.12, 61다1021), 무권대리행위가 제3자의 기망이나 문서위조 등 위법행위로 야기되었다고 하더라도 책임은 부정되지 아니한다(대판 2014.2.27, 2013다213038).

ⓒ **본인과 무권대리인의 관계:** 본인이 추인한 경우 내부적 기초관계가 없다면, 일반원칙에 따라 사무관리(제734조 이하)·부당이득(제741조 이하)·불법행위(제750조 이하)의 문제로 취급하면 족하다(통설). 본인이 추인을 거절한 경우에는 본인에 대하여 효력이 없다.

③ **단독행위의 무권대리**

㉠ **상대방 없는 단독행위:** 상대방 없는 단독행위는 언제나 무효이다. 본인의 추인이 있더라도 무효이다.

㉡ **상대방 있는 단독행위**

> **제136조【단독행위와 무권대리】** 단독행위에는 그 행위 당시에 상대방이 대리인이라 칭하는 자의 대리권 없는 행위에 동의하거나 그 대리권을 다투지 아니한 때에 한하여 전6조의 규정을 준용한다. 대리권 없는 자에 대하여 그 동의를 얻어 단독행위를 한 때에도 같다.

ⓐ 계약의 해제·채무의 면제·상계 등 상대방 있는 단독행위도 원칙적으로 무효이지만, 제136조는 능동대리와 수동대리로 나누어 예외적으로 계약의 무권대리에 관한 규정을 준용한다(제136조).

ⓑ 능동대리의 경우 '상대방이 대리권 없는 행위에 동의하거나 또는 그 대리권을 다투지 아니한 경우'에는 계약의 무권대리의 규정이 준용된다(제136조 1문).

ⓒ 수동대리의 경우 '상대방이 대리권 없는 자에 대하여 그 동의를 얻어' 단독행위를 한 경우에는 계약의 무권대리의 규정이 준용된다(제136조 2문).

## 08 법률행위의 무효와 취소

### 1. 총설

**(1)** 법률행위의 효력은 그 논리적 전제로서 확정된 내용을 가진 법률행위가 존재하여야 한다. 당사자들 사이에 법률행위가 성립하였더라도 법이 정한 유효요건을 갖추지 않으면 그 법률행위는 효력을 가질 수 없다. 즉, 무효 또는 취소의 효과가 생긴다.

**(2)** 법은 효력부여가 거부되는 경우를, 법률행위를 무효로 할 권리를 가진 사람이 그 권리를 행사함으로써 비로소 무효로 되는 경우와 처음부터 무효인 경우로 나누고, 전자를 취소, 후자를 무효라고 한다.

| 구분 | 법률행위의 무효 | 법률행위의 취소 |
|---|---|---|
| 주장권자 및 주장 요부 | 누구라도 주장할 수 있으며, 주장 유무를 불문하고 처음부터 당연히 효력이 발생하지 않는다. | 취소권자에 한하여 주장할 수 있으며, 취소권자의 주장이 있어야 비로소 효력이 없어진다. |
| 법률행위의 효력에 미치는 영향 | 처음부터 효력이 없는 것으로 다루어진다. | 취소하기 전까지는 일단 유효한 것으로 다루어진다(단, 취소권행사 후에는 취소의 소급효로 인해 무효와 동일함). |
| 추인의 허용 여부 | 원칙적으로 허용되지 않으며, 다만 당사자가 그 무효임을 알고 추인한 때에는 새로운 법률행위로 보며(제139조), 제3자의 권리를 해치지 않는 범위 내에서 소급적 추인을 할 수 있다(통설). | 추인에 의해 법률행위는 확정적으로 유효로 되며(제143조), 또한 법정추인제도를 인정하여 일정한 경우 법률상 당연히 추인이 있었던 것으로 보는 경우도 있다(제145조). |

| 시간의 경과에 따른 효력변동 여부 | 시간이 경과하더라도 효력의 변동이 생기지 않는다. 따라서 방치하더라도 무효원인이 치유되지는 않는다. | 일정한 시간이 경과하면 취소권은 소멸하여 확정적으로 유효하게 된다(제146조에 의하면 추인가능한 날로부터 3년, 법률행위를 한 날로부터 10년). |
|---|---|---|
| 민법규정<br>(사유) | ① 의사무능력자의 법률행위<br>② 원시적 불능인 법률행위<br>③ 반사회질서행위(제103조)<br>④ 불공정한 법률행위(제104조)<br>⑤ 강행법규(효력규정) 위반의 법률행위(제105조)<br>⑥ 비진의표시(제107조 제1항 단서)<br>⑦ 허위표시(제108조)<br>⑧ 불법조건이 붙은 경우(제151조) | ① 제한능력자의 행위(제5조, 제10조, 제13조)<br>② 착오에 의한 의사표시(제109조)<br>③ 사기·강박에 의한 의사표시(제110조) |

## 2. 법률행위의 무효

### (1) 무효 일반

① **무효의 의의**: 법률행위의 무효란 법률행위가 성립한 때부터 법률상 당연히 그 효력이 발생하지 않는 것이 확정되어 있는 것을 말한다. 법률행위의 무효는 이른바 '법률행위의 부존재'와는 구별되어야 한다. 법률행위가 성립요건을 갖추지 못한 때를 '법률행위의 부존재'라고 하고, 성립요건은 갖추었으나 효력요건을 갖추지 못한 때를 '법률행위의 무효'라고 한다.

② **무효의 종류**

  ㉠ **절대적 무효와 상대적 무효**: 절대적 무효는 법률행위의 당사자뿐만 아니라 제3자에 대한 관계에서도 효력이 없다. 반면 상대적 무효는 당사자 사이에서는 무효이지만, 무효로써 선의의 제3자에게 대항하지 못하는 경우를 말한다(제107조 제2항, 제108조 제2항). 절대적 무효가 원칙이지만, 예외적으로 비진의표시가 무효인 경우(제107조 제2항) 또는 허위표시의 무효(제108조 제2항)는 상대적 무효이다.

  ㉡ **당연무효와 재판상 무효**: 당연무효는 법률행위를 무효로 하기 위하여 어떤 특별한 행위나 절차가 필요하지 않은 무효이고, 재판상 무효는 소에 의하여서만 주장할 수 있는 무효이다. 재판상 무효는 원고적격과 출소기간이 제한되어 있다. 당연무효가 원칙이나, 회사설립의 무효(상법 제184조), 회사합병의 무효(상법 제236조)와 같이 재판상 무효의 경우도 있다.

③ **확정적 무효와 유동적 무효**: 법률행위의 무효는 확정적으로 효력이 발생하지 않는 것이 원칙이다. 유동적 무효는 법률행위의 효력이 무효이나 유효가 될 여지가 있는 유동적인 상태를 말하는 것으로 '불확정적 무효'를 의미한다. 무권대리행위나 무권리자의 처분행위가 그 예이다. 특히 판례는 구 국토이용관리법(현행 부동산 거래신고 등에 관한 법률)상 토지거래허가구역 내의 토지거래계약이 체결된 경우, 양 당사자는 관청의 허가를 얻어야 비로소 계약의 효력이 확정된다고 하는 '유동적 무효'의 법리를 전개하고 있다.

④ **무효의 일반적 효과**

ⓐ **무효의 소급효**: 법률행위가 무효이면 표의자가 의욕한 법률효과는 처음부터 당연히 발생하지 않는다. 무효는 원칙적으로 '누구든지' '아무 사람에게나' 주장할 수 있다. 원시적 불능을 이유로 하는 무효의 경우에 계약체결상 과실책임(제535조)에 의한 신뢰이익의 배상책임이 인정된다.

ⓑ **법률행위의 무효와 부당이득**: 무효인 채권행위에 기한 채무는 이행을 하기 전에는 그대로 소멸한다. 그러나 이미 이행된 급부는 원칙적으로 부당이득법에 의하여 반환되어야 한다(제741조). 다만, 제103조의 사회질서 위반의 경우 불법원인급여(제746조)에 의한 제한이 있다.

## (2) 무효행위의 재생

① **법률행위에 있어서 일부무효의 법리**

> **제137조【법률행위의 일부무효】** 법률행위의 일부분이 무효인 때에는 그 전부를 무효로 한다. 그러나 그 무효부분이 없더라도 법률행위를 하였을 것이라고 인정될 때에는 나머지 부분은 무효가 되지 아니한다.

ⓐ 법률행위의 일부분이 무효인 때에는 원칙적으로 그 전부를 무효로 한다(제137조 본문). 다만, 그 무효부분이 없더라도 법률행위를 하였을 것이라고 인정될 때에는 나머지 부분은 무효가 되지 않는다(제137조 단서).

ⓑ 무효부분이 없더라도 법률행위를 하였을 것인지 여부는 당사자의 의사에 의하여 판정되어야 하는데, 그 당사자의 의사는 실재하는 의사가 아니고 법률행위의 일부분이 무효임을 법률행위 당시에 알았다면 당사자 쌍방이 이에 대비하여 의욕하였을 가정적 의사를 말한다(대판 2002.9.10, 2002다21509).

② **무효행위의 전환**

> **제138조【무효행위의 전환】** 무효인 법률행위가 다른 법률행위의 요건을 구비하고 당사자가 그 무효를 알았더라면 다른 법률행위를 하는 것을 의욕하였으리라고 인정될 때에는 다른 법률행위로서 효력을 가진다.

ⓐ 무효행위의 전환이란 X라는 행위로서는 무효인 법률행위가 Y라는 행위의 요건을 갖추고 있고 또한 당사자가 그 무효를 알았더라면 Y행위를 할 것을 의욕하였으리라고 인정되는 경우에, 무효인 X행위 대신 Y행위로서의 효력을 인정하는 것을 말한다.

ⓑ 판례에 의하면, 혼인 외의 출생자를 혼인 중의 출생자로 신고한 경우 인지신고로서는 유효하다고 하고(대판 1971.11.15, 71다1983, 가족 제57조), 입양의 의사로 친생자 출생신고를 하고 거기에 입양의 성립요건이 모두 구비된 경우에는 입양의 효력이 있다고 한다(대판 1977.7.26, 77다49 전합).

③ **무효행위의 추인**

> 제139조 【무효행위의 추인】 무효인 법률행위는 추인하여도 그 효력이 생기지 아니한다. 그러나 당사자가 그 무효임을 알고 추인한 때에는 새로운 법률행위로 본다.

## 3. 법률행위의 취소

### (1) 취소의 의의

① 법률행위의 취소란 일단 유효하게 성립한 법률행위의 효력을 제한능력 또는 의사표시의 흠(착오·사기·강박)을 이유로 특정인(취소권자)의 의사표시에 의하여 행위시에 소급하여 무효로 하는 것을 말한다. 여기서 취소할 수 있는 지위를 하나의 권리로 보아 취소권이라고 하는데, 이는 형성권에 속한다. 취소할 수 있는 행위는 법률행위가 처음부터 유효이지만(유동적 유효), 취소에 의하여 무효로 된다(확정적 무효). 반면 취소권이 그 행사 전에 소멸하면 법률행위는 확정적으로 유효로 된다.

② 법률행위의 취소에 관한 제140조 이하의 규정은 제한능력 또는 의사표시의 흠을 이유로 하는 취소에 관하여 적용된다(협의의 취소). 기타의 취소에 관하여는 제140조 이하의 규정이 그대로 적용되지 않는다(광의의 취소).

### (2) 취소권

① **취소의 당사자**

ⓐ **취소권자**

> 제140조 【법률행위의 취소권자】 취소할 수 있는 법률행위는 제한능력자, 착오로 인하거나 사기·강박에 의하여 의사표시를 한 자, 그의 대리인 또는 승계인만이 취소할 수 있다.

ⓛ **취소의 상대방**

> **제142조【취소의 상대방】** 취소할 수 있는 법률행위의 상대방이 확정한 경우에는 그 취소는 그 상대방에 대한 의사표시로 하여야 한다.

예컨대, 미성년자 甲이 乙에게 매각한 부동산이 丙에게 전매된 경우, 甲의 취소의 의사표시는 乙에게 하여야 하고 丙에게 하여서는 안 된다.

② **취소의 효과**

ⓐ **소급적 무효**

> **제141조【취소의 효과】** 취소된 법률행위는 처음부터 무효인 것으로 본다. 다만, 제한능력자는 그 행위로 인하여 받은 이익이 현존하는 한도에서 상환(償還)할 책임이 있다.

ⓐ 취소가 있으면 그 법률행위는 처음부터 무효인 것으로 본다(제141조 본문). 취소된 법률행위를 원인으로 하는 채무가 아직 이행되지 않은 경우에는 그 채무를 이행할 필요가 없고, 이미 이행된 급부는 부당이득반환의 법리(제741조)에 의하여 반환되어야 한다.

ⓑ 취소의 소급적 무효의 효과는 제한능력을 이유로 하는 취소에 있어서는 제3자에게도 주장할 수 있는 절대적인 것이나, 착오·사기·강박을 이유로 한 경우에는 선의의 제3자에 대하여는 주장할 수 없는 상대적인 것이다(제109조 제2항, 제110조 제3항).

ⓛ **이행급부의 반환**

ⓐ **원칙**

> **제748조【수익자의 반환범위】** ① 선의의 수익자는 그 받은 이익이 현존한 한도에서 전조의 책임이 있다.
> ② 악의의 수익자는 그 받은 이익에 이자를 붙여 반환하고 손해가 있으면 이를 배상하여야 한다.

ⓑ **제한능력자의 반환범위에 관한 특칙**

- 제한능력자는 선의·악의를 묻지 않고 취소된 행위에 의하여 받은 이익이 현존하는 한도에서 반환할 책임이 있다*(제141조 단서). 소비한 경우에는 이익은 현존하지 않으나, 필요한 비용(例 생활비·학비)에 충당한 때에는 이익은 현존하는 것이 된다. 제141조 단서는 제한능력자가 설사 악의이더라도 현존이익만을 반환하면 된다는 점에서, 제748조 제2항에 대한 특칙을 이룬다.

  * 의사능력의 흠결을 이유로 법률행위가 무효가 되는 경우에도 유추적용되어야 할 것이다(대판 2009.1.15, 2008다58367).

- 판례는 금전의 경우에는 이득의 현존을 추정한다(대판 2005.4.15, 2003다 60297). 그 취득한 것이 성질상 계속적으로 반복하여 거래되는 물품으로서 곧바로 판매되어 환가될 수 있는 금전과 유사한 대체물인 경우에도 마찬가지다(대판 2009.5.28, 2007다20440 · 20457).

## (3) 취소권의 소멸

### ① 취소할 수 있는 법률행위의 추인(임의추인)

㉠ 취소할 수 있는 법률행위의 추인은 유효로 확정시키겠다는 취소권자의 의사표시이다. 추인은 상대방 있는 단독행위이다. 취소권의 포기라는 소극적인 의미와 법률행위를 확정적으로 유효로 하는 적극적인 의미가 있다.

㉡ 추인이 있으면 다시 취소할 수 없으며, 그 법률행위는 유효한 행위로 확정된다(제143조 제1항). 따라서 무효행위에서와 같은 추인의 소급효는 의미가 없다.

### ② 법정추인

> 제145조 【법정추인】 취소할 수 있는 법률행위에 관하여 전조의 규정에 의하여 추인할 수 있는 후에 다음 각 호의 사유가 있으면 추인한 것으로 본다. 그러나 이의를 보류한 때에는 그러하지 아니하다.
> 1. 전부나 일부의 이행
> 2. 이행의 청구
> 3. 경개
> 4. 담보의 제공
> 5. 취소할 수 있는 행위로 취득한 권리의 전부나 일부의 양도
> 6. 강제집행

민법은 추인할 수 있는 후에 당사자 사이에 일정한 사유가 있으면 당연히 추인한 것으로 간주한다(제145조). 법정추인은 제146조와 더불어 '취소할 수 있는 법률행위의 상대방을 보호'하고 '거래의 안전'을 유지하기 위한 제도이다.

### ③ 취소권의 단기소멸

> 제146조 【취소권의 소멸】 취소권은 추인할 수 있는 날로부터 3년 내에, 법률행위를 한 날로부터 10년 내에 행사하여야 한다.

㉠ 제146조가 규정하는 기간은 일반 소멸시효기간이 아니라 제척기간으로서, 제척기간이 도과하였는지 여부는 당사자의 주장에 관계없이 법원이 당연히 조사하여 고려하여야 할 사항이다(대판 1996.9.20, 96다25371 = 직권조사사항).

㉡ 취소권행사기간에 관하여, 판례는 재판상 · 재판 외에서 권리를 행사하면 그 청구권이 보전된다고 한다(권리행사기간설).

## 09 법률행위의 부관(조건과 기한)

### 1. 총설

#### (1) 개념

① 법률행위의 부관이란 법률행위의 효과를 제한하기 위하여 법률행위의 내용으로서 덧붙여지는 약관이다. 부관은 법률행위의 '효력'의 발생 또는 소멸에 관한 것이지, 법률행위의 '성립'에 관한 것이 아니다.

② 법률행위의 부관에는 조건·기한·부담의 세 가지가 있다. 민법은 조건과 기한에 관하여서만 일반적 규정을 두고, 부담과 관련하여서는 부담부 증여(제561조)와 부담부 유증(제1088조)만을 특별히 규정하고 있다.

#### (2) 조건·기한과 구별할 개념

① **부담**: 부담부 법률행위는 '부담부'이기는 하지만 법률행위의 효력이 이 부담에 종속되는 것이 아니고 곧바로 완성된 권리를 발생시킨다. 부담부 증여(제561조)와 부담부 유증(제1088조) 등 무상행위에서 그 예를 찾을 수 있다. 부관의 개념을 인정하는 통설에 따르면 부담도 부관의 일종이라고 한다.

② **동기**: 법률행위를 하게 된 동기나 연유는 원칙적으로 법률행위의 내용이 되지 않으나, 조건과 기한은 그 내용을 구성한다. 따라서 조건의사가 있더라도 그것이 외부에 표시되지 않으면 법률행위의 동기에 불과할 뿐이다(대판 2003.5.13, 2003다10797).

### 2. 조건이 붙은 법률행위

#### (1) 조건 일반

① 조건의 의의

ㄱ 조건이란 그 성취 여부가 불확실한 장래의 사실을 말하며, 법률행위 효력의 발생 또는 소멸에 관하여 이러한 조건이 붙은 법률행위를 조건부 법률행위라고 한다.

ㄴ 어느 법률행위에 어떤 조건이 붙어 있었는지 아닌지는 사실인정의 문제로서 그 조건의 존재를 주장하는 자가 이를 입증하여야 한다(대판 2006.11.24, 2006다35766).

② 조건의 종류

　　㉠ 정지조건·해제조건

　　　　ⓐ 법률행위의 효력을 그 성취에 의하여 발생하게 하는 조건을 정지조건이라고 하고(제147조 제1항, **예** 합격하면 집을 한 채 주겠다), 이미 발생한 법률행위의 효력을 그 성취에 의하여 소멸하게 하는 조건을 해제조건이라고 한다(제147조 제2항, **예** 합격할 때까지 생활비를 대주겠다).

　　　　ⓑ 판례는, 동산의 매매계약을 체결하면서 소유권유보의 특약을 한 경우에 소유권을 이전한다는 물권적 합의는 대금의 완급을 정지조건으로 하는 행위라고 한다(대판 1999.9.7, 99다30534).

　　　　ⓒ 판례는, 약혼예물의 수수는 혼인 불성립을 해제조건으로 하는 증여와 유사한 성질을 가진다(대판 1996.7.14, 96다5506).

　　㉡ **가장조건**

> **제151조 【불법조건, 기성조건】** ① 조건이 선량한 풍속 기타 사회질서에 위반한 것인 때에는 그 법률행위는 무효로 한다.
> ② 조건이 법률행위의 당시 이미 성취한 것인 경우에는 그 조건이 정지조건이면 조건 없는 법률행위로 하고 해제조건이면 그 법률행위는 무효로 한다.
> ③ 조건이 법률행위의 당시에 이미 성취할 수 없는 것인 경우에는 그 조건이 해제조건이면 조건 없는 법률행위로 하고 정지조건이면 그 법률행위는 무효로 한다.

　　　　형식적으로는 조건이지만 실질적으로는 조건으로서의 효력이 인정되지 못하는 것을 총칭하여 가장조건이라고 한다.

　　　　ⓐ **법정조건**: 법인의 설립에서 주무관청의 허가(제32조)나 유언에서 유언자의 사망 및 수증자의 생존(제1073조 제1항, 제1089조 제1항)과 같이 법률행위의 효력이 발생하기 위하여 법률이 명문으로 요구하는 조건이다. 법정조건을 법률행위의 조건으로 정한 경우에는 당연한 것이므로 무의미하며, 조건으로서의 의미를 가지지 않는다.

　　　　ⓑ **불법조건**: 조건이 선량한 풍속 기타 사회질서에 위반하는 경우가 불법조건이며, 불법조건이 붙어 있는 법률행위는 조건뿐만 아니라 법률행위 자체가 무효이다(대결 2005.11.8, 20052669). 부첩관계의 종료를 해제조건으로 하는 증여계약은 그 조건만이 무효인 것이 아니라 증여계약 자체가 무효이다(대판 1966.6.21, 66다530).

　　　　ⓒ **기성조건**: 조건이 '법률행위의 당시 이미 성취한 것인 경우'가 기성조건이다. 기성조건이 정지조건이면 조건 없는 법률행위가 되고, 해제조건이면 그 법률행위는 무효이다(제151조 제2항).

ⓓ **불능조건**: 조건이 법률행위 성립 당시 이미 성취할 수 없는 것으로 객관적으로 확정된 경우가 불능조건이다. 불능조건이 해제조건이면 조건 없는 법률행위가 되고, 정지조건이면 그 법률행위는 무효이다(제151조 제3항).

## (2) 조건부 법률행위의 효력

① **조건의 성취 전의 효력**: 조건의 성취 여부가 확정되기 전에는 당사자 일방은 조건의 성취로 일정한 이익을 얻게 될 기대를 가진다. 이 권리를 조건부 권리라고 하는데, 이는 기대권의 일종으로서 민법은 일종의 권리로서 보호한다.

② **조건의 성취 후의 효력**

> **제147조 【조건성취의 효과】** ① 정지조건 있는 법률행위는 조건이 성취한 때로부터 그 효력이 생긴다.
> ② 해제조건 있는 법률행위는 조건이 성취한 때로부터 그 효력을 잃는다.
> ③ 당사자가 조건성취의 효력을 그 성취 전에 소급하게 할 의사를 표시한 때에는 그 의사에 의한다.

# 3. 기한이 붙은 법률행위

## (1) 기한 일반

① **기한의 의의**: 기한이란 법률행위의 효력의 발생이나 소멸 또는 채무의 이행을 장래 발생할 것이 확실한 사실에 의존케 하는 법률행위의 부관을 말한다. 기한이 붙은 법률행위를 '기한부 법률행위'라고 한다.

② **기한의 종류**

㉠ **시기 · 종기**: 시기란 법률행위의 효력의 발생 또는 법률행위의 효과로 발생하는 채무의 이행에 관한 기한을 말한다(제152조 제1항, 예 내년 1월 1일부터 임대한다). 종기란 법률행위의 효력의 소멸시기를 정하는 기한을 말한다(제152조 제2항, 예 내년 12월 31일까지 임대한다).

> **제152조 【기한도래의 효과】** ① 시기 있는 법률행위는 기한이 도래한 때로부터 그 효력이 생긴다.
> ② 종기 있는 법률행위는 기한이 도래한 때로부터 그 효력을 잃는다.

㉡ **확정기한 · 불확정기한**: 기한의 내용인 사실이 발생하는 시기가 확정되어 있는 것이 확정기한이고, 그렇지 않은 것이 불확정기한이다. '내년 1월 1일부터', '앞으로 3개월 후에'는 확정기한의 예이고, 'A가 사망하였을 때'는 불확정기한으로 이행기를 정한 경우에 해당한다(대판 2005.10.7, 2005다38546).

## (2) 기한의 이익

> **제153조 【기한의 이익과 그 포기】** ① 기한은 채무자의 이익을 위한 것으로 추정한다.
> ② 기한의 이익은 이를 포기할 수 있다. 그러나 상대방의 이익을 해하지 못한다.

① **서언**
   ㉠ 기한의 이익이란 기한이 존재하는 것, 즉 기한이 도래하지 않음으로써 당사자가
      받는 이익을 말한다.
   ㉡ 기한의 이익을 누가 가지는가는 법률행위의 성질에 따라 다르다. 민법은 당사자
      의 특약이나 법률행위의 성질상 분명하지 않은 경우에는 채무자의 이익을 위하
      여 존재하는 것으로 추정한다(제153조 제1항). 따라서 기한의 이익이 채권자에
      게 있다는 것은 채권자가 이를 증명하여야 한다.

② **기한의 이익의 포기**
   ㉠ 기한의 이익은 포기할 수 있다. 그러나 상대방의 이익을 해하지 못한다(제153조 제2
      항). 포기는 상대방 있는 단독행위로, 상대방에 대한 일방적 의사표시로 행하여진다.
   ㉡ 기한의 이익이 상대방에게도 있는 경우에는 상대방의 손해를 배상하고 기한의
      이익을 포기할 수 있다(이설 없음). 예컨대, 이자부 소비대차의 채무자는 이행기
      까지의 이자를 지급하면서 기한 전에 변제할 수 있다.

# CHAPTER 6 기간

## (1) 기간 일반

① **기간의 의의** : 기간이란 어느 시점에서 어느 시점까지의 계속된 시간을 말한다. 예컨대, 성년·최고기간·실종기간·기한·시효 등에서의 시간이 그러하다.

② **기간의 계산에 관한 민법규정의 적용범위**

> **제155조 【본장의 적용범위】** 기간의 계산은 법령, 재판상의 처분 또는 법률행위에 다른 정한 바가 없으면 본장의 규정에 의한다.

'기간의 계산은 법령, 재판상의 처분 또는 법률행위'에 의해 정해지며, 이러한 정함이 없으면 제155조 이하의 규정에 따른다(제155조). 제155조 이하의 기간 계산법은 사법관계는 물론 공법관계에도 통칙적으로 적용된다(대판 1989.4.11, 87다카2901).

## (2) 기간의 계산방법

① **계산방법의 종류**: 자연적 계산법은 시간을 실제 그대로 계산하는 것이고, 역법적 계산법은 역(曆)에 따라서 계산하는 것이다. 전자는 정확하지만 불편하고, 후자는 부정확하지만 편리하다는 장점이 있다. 여기서 민법은 시간을 단위로 하는 단기간에 대하여는 자연적 계산법을, 일·주·월·년을 단위로 하는 장기간에 대하여는 역법적 계산법을 채택하고 있다.

② **기간을 '시·분·초'로 정한 경우**

> **제156조 【기간의 기산점】** 기간을 시, 분, 초로 정한 때에는 즉시로부터 기산한다.

기간을 시·분·초로 정한 경우에는 즉시 기산한다(제156조). 기간의 만료점은 그 정하여진 시·분·초가 종료한 때이다. 즉, 자연적 계산법을 채택한 것으로서, 예컨대 9월 1일 오전 9시부터 10시간은 9월 1일 오후 7시이다.

③ **기간을 '일·주·월·년'으로 정한 경우**

　㉠ **기산점**

> **제157조 【기간의 기산점】** 기간을 일, 주, 월 또는 년으로 정한 때에는 기간의 초일은 산입하지 아니한다. 그러나 그 기간이 오전 0시로부터 시작하는 때에는 그러하지 아니하다.
> **제158조 【연령의 기산점】** 연령계산에는 출생일을 산입한다.

ⓛ 만료점

　ⓐ 말일의 종료

> 제159조【기간의 만료점】기간을 일, 주, 월 또는 년으로 정한 때에는 기간 말일의
> 종료로 기간이 만료한다.

　ⓑ 말일의 계산

> 제160조【역에 의한 계산】① 기간을 주, 월 또는 년으로 정한 때에는 역에 의하여
> 계산한다.
> ② 주, 월 또는 연의 처음으로부터 기간을 기산하지 아니하는 때에는 최후의 주, 월
> 또는 년에서 그 기산일에 해당한 날의 전일로 기간이 만료한다.
> ③ 월 또는 년으로 정한 경우에 최종의 월에 해당일이 없는 때에는 그 월의 말일로
> 기간이 만료한다.
> 제161조【공휴일 등과 기간의 만료점】기간의 말일이 토요일 또는 공휴일에 해당한
> 때에는 기간은 그 익일로 만료한다.

# 소멸시효

## 01  총설

### (1) 시효의 의의

① 시효란 일정한 사실상태가 일정기간 계속된 경우에 그 상태가 진실한 권리관계에 합치되는가에 상관없이 그 사실상태를 존중하여 그대로 권리관계로 인정하는 법률요건이다(통설).

② 시효에는 취득시효와 소멸시효의 두 가지가 있다. 민법은 소멸시효는 총칙편에, 취득시효는 물권편에 규정하고 있다.

### (2) 시효제도의 존재이유

판례는 '시효제도는 일정기간 계속된 사회질서를 유지하고 시간의 경과로 인하여 곤란하게 되는 증거보전으로부터의 구제 내지는 자기 권리를 행사하지 않고 소위 권리 위에 잠자는 자는 법적 보호에서 이를 제외하기 위하여 규정된 제도'라고 하거나(대판 1976.11. 6, 76다148 전합), 또는 '시효제도의 존재이유는 영속된 사실상태를 존중하고 권리 위에 잠자는 자를 보호하지 않는다는 데에 있고 특히 소멸시효에 있어서는 후자의 의미가 강하다'고 한다(대판 1992.3.31, 91다32053 전합).

### (3) 소멸시효와 구별되는 제도 – 제척기간

① 제척기간이란 일정한 권리에 관하여 법률이 예정하는 존속기간이다. 제척기간이 규정되어 있는 권리는 권리를 행사하지 않고 제척기간이 경과하면 당연히 소멸한다 (대판 2015.1.29, 2013다215256).

② 이러한 제척기간은 그 권리와 관련된 법률관계를 조속히 확정하기 위한 제도이다. 제척기간은 형성권에 관하여 규정된 경우가 많으나, 청구권과 같은 다른 권리에 규정된 경우도 있다.

## 02 소멸시효의 요건 ★

### (1) 개관

시효로 인하여 권리가 소멸하려면 ① 권리가 소멸시효의 목적이 될 수 있는 것이어야 하고, ② 권리자가 권리를 행사할 수 있음에도 불구하고 행사하지 않아야 하며, ③ 권리 불행사의 상태가 일정기간 계속되어야 한다는 세 가지 요건이 갖추어져야 한다. 이는 소멸시효를 주장하는 자가 증명하여야 한다.

### (2) 소멸시효의 대상이 되는 권리

> 제162조【채권, 재산권의 소멸시효】① 채권은 10년간 행사하지 아니하면 소멸시효가 완성한다.
> ② 채권 및 소유권 이외의 재산권은 20년간 행사하지 아니하면 소멸시효가 완성한다.

소멸시효의 대상이 되는 권리는 재산권으로 한정되고, 물권, 채권, 지식재산권이 문제된다. 즉, 신분권이나 인격권과 같은 비재산적 권리는 그 대상이 아니다.

### (3) 권리의 불행사(시효의 기산점)

> 제166조【소멸시효의 기산점】① 소멸시효는 권리를 행사할 수 있는 때로부터 진행한다.
> ② 부작위를 목적으로 하는 채권의 소멸시효는 위반행위를 한 때로부터 진행한다.

① 소멸시효는 객관적으로 권리가 발생하고 그 권리를 행사할 수 있는 때부터 진행한다(제166조 제1항). '권리를 행사할 수 없는 때'라 함은 그 권리 행사에 법률상의 장애사유, 예를 들면 '정지조건의 미성취나 이행기의 미도래'(대판 1982.1.19, 80다2626) 등이 있는 경우를 말한다.

② 소멸시효의 기산일은 변론주의의 적용대상이므로, 본래의 소멸시효 기산일과 당사자가 주장하는 기산일이 다른 경우에는 당사자가 주장하는 기산일을 기준으로 한다(대판 1995.8.25, 94다35886).

### (4) 소멸시효기간

> 제162조【채권, 재산권의 소멸시효】① 채권은 10년간 행사하지 아니하면 소멸시효가 완성한다.
> ② 채권 및 소유권 이외의 재산권은 20년간 행사하지 아니하면 소멸시효가 완성한다.

① **채권의 소멸시효기간**
  ㉠ **일반채권**: 채권의 소멸시효기간은 원칙적으로 10년이다(제162조 제1항). 다만, 상행위로 인한 채권의 소멸시효기간은 5년이다(상법 제64조).
  ㉡ **단기소멸시효에 걸리는 채권**
    ⓐ **3년의 소멸시효에 걸리는 채권**

> **제163조【3년의 단기소멸시효】** 다음 각 호의 채권은 3년간 행사하지 아니하면 소멸시효가 완성한다.
>   1. 이자, 부양료, 급료, 사용료 기타 1년 이내의 기간으로 정한 금전 또는 물건의 지급을 목적으로 한 채권
>   2. 의사, 조산사, 간호사 및 약사의 치료, 근로 및 조제에 관한 채권
>   3. 도급받은 자, 기사 기타 공사의 설계 또는 감독에 종사하는 자의 공사에 관한 채권
>   4. 변호사, 변리사, 공증인, 공인회계사 및 법무사에 대한 직무상 보관한 서류의 반환을 청구하는 채권
>   5. 변호사, 변리사, 공증인, 공인회계사 및 법무사의 직무에 관한 채권
>   6. 생산자 및 상인이 판매한 생산물 및 상품의 대가
>   7. 수공업자 및 제조자의 업무에 관한 채권

    ⓑ **1년의 소멸시효에 걸리는 채권**

> **제164조【1년의 단기소멸시효】** 다음 각 호의 채권은 1년간 행사하지 아니하면 소멸시효가 완성한다.
>   1. 여관, 음식점, 대석, 오락장의 숙박료, 음식료, 대석료, 입장료, 소비물의 대가 및 체당금의 채권
>   2. 의복, 침구, 장구 기타 동산의 사용료의 채권
>   3. 노역인, 연예인의 임금 및 그에 공급한 물건의 대금채권
>   4. 학생 및 수업자의 교육, 의식 및 유숙에 관한 교주, 숙주, 교사의 채권

    ⓒ **판결 등으로 확정된 채권**

> **제165조【판결 등에 의하여 확정된 채권의 소멸시효】** ① 판결에 의하여 확정된 채권은 단기의 소멸시효에 해당한 것이라도 그 소멸시효는 10년으로 한다.
> ② 파산절차에 의하여 확정된 채권 및 재판상의 화해, 조정 기타 판결과 동일한 효력이 있는 것에 의하여 확정된 채권도 전항과 같다.
> ③ 전2항의 규정은 판결확정 당시에 변제기가 도래하지 아니한 채권에 적용하지 아니한다.

  ㉢ **기타 재산권의 소멸시효기간**: 채권과 소유권 외의 재산권의 소멸시효기간은 20년이다(제162조 제2항).

## 03  소멸시효의 효과 ★

### (1) 소멸시효 완성의 효과

민법은 취득시효에 관해서는 '… 소유권을 취득한다'고 정하는데(제245조, 제246조), 소멸시효에 관해서는 '… 소멸시효가 완성한다'고 규정하면서(제162조 등) '완성'의 의미에 대해서는 침묵한다. 절대적 소멸설은 소멸시효의 완성으로 권리가 당연히 소멸한다는 견해이다(통설 · 판례).

### (2) 시효완성의 범위

① **시적 범위(소멸시효의 소급효)**

> 제167조 【소멸시효의 소급효】 소멸시효는 그 기산일에 소급하여 효력이 생긴다.

② **물적 범위**

> 제183조 【종속된 권리에 대한 소멸시효의 효력】 주된 권리의 소멸시효가 완성한 때에는 종속된 권리에 그 효력이 미친다.

### (3) 소멸시효 이익의 포기

> 제184조 【시효의 이익의 포기 기타】 ① 소멸시효의 이익은 미리 포기하지 못한다.
> ② 소멸시효는 법률행위에 의하여 이를 배제, 연장 또는 가중할 수 없으나 이를 단축 또는 경감할 수 있다.

house.Hackers.com

## 핵심개념

# PART 2
# 물권법

 선생님의 비법전수

물권법은 물건에 대한 권리를 규율하는 법률입니다.
물권의 종류와 내용 및 효력을 학습하고, 그에 관한 법조문과 판례를 잘 정리하여야 합니다.

| **CHAPTER 3**<br>기본물권(점유권 · 소유권) | **CHAPTER 4**<br>용익물권 | **CHAPTER 5**<br>담보물권 |
| --- | --- | --- |
| • 점유권 ★<br>• 소유권 ★ | • 지상권 ★<br>• 지역권 ★<br>• 전세권 ★ | • 유치권 ★<br>• 질권 ★<br>• 저당권 ★ |

## 01 물권법 일반론 ★

### (1) 물권법의 의의

물권법은 각종 재화에 대한 사람의 지배관계, 즉 사람의 물건에 대한 지배관계를 규율하는 사법이다.

### (2) 물권법의 기능(내용)

형식적 의미의 물권법과 실질적 의미의 물권법으로 구분되는데, 전자는 민법전의 물권편 규정을 가리키는 것이고, 후자는 민법전의 물권편뿐만 아니라 모든 법령에 산재해 있는 물권에 관한 법, 즉 사람의 물건에 대한 지배관계를 규율하는 법령을 총칭한다.

### (3) 물권법의 법원

물권법의 법원에는 민법 제2편과 특별법이 있으며, 그리고 관습법이 포함된다(제1조, 제185조).

## 02 물권의 본질 ★

### 1. 물권의 의의

물권은 특정의 독립된 물건을 직접 지배하여 이익을 얻는 배타적이며 절대적인 관념적 권리이다. 어떠한 권리를 물권 또는 채권으로 할 것인지는 권리의 본질에 따른 논리필연적인 것은 아니며 입법정책에 의하여 결정된다.

### 2. 물권의 특성

### (1) 재산권

① 물권은 특정의 독립된 물건 자체를 객체로 하여 권리를 실현하는 재산권이다. 이에 반해 채권은 특정인의 행위를 그 객체로 하여 권리를 실현하는 재산권이다.

② 물권은 특정의 독립된 물건 위에만 성립된다. 이로부터 일물일권주의(一物一權主義)가 성립된다.

## (2) 지배권

### ① 직접적 지배

ㄱ 물권은 특정의 독립된 물건을 직접 지배하는 권리이다.

ㄴ '지배'란 물건에 대하여 직접 작용한다는 것을 의미하고, '직접' 지배한다는 것은 권리내용의 실현을 위하여 타인의 행위를 매개하지 않고 스스로 물건으로부터 이익을 얻는다는 뜻이다.

ㄷ 직접적 지배가 반드시 물건을 현실적으로 지배하여야 하는 것은 아니고, 현실적 지배를 수반하지 않는 관념적인 물권도 물권으로서 보호된다. 이러한 점에서 점유권은 다른 물권과 구별된다.

### ② 배타적 지배

ㄱ 하나의 물건 위에 내용이 상충되는 수개의 물권이 존재할 수 없으며, 물권자는 그 물건에 대한 타인의 간섭을 배제하고 독점적으로 이익을 누릴 수 있다. 이를 물권의 배타성 또는 독점성이라고 한다. 물권의 배타성은 동일한 내용을 갖는, 서로 양립할 수 없는 물권들 사이에서 인정되며, 서로 내용을 달리하여 양립할 수 있는 수개의 물권은 동시에 하나의 물건 위에 성립할 수 있다.

ㄴ 물권의 배타성과 관련되는 것으로 공시방법과 일물일권주의가 있다.

## (3) 절대권

① 물권자는 자신의 물권을 모든 사람들에게 주장할 수 있다.

② 절대권으로서 물권은 추급력을 가진다. 즉, 물권은 누구의 침해로부터도 보호되고, 이로부터 물권적 청구권이 인정된다.

③ 권리를 모든 제3자 또는 특정한 사람에게 주장할 수 있는지에 따라 절대권과 상대권을 구별하는 견해에 따르면 물권은 절대권, 채권은 상대권으로 이해된다(통설).

## 3. 물권의 주체

물권의 주체는 자연인과 법인이다.

## 4. 물권의 객체

### (1) 특정의 독립한 물건

① **물건**: 원칙적으로 유체물 및 전기 기타 관리할 수 있는 자연력이 물권의 객체가 된다. 다만, 채권 기타의 권리 등에 대해서도 예외적으로 물권이 성립할 수 있다. 재산권의 준점유(제210조), 유가증권을 목적으로 하는 유치권(제320조), 재산권을 목적으로 하는 권리질권(제345조), 지상권이나 전세권을 목적으로 하는 저당권(제371조)이 그것이다.

② **특정**: 물권은 물건의 직접적 지배와 배타성을 그 내용으로 하므로 원칙적으로 그 객체인 물건은 특정되고 현존하는 것이어야 한다. 다만, 집합물 위의 물권(⑩ 재단저당, 입목저당 등)의 경우에는 그 구성물에 변동이 있더라도 특정성을 잃지 않는다.

③ **독립한 물건**: 하나의 물권의 객체는 하나의 독립한 물건이어야 한다. 물건의 일부나 구성부분은 공시가 곤란하고 직접접인 지배이익이 적기 때문이다. 공시가 가능한 용익물권은 토지나 건물의 일부를 그 객체로 할 수 있다.

### (2) 일물일권주의

① **의의**: 일물일권주의란 1개의 물권의 객체는 1개의 독립한 물건이어야 한다는 원칙이다. 즉, 하나의 물건의 일부분에 대해서는 독립된 하나의 물권이 존재할 수 없고, 수개의 물건 전체 위에 하나의 물권이 있을 수 없다는 원칙이다.

② **예외**

㉠ **물건의 일부에 물권이 성립하는 예외적인 경우**: 물건의 일부에 대하여 물권을 인정할 사회적 필요 또는 실익이 있고, 어느 정도 공시가 가능하거나 공시와 관계없는 때에는 일물일권주의의 예외가 인정된다.

ⓐ 토지의 일부에 대해 공시방법을 갖추면 용익물권이 성립할 수 있다. 또한 지상공간의 일부나 지하의 일부만을 대상으로 하는 구분지상권도 인정된다.

ⓑ 건물의 일부가 구조상, 이용상의 독립성이 인정되고 공시방법을 갖춘 경우 구분소유권의 객체가 될 수 있다. 또한 건물의 일부에 대해 전세권도 성립할 수 있다.

㉡ **물건의 집단에 물권이 성립하는 예외적인 경우**

ⓐ 집합물은 경제적으로 단일한 가치를 가지는 수개의 물건의 집합으로서, 일물일권주의의 요청 때문에 집합물 위에 하나의 물권은 성립할 수 없다.

ⓑ 그러나 특별법(동산·채권 등의 담보에 관한 법률, 공장 및 광업재단 저당법 등)이 있는 경우, 특별법이 없더라도 경제적 독립성이 있고 공시방법이 갖추어져 그 범위를 특정할 수 있다면 물권의 성립을 인정할 수 있다. 판례는 재

고상품, 제품, 원자재, 양어장의 뱀장어, 돈사의 돼지 등과 같이 집합물이라도 그 목적동산이 특정성이 있는 경우에는 그 전부를 하나의 재산권으로 보아 담보권의 설정이 가능하다고 하였다(대판 1988.10.25, 85누941).

ⓒ 내용이 변동하는 유동집합물의 경우도 물권(양도담보권)을 설정할 수 있는데, 그 특정은 목적동산의 종류, 소재장소, 수량 등의 지정을 기본요소로 이루어지며, 공시방법은 특정동산의 양도담보와 마찬가지로 점유개정이라고 할 수 있다(대판 1988.10.25, 85누941).

## 03 물권의 종류 ★

### (1) 물권법정주의

#### ① 서설

> 제185조【물권의 종류】물권은 법률 또는 관습법에 의하는 외에는 임의로 창설하지 못한다.

#### ② 제185조의 내용

ⓐ **제185조의 법률**: 제185조에서의 법률은 형식적 의미의 법률을 말하며, 명령·규칙은 포함되지 않는다. 제1조와 구별된다.

ⓑ **'임의로 창설하지 못한다'의 의미**: '임의로 창설하지 못한다'는 것은 새로운 종류의 물권을 만들지 못하며(종류강제), 법률 또는 관습법이 인정하는 물권이라도 법률 또는 관습법이 인정하는 것과 다른 내용을 부여하지 못한다(내용강제).

ⓒ **강행규정**: 민법 제185조는 강행규정으로서 이 규정에 위반하는 법률행위는 무효이다.

### (2) 물권의 종류

#### ① 민법상의 물권

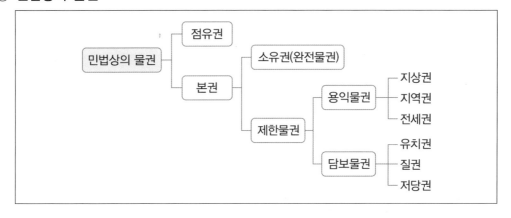

② 관습법상의 물권
  ㉠ 판례에 의해 인정되는 것
    ⓐ 분묘기지권(대판 1959.5.28, 4291민상257)
    ⓑ 관습법상 법정지상권(대판 1960.9.29, 4292민상944)
    ⓒ **양도담보권의 일부 등**: 가등기담보 등에 관한 법률의 적용을 받지 않는 양도담보, 특히 동산 양도담보도 관습법상 물권이라고 하는 견해가 있다.
  ㉡ **판례에 의해 부인된 사례**: 판례가 관습법상의 물권으로 인정할 수 없다고 한 사례로는 다음과 같은 것들이 있다.
    ⓐ 온천권(대판 1970.5. 26, 69다1239)
    ⓑ 근린공원이용권(대결 1995.5.23, 94마2218), 미등기 무허가건물의 양수인의 소유권에 준하는 관습상의 물권(대판 2006.10.27, 2006다49000)
    ⓒ 사도통행권(대판 2002.2.26, 2001다64165)

## 04 물권의 효력 ★

### (1) 개관(총설)

지배권으로서 물권은 대내적 효력(직접적 지배력)과 대외적 효력(배타적 지배력)을 가진다. 대내적 효력은 특별히 문제되지 않으며, 대외적 효력은 우선적 효력과 물권적 청구권을 들 수 있다.

### (2) 물권적 청구권(물상청구권)

① **의의**: 물권적 청구권은 물권내용의 실현이 어떤 사정으로 말미암아 방해당하고 있거나 방해당할 염려가 있는 경우에 물권자가 방해자에 대하여 그 방해의 제거 또는 예방에 필요한 일정한 행위를 청구할 수 있는 권리로서, 물상청구권이라고도 한다.

**물권적 청구권과 손해배상청구권의 비교**

| 구분 | 물권적 청구권 | 불법행위에 기한 손해배상청구권 |
|---|---|---|
| 손해의 발생 요부 | 요건이 아님(물권침해의 가능성) | 요건임 |
| 귀책사유 (고의·과실) 요부 | 요건이 아님 | 요건임 |
| 소멸시효 | 적용 없음 | 적용(3년, 10년) |
| 방해종료 후의 청구 | 할 수 없음 | 할 수 있음 |

② 종류

　㉠ 침해의 모습에 의한 분류

> **제213조【소유물반환청구권】** 소유자는 그 소유에 속한 물건을 점유한 자에 대하여 반환을 청구할 수 있다. 그러나 점유자가 그 물건을 점유할 권리가 있는 때에는 반환을 거부할 수 있다.
>
> **제214조【소유물방해제거, 방해예방청구권】** 소유자는 소유권을 방해하는 자에 대하여 방해의 제거를 청구할 수 있고 소유권을 방해할 염려 있는 행위를 하는 자에 대하여 그 예방이나 손해배상의 담보를 청구할 수 있다.

　　ⓐ **물권적 반환청구권**: 타인이 권원 없이 물권의 목적물을 전부 점유하는 경우에 그 반환을 청구하여 빼앗긴 점유를 회복하는 권리이다.

　　ⓑ **물권적 방해제거청구권**: 점유의 침탈 및 반환거부 이외의 방법으로 물권의 실현을 방해받는 경우에 물권자가 방해자에 대하여 방해의 제거를 청구하는 권리이다.

　　ⓒ **물권적 방해예방청구권**: 현재 물권의 실현이 방해받고 있지는 않지만 장래 방해가 생길 염려가 있는 경우에 그 발생을 방지하는 데 필요한 일체의 작위·부작위를 청구할 수 있는 권리이다.

　㉡ **기초가 되는 물권에 의한 분류**

　　ⓐ 물권적 청구권은 점유권에 기한 물권적 청구권과 본권에 기한 물권적 청구권으로 나뉜다.

　　ⓑ 본권에 기한 물권적 청구권과 점유권에 기한 물권적 청구권은 별개의 것이므로 양자는 경합할 수 있다.

# 물권의 변동

## 01 서설(총설) ★

### (1) 물권변동의 의의 및 모습

① **물권변동의 의의**: 물권변동은 물권의 발생·변경·소멸을 총칭하는바, 권리주체의 입장에서 보면 물권의 득실변경이 된다.

② **물권변동의 모습**
  ㉠ 법률행위에 의한 물권변동과 법률행위에 의하지 않은 물권변동
  ㉡ 동산물권의 변동과 부동산물권의 변동
  ㉢ 소유권의 변동과 제한물권의 변동

### (2) 공시의 원칙과 공신의 원칙

① **서설**: 우리 민법은 부동산에는 공시의 원칙만을, 동산에는 두 원칙을 모두 채용하고 있다.

② **공시의 원칙**: 물권의 변동은 외부로부터 인식할 수 있는 공시방법(등기·인도 등)을 갖추어야 한다는 원칙을 말한다. 이는 거래의 안전을 보호하기 위한 것이다.

③ **공신의 원칙**: 공시방법을 신뢰하고 거래한 자가 있는 경우에, 그 공시방법이 진정한 권리관계와 일치하지 않더라도 공시된 대로의 권리관계가 존재하는 것으로 다루어서, 그 자의 신뢰를 보호하여야 한다는 원칙이다. 공신의 원칙은 진정한 권리자를 희생하여, 거래상대방의 신뢰를 보호하는 법원칙이다.

## 02 부동산물권의 변동 ★

### (1) 법률행위에 의한 부동산물권의 변동

> **제186조 【부동산물권변동의 효력】** 부동산에 관한 법률행위로 인한 물권의 득실변경은 등기하여야 그 효력이 생긴다.

① 민법 제186조는 "부동산에 관한 법률행위로 인한 물권의 득실변경은 등기하여야 효력이 생긴다."고 규정하여 성립요건주의(형식주의)를 표명하고 있다.

② 점유권과 유치권을 제외한 소유권, 지상권, 지역권, 전세권, 저당권, 권리질권의 부동산물권에 적용된다.

## (2) 법률행위에 의하지 않은 부동산물권의 변동

> 제187조【등기를 요하지 아니하는 부동산물권취득】 상속, 공용징수, 판결, 경매 기타 법률의 규정에 의한 부동산에 관한 물권의 취득은 등기를 요하지 아니한다. 그러나 등기를 하지 아니하면 이를 처분하지 못한다.

① 상속에 의한 부동산물권변동이 일어나는 시기는 피상속인이 사망하는 순간이다(제997조). 포괄유증(제1078조)·회사의 합병(상법 제235조 등)도 상속과 동일하다.
② 협의수용과 재결수용이 있는데, 전자는 협의에서 정해진 시기에, 후자는 재결에서 정한 수용의 개시일에 물권의 변동이 있게 된다.
③ 여기의 '판결'은 형성판결만을 가리키며, 이행판결·확인판결은 포함되지 않는다(대판 1965.8.17, 64다1721).
④ 민사집행법상 집행절차에 의한 경매의 경우에는 경매 매수인이 매각대금을 완납한 때, 국세징수법상 경매의 경우에는 매수인이 매수대금을 납부한 때 물권변동이 있게 된다.
⑤ 여기서의 '법률'은 널리 법을 의미한 것으로 해석한다. 따라서 법률뿐만 아니라 관습법도 포함한다.

## 03 동산물권의 변동 ★

## (1) 총설

동산물권변동의 원인은 크게 '법률행위에 의한 경우'와 '법률의 규정에 의한 경우'로 나눌 수 있다. 민법은 후자에 관하여 부동산과 같은 총칙규정(제187조)을 두지 않고 주로 '소유권의 취득'의 절에서 따로 규율하고 있다.

## (2) 권리자로부터의 취득

> 제188조【동산물권양도의 효력】 ① 동산에 관한 물권의 양도는 그 동산을 인도하여야 효력이 생긴다.

민법 제188조 제1항에서는 동산물권의 변동에 관해서도 형식주의를 취한다. 즉, 동산물권변동의 효력이 발생하기 위해서는 물권행위와 인도를 필요로 한다.

## (3) 무권리자로부터의 취득 – 선의취득

> 제249조【선의취득】 평온, 공연하게 동산을 양수한 자가 선의이며 과실 없이 그 동산을 점유한 경우에는 양도인이 정당한 소유자가 아닌 때에도 즉시 그 동산의 소유권을 취득한다.

① **의의:** 선의취득이란 동산을 점유하고 있는 자를 권리자로 믿고 평온·공연·선의·무과실로 거래한 경우에는 비록 그 양도인이 정당한 권리자가 아니더라도 양수인에게 그 동산에 대한 소유권(제249조) 또는 질권(제343조, 제249조)의 취득을 인정하는 제도이다.

② **요건**

　㉠ **객체:** 선의취득의 객체는 동산이다. 그러므로 지상권·저당권과 같은 부동산에 대한 권리는 선의취득의 대상이 될 수 없다(대판 1985.12.24, 84다카2428).

　㉡ **전주(양도인)에 관한 요건**

　　ⓐ **양도인이 점유하고 있을 것:** 양도인이 목적물을 점유하고 있어야 한다. 점유보조자가 점유물을 처분한 경우에도 선의취득이 인정되어야 한다(대판 1991.3.22, 91다70).

　　ⓑ **양도인이 무권리자일 것:** 전주가 무권리자라 함은 '동산의 소유권 또는 처분권한이 없는 자'를 말한다. 차주·질권자·수치인 등이 그 예이다.

　㉢ **동산의 양도행위:** 선의취득의 제도적 취지가 거래의 안전을 보호하는 데 있으므로, 양도인과 양수인 사이에 동산물권 취득에 관한 유효한 거래행위가 있어야 한다(대판 1995.6.29, 94다22071).

　㉣ **양수인에 관한 요건**

　　ⓐ **양수인이 평온·공연·선의·무과실로 점유를 취득할 것:** 평온·공연·선의는 추정되나(제197조 제1항), 무과실에 관하여는 추정규정이 없다. 판례는 "그 취득자의 선의, 무과실은 동산질권자가 입증하여야 한다."고 한다(대판 1981.12.22, 80다2910).

　　ⓑ **양수인이 점유를 취득하였을 것:** 거래에 의하여 취득자가 점유를 취득하게 된 방법으로서 현실의 인도·간이인도(대판 1981.8.20, 80다2530)·목적물반환청구권의 양도(대판 1999.1.26, 97다48906)가 인정된다. 점유개정에 의한 선의취득을 부정하는 견해가 통설·판례(대판 1978.1.17, 77다1872)이다.

⊕ 양도인이 소유자로부터 보관을 위탁받은 동산을 제3자에게 보관시킨 경우에 양도인이 그 제3자에 대한 반환청구권을 양수인에게 양도하고 지명채권 양도의 대항요건을 갖추었을 때에는 동산의 선의취득에 필요한 점유의 취득요건을 충족한다(대판 1999.1.26, 97다 48906).

③ 효과

㉠ **물권의 취득**: 소유권(제249조 내지 제251조)과 질권(제343조)에 한한다.

㉡ **선의취득의 성질**: 양도인이 무권리자임에도 불구하고 권리취득이 인정된다는 점에서 원시취득이다(통설). 따라서 종전 소유자에게 존재했던 제한은 선의취득과 더불어 소멸한다.

④ **도품 및 유실물에 관한 특칙**

> **제250조【도품, 유실물에 대한 특례】**전조의 경우에 그 동산이 도품이나 유실물인 때에는 피해자 또는 유실자는 도난 또는 유실한 날로부터 2년 내에 그 물건의 반환을 청구할 수 있다. 그러나 도품이나 유실물이 금전인 때에는 그러하지 아니하다.
>
> **제251조【도품, 유실물에 대한 특례】**양수인이 도품 또는 유실물을 경매나 공개시장에서 또는 동종류의 물건을 판매하는 상인에게서 선의로 매수한 때에는 피해자 또는 유실자는 양수인이 지급한 대가를 변상하고 그 물건의 반환을 청구할 수 있다.

## 04 물권의 소멸 ★

### (1) 서설

물권의 절대적 소멸원인에는 모든 물권에 공통된 것과, 각종의 물권에 특유한 것이 있다. 전자에는 목적물의 멸실, 소멸시효, 공용징수, 포기, 혼동, 몰수 등이 있다.

### (2) 혼동

① 의의

㉠ 혼동이란 서로 대립하는 두 개의 법률적 지위 또는 자격이 동일인에게 귀속하는 것을 말한다. 이러한 경우에 이 두 개의 지위를 존속시키는 것은 무의미하므로 그 한쪽은 다른 쪽에 흡수되어 소멸하는 것이 원칙이다.

㉡ 혼동은 물권과 채권의 공통된 소멸사유이고(제191조, 제507조), 그 법적 성질은 사건이다.

② 소유권과 제한물권의 혼동

> 제191조 【혼동으로 인한 물권의 소멸】 ① 동일한 물건에 대한 소유권과 다른 물권이 동일한 사람에게 귀속한 때에는 다른 물권은 소멸한다. 그러나 그 물권이 제3자의 권리의 목적이 된 때에는 소멸하지 아니한다.
> ② 전항의 규정은 소유권 이외의 물권과 그를 목적으로 하는 다른 권리가 동일한 사람에게 귀속한 경우에 준용한다.
> ③ 점유권에 관하여는 전2항의 규정을 적용하지 아니한다.

③ **혼동의 효과**: 혼동에 의하여 물권은 절대적으로 소멸한다. 그러나 혼동의 원인이 부존재하거나, 원인행위가 무효·취소·해제 등으로 효력을 상실하는 때에는 소멸한 물권은 부활한다(대판 1971.8.31, 71다1386).

# 기본물권(점유권·소유권)

## 01 점유권 ★

### (1) 총설

> **제192조【점유권의 취득과 소멸】** ① 물건을 사실상 지배하는 자는 점유권이 있다.
> ② 점유자가 물건에 대한 사실상의 지배를 상실한 때에는 점유권이 소멸한다. 그러나 제
> 204조의 규정에 의하여 점유를 회수한 때에는 그러하지 아니하다.

물건을 사실상 지배하고 있는 경우에 그 지배, 즉 점유를 정당화시켜 주는 법률상의 권리
(본권)가 있느냐 없느냐를 묻지 않고 그 사실적 지배상태를 보호하는 것이 점유제도이다.
따라서 점유는 물건에 대한 사실적 지배로서 물건을 법률상으로 지배할 수 있는 본권과
구별된다.

### (2) 점유의 관념화

① **서설**: 점유란 물건에 대한 사실상의 지배를 말한다(제192조 제1항). 그러나 그 사
실상의 지배라는 것이 물건에 대하여 직접 실력을 미친다는 것과 반드시 일치하지
는 않는다. 즉, 물건에 대하여 직접 실력을 미치고 있으면서도 점유가 인정되지 않
는 경우가 있는가 하면(점유보조자: 제195조), 직접 실력을 미치고 있지 않으면서
도 점유가 인정되는 경우가 있다(상속인의 점유: 제193조, 간접점유: 제194조).
이를 점유의 관념화라고 한다.

② **점유보조자**

> **제195조【점유보조자】** 가사상, 영업상 기타 유사한 관계에 의하여 타인의 지시를 받아 물
> 건에 대한 사실상의 지배를 하는 때에는 그 타인만을 점유자로 한다.

점유보조자란 '가사상, 영업상 기타 유사한 관계에 의하여 타인의 지시를 받아 물건
에 대한 사실상의 지배를 하는 자'를 말한다(제195조). 점유보조자는 점유권을 취득
하지 못하며 점유주만이 점유권자가 된다.

③ 간접점유

제194조【간접점유】지상권, 전세권, 질권, 사용대차, 임대차, 임치 기타의 관계로 타인으로 하여금 물건을 점유하게 한 자는 간접으로 점유권이 있다.

제207조【간접점유의 보호】① 전 3조의 청구권은 제194조의 규정에 의한 간접점유자도 이를 행사할 수 있다.
② 점유자가 점유의 침탈을 당한 경우에 간접점유자는 그 물건을 점유자에게 반환할 것을 청구할 수 있고, 점유자가 그 물건의 반환을 받을 수 없거나 이를 원하지 아니하는 때에는 자기에게 반환할 것을 청구할 수 있다.

ⓘ 간접점유란 점유자와 물건 사이에 타인이 개재하여 그 타인의 점유를 매개로 하여 점유하는 것을 말한다. 민법 제194조는 "지상권, 전세권, 질권, 사용대차, 임대차, 임치 기타의 관계로 타인으로 하여금 물건을 점유하게 한 자는 간접으로 점유권이 있다."고 규정한다. 간접점유자는 점유보조자와는 달리 점유권이 있다. 민법이 간접점유를 인정하는 이유는 타인을 매개로 하여 물건에 대한 사실상의 지배를 행사하고 있는 자도 사회관념상 보호가치가 있기 때문이다.

ⓛ 간접점유도 사람의 물건에 대한 지배로서 직접점유와 동일한 점유이다. 따라서 간접점유자도 점유보호청구권을 가지며(제207조), 소유권 등 본권의 존재에 대한 추정력을 갖는다.

④ 점유의 태양

ⓘ 자주점유 · 타주점유

제197조【점유의 태양】① 점유자는 소유의 의사로 선의, 평온 및 공연하게 점유한 것으로 추정한다.
② 선의의 점유자라도 본권에 관한 소에 패소한 때에는 그 소가 제기된 때로부터 악의의 점유자로 본다.

ⓐ 소유의 의사를 가지고서 하는 점유가 자주점유이고, 그 이외의 점유가 타주점유이다. 여기서 자주점유는 소유자와 동일한 지배를 하려는 의사를 가지고 하는 점유를 의미하는 것이지, 법률상 그러한 지배를 할 수 있는 권한, 즉 소유권을 가지고 있거나 소유권이 있다고 믿고서 하는 점유를 의미하는 것은 아니다(대판 1987.4.14, 85다카2230). 따라서 무효인 매매에 있어서의 매수인이나 타인의 물건을 훔친 자도 자주점유자이다.

ⓑ 취득시효(제245조 이하)나 무주물선점(제252조) 또는 점유자의 회복자에 대한 책임(제202조) 등에서 자주점유와 타주점유의 구별은 중요한 의의를 가진다.

ⓛ **하자 있는 점유 · 하자 없는 점유**: 하자 있는 점유란 악의 · 과실 · 폭력 · 불계속 등의 사정이 있는 점유를 말하고, 하자 없는 점유란 선의 · 무과실 · 평온 · 계속 등의 사정이 있는 점유를 말한다.

**선의점유 · 악의점유**

| | | |
|---|---|---|
| **선의점유** | 본권이 없음에도 있는 것으로 믿고서 하는 점유 | 점유자의 선의는 추정되나, 선의의 점유자라도 본권에 관한 소에 패소한 때에는 그 소가 제기된 때로부터 악의의 점유자로 본다(제197조). |
| **악의점유** | 본권이 없음을 알면서 또는 본권의 유무에 대해 의심을 가지면서 하는 점유 | |
| **구별실익** | 등기부취득시효, 선의취득, 과실수취권, 점유물의 멸실 · 훼손에 대한 책임 | |

## (3) 점유권의 효력

### ① 권리의 추정

#### ㉠ 점유계속의 추정

> **제198조【점유계속의 추정】** 전후양시에 점유한 사실이 있는 때에는 그 점유는 계속한 것으로 추정한다.

#### ㉡ 권리적법의 추정

> **제200조【권리의 적법의 추정】** 점유자가 점유물에 대하여 행사하는 권리는 적법하게 보유한 것으로 추정한다.

ⓐ 동산에 관해서만 적용되고, 부동산에 대해서는 적용되지 않는다(대판 1982. 4.13, 81다780). 따라서 등기명의인과 점유자가 불일치하는 경우에는 등기명의인이 적법한 권리자로 추정된다(대판 1982.4.13, 81다780).

ⓑ 점유물에 대하여 행사하는 권리란 물권뿐만 아니라 점유할 수 있는 권한을 포함하는 모든 권리(예 임차인 · 수치인 등의 권리)를 의미한다.

### ② 점유보호청구권

#### ㉠ 점유물반환청구권

> **제204조【점유의 회수】** ① 점유자가 점유의 침탈을 당한 때에는 그 물건의 반환 및 손해의 배상을 청구할 수 있다.
> ② 전항의 청구권은 침탈자의 특별승계인에 대하여는 행사하지 못한다. 그러나 승계인이 악의인 때에는 그러하지 아니하다.
> ③ 제1항의 청구권은 침탈을 당한 날로부터 1년 내에 행사하여야 한다.

ⓛ 점유물방해제거청구권

> **제205조【점유의 보유】** ① 점유자가 점유의 방해를 받은 때에는 그 방해의 제거 및 손해의 배상을 청구할 수 있다.
> ② 전항의 청구권은 방해가 종료한 날로부터 1년 내에 행사하여야 한다.
> ③ 공사로 인하여 점유의 방해를 받은 경우에는 공사착수 후 1년을 경과하거나 그 공사가 완성한 때에는 방해의 제거를 청구하지 못한다.

ⓒ 점유물방해예방청구권

> **제206조【점유의 보전】** ① 점유자가 점유의 방해를 받을 염려가 있는 때에는 그 방해의 예방 또는 손해배상의 담보를 청구할 수 있다.
> ② 공사로 인하여 점유의 방해를 받을 염려가 있는 경우에는 전조 제3항의 규정을 준용한다.

## 02 소유권 ★

### 1. 총설

#### (1) 의의

소유권이란 법률의 범위 내에서 그 소유물을 사용·수익·처분할 수 있는 권리이다(제211조). 소유권은 물건이 갖는 가치를 전면적으로 지배할 수 있는 완전물권이라는 점에서 물건이 갖는 가치의 일부만을 지배할 수 있는 제한물권과 구별된다.

#### (2) 법적 성격

① 소유권은 현실적 지배와 단절된 관념적 지배권이다. 민법은 사실상의 지배인 점유권과 법률상의 지배인 소유권을 준별하는 체계를 취한다.
② 소유권은 물건의 사용가치와 교환가치 등 기타 모든 가치에 대하여 전면적으로 작용한다. 이로부터 다음과 같은 소유권의 특성이 도출된다.

> ㉠ 소유권은 사용·수익·처분 등의 모든 권능이 융화되어 이루어진 권리이다(혼일성).
> ㉡ 소유권의 일부권능을 제한하는 제한물권이 소멸하면 소유권의 제한이 자동적으로 소멸되고 본래의 전면적 지배로 자동적으로 복귀한다(탄력성).
> ㉢ 소유권은 시간적으로 존속기간의 제한이 없고 또한 소멸시효의 대상으로 되지도 않는다(항구성).

### (3) 소유권의 내용과 제한

① **소유권의 내용**: 소유자는 법률의 범위 내에서 그 소유물을 사용·수익·처분할 권리가 있다(제211조). 사용·수익이라 함은 목적물을 사용하거나 목적물로부터 생기는 과실을 수취하는 것을 말한다. 처분이란 물건의 교환가치를 실현하는 것으로서, 물건의 소비·파괴 등의 사실적 처분과 양도담보 설정 등의 법률적 처분을 가리킨다.

② **소유권의 제한**: 소유권도 그 권리에 내재하는 사회성 기타 공공복리에 의하여 일정한 제한을 받으며, 이 점을 헌법 제23조, 제122조, 민법 제211조 등에서 규정하고 있다. 그러나 이러한 소유권의 제한에도 한계는 있는데, 헌법 제37조 제2항은 그 본질적 내용을 침해할 수 없음을 규정하고 있다.

## 2. 소유권의 취득

### (1) 서설

소유권의 취득원인에는 크게 '법률행위'와 '법률의 규정' 두 가지가 있다. 전자에 대해서는 법률행위에 의한 물권변동의 원칙이 그대로 적용된다. 민법은 제245조 이하에서 소유권의 취득에 관하여 규정하고 있다. 취득시효, 선의취득, 무주물 선점·유실물 습득·매장물 발견, 첨부에 관한 규정이 그것이다.

### (2) 취득시효

① **서설**: 취득시효란 물건에 대하여 권리를 가지고 있는 듯한 외관이 일정기간 계속되는 경우, 그것이 진실한 권리관계와 일치하는지 여부를 묻지 않고 그 외관상의 권리자에게 권리취득의 효과를 생기게 하는 제도를 말한다.

② **부동산소유권의 취득시효**

> **제245조【점유로 인한 부동산소유권의 취득기간】** ① 20년간 소유의 의사로 평온, 공연하게 부동산을 점유하는 자는 등기함으로써 그 소유권을 취득한다.
> ② 부동산의 소유자로 등기한 자가 10년간 소유의 의사로 평온, 공연하게 선의이며 과실 없이 그 부동산을 점유한 때에는 소유권을 취득한다.

③ **동산소유권의 취득시효**

> **제246조【점유로 인한 동산소유권의 취득기간】** ① 10년간 소유의 의사로 평온, 공연하게 동산을 점유한 자는 그 소유권을 취득한다.
> ② 전항의 점유가 선의이며 과실 없이 개시된 경우에는 5년을 경과함으로써 그 소유권을 취득한다.

④ **취득시효의 효과**

> 제247조 【소유권취득의 소급효, 중단사유】 ① 전2조의 규정에 의한 소유권취득의 효력은 점유를 개시한 때에 소급한다.
> ② 소멸시효의 중단에 관한 규정은 전2조의 소유권취득기간에 준용한다.

⑦ **권리의 취득**

　ⓐ 취득시효의 요건을 갖추면 점유자는 권리를 취득한다. 다만, 부동산점유취득시효의 경우 등기를 하여야 소유권을 취득한다(제245조 제1항).

　ⓑ 취득시효로 인한 권리취득은 원시취득이다(대판 1973.8.31, 73다387). 따라서 원소유자의 소유권에 가하여진 각종 제한에 의하여 영향을 받지 아니하는 완전한 내용의 소유권을 취득하게 된다(대판 2004.9.24, 2004다31463).

ⓛ **취득시효의 소급효**: 취득시효로 인한 권리취득의 효력은 점유를 개시한 때에 소급한다(제247조 제1항). 따라서 취득시효가 완성되면 그 소급효 때문에 원소유자가 점유자에 대하여 가지고 있던 계약상의 청구권이나 부당이득반환청구권은 소멸한다.

## 3. 공동소유

### (1) 총설

① **공동소유의 의의**: 하나의 물건을 2인 이상의 다수인이 공동으로 소유하는 것을 말한다. 민법은 공동소유의 유형으로 공유·합유·총유의 세 가지를 규정하고 있다.

② **공동소유의 특색**

| 구분 | 공유 | 합유 | 총유 |
|---|---|---|---|
| 인적 결합형태 | ×, 단순히 물건을 공동소유 | 조합 | 권리능력 없는 사단 |
| 지분 | ○, 지분처분의 자유 ○ | ○, 지분처분의 자유 × | × |
| 분할청구의 자유 | ○ | × ⇨ 분할의 문제 (공유 준용) | × |

### (2) 공유

> 제262조 【물건의 공유】 ① 물건이 지분에 의하여 수인의 소유로 된 때에는 공유로 한다.
> ② 공유자의 지분은 균등한 것으로 추정한다.

① 공유란 물건이 지분에 의하여 수인의 소유로 된 것, 즉 공동목적을 위한 인적 결합 관계 없는 수인이 물건을 공동으로 소유하는 것을 말한다.

② 지분은 1개의 소유권의 분량적 일부분이다. 지분은 성질·효력면에서는 소유권과 동일하나, 양적으로 소유권의 일부, 즉 소유의 비율일 뿐이다.

## (3) 합유

> **제271조【물건의 합유】** ① 법률의 규정 또는 계약에 의하여 수인이 조합체로서 물건을 소유하는 때에는 합유로 한다. 합유자의 권리는 합유물 전부에 미친다.
> ② 합유에 관하여는 전항의 규정 또는 계약에 의하는 외에 다음 3조의 규정에 의한다.

① 합유란 수인이 조합체를 이루어 물건을 소유하는 공동소유의 형태를 말한다(제271조 제1항).

② 합유에서도 합유자는 지분을 가진다는 점에서 공유와 같다. 그러나 지분처분의 자유와 분할청구권이 없다는 점에서 공유와 다르다.

## (4) 총유

> **제275조【물건의 총유】** ① 법인이 아닌 사단의 사원이 집합체로서 물건을 소유할 때에는 총유로 한다.
> ② 총유에 관하여는 사단의 정관 기타 규약에 의하는 외에 다음 2조의 규정에 의한다.

총유는 법인 아닌 사단의 사원이 집합체로서 물건을 소유하는 공동소유의 형태이다(제275조 제1항). 즉, 총유의 주체는 권리능력 없는 사단의 구성원인데, 그 대표적인 예로 종중과 교회를 들 수 있다. 부동산의 총유는 이를 등기하여야 하며, 등기는 권리능력 없는 사단의 명의로 그 대표자 또는 관리인이 이를 신청한다(부동산등기법 제26조).

# 용익물권

## 01 총설

**(1)** 용익물권은 타인의 물건을 일정한 범위에서 사용·수익할 수 있는 물권이다. 즉, 사용가치를 지배하는 권능의 일부가 소유권으로부터 분리된 독립한 권리이다.

**(2)** 용익물권에는 지상권·지역권·전세권이 있으며 이들은 모두 부동산만을 그 대상으로 한다.

## 02 지상권 ★

### (1) 총설

> 제279조 【지상권의 내용】 지상권자는 타인의 토지에 건물 기타 공작물이나 수목을 소유하기 위하여 그 토지를 사용하는 권리가 있다.

### (2) 지상권의 존속기간

① **서설:** 민법은 공작물이나 수목의 소유를 목적으로 하는 지상권의 특성을 고려하여 지상권의 최단기간을 정한다. 이러한 지상권의 존속기간 및 갱신에 관한 규정은 지상권자에게 불리하게 변경될 수 없는 편면적 강행규정이다(제289조).

② **설정행위로 존속기간을 정한 경우**

> 제280조 【존속기간을 약정한 지상권】 ① 계약으로 지상권의 존속기간을 정하는 경우에는 그 기간은 다음 연한보다 단축하지 못한다.
> 1. 석조, 석회조, 연와조 또는 이와 유사한 견고한 건물이나 수목의 소유를 목적으로 하는 때에는 30년
> 2. 전호 이외의 건물의 소유를 목적으로 하는 때에는 15년
> 3. 건물 이외의 공작물의 소유를 목적으로 하는 때에는 5년
> ② 전항의 기간보다 단축한 기간을 정한 때에는 전항의 기간까지 연장한다.

③ 설정행위로 존속기간을 정하지 않은 경우

> 제281조 【존속기간을 약정하지 아니한 지상권】 ① 계약으로 지상권의 존속기간을 정하지
> 아니한 때에는 그 기간은 전조의 최단존속기간으로 한다.
> ② 지상권설정 당시에 공작물의 종류와 구조를 정하지 아니한 때에는 지상권은 전조
> 제2호의 건물의 소유를 목적으로 한 것으로 본다.

## 03 지역권 ★

### (1) 서설

> 제291조 【지역권의 내용】 지역권자는 일정한 목적을 위하여 타인의 토지를 자기 토지의 편
> 익(便益)에 이용하는 권리가 있다.

지역권이란 설정행위에서 정한 일정한 목적을 위하여 타인의 토지를 자기의 토지의 편익
에 이용하는 용익물권을 말한다(제291조). 예컨대 타인의 토지를 통행하거나, 그 토지를
거쳐 물을 끌어오거나, 그 토지에 일정한 높이 이상의 건물을 건축하지 않는 등 두 개의
토지 사이의 이용을 조절하는 것을 목적으로 한다. 이때 그 편익을 얻는 토지를 요역지(要
役地)라 하고, 편익을 제공하는 토지를 승역지(承役地)라고 한다.

### (2) 존속기간

민법은 지역권의 존속기간에 관하여 아무런 규정을 두고 있지 않지만, 당사자가 지역권의
존속기간을 정할 수 있다. 그리고 영구적인 지역권의 설정을 인정하는 것이 통설·판례
이다(대판 1980.1.29, 79다1704).

## 04 전세권 ★

### (1) 총설

> 제303조 【전세권의 내용】 ① 전세권자는 전세금을 지급하고 타인의 부동산을 점유하여 그
> 부동산의 용도에 좇아 사용·수익하며, 그 부동산 전부에 대하여 후순위권리자 기타 채권
> 자보다 전세금의 우선변제를 받을 권리가 있다.
> ② 농경지는 전세권의 목적으로 하지 못한다.

① 전세권은 전세금을 지급하고 타인의 부동산을 점유하여 그 부동산의 용도에 좇아 사용·수익하고, 전세권이 소멸하면 목적부동산으로부터 전세금의 우선변제를 받을 수 있는 물권이다(제303조 제1항).

② 전세권은 타인의 부동산을 사용·수익한다는 용익물권적 기능과 함께 담보물권적 기능도 아울러 가지고 있다. 그러나 전세제도의 주된 기능은 부동산의 사용·수익이라는 용익물권성에 있으며, 전세금반환의 확보를 위한 담보물권성은 부수적인 것이다.

③ 전세권은 전세금반환채권을 담보하는 범위 내에서는 담보물권이므로, 부종성·수반성·물상대위성·불가분성이 있다.

## (2) 전세권의 취득

전세권은 보통 부동산소유자와 전세권취득자 사이의 설정계약과 등기에 의하여 취득되는 것이 보통이나(제186조), 그 밖에 전세권의 양도·상속에 의해서도 취득될 수 있다.

## (3) 전세권의 존속기간

제312조【전세권의 존속기간】① 전세권의 존속기간은 10년을 넘지 못한다. 당사자의 약정기간이 10년을 넘는 때에는 이를 10년으로 단축한다.
② 건물에 대한 전세권의 존속기간을 1년 미만으로 정한 때에는 이를 1년으로 한다.
③ 전세권의 설정은 이를 갱신할 수 있다. 그 기간은 갱신한 날로부터 10년을 넘지 못한다.
④ 건물의 전세권설정자가 전세권의 존속기간 만료 전 6월부터 1월까지 사이에 전세권자에 대하여 갱신거절의 통지 또는 조건을 변경하지 아니하면 갱신하지 아니한다는 뜻의 통지를 하지 아니한 경우에는 그 기간이 만료된 때에 전전세권과 동일한 조건으로 다시 전세권을 설정한 것으로 본다. 이 경우 전세권의 존속기간은 그 정함이 없는 것으로 본다.

① **설정계약에서 정하는 경우**
  ㉠ **최장존속기간의 제한:** 당사자는 설정행위에서 전세권의 존속기간을 임의로 정할 수 있다. 그러나 그 기간은 10년을 넘지 못하며, 당사자간의 약정기간이 10년을 넘은 때에는 이를 10년으로 단축한다(제312조 제1항). 전세권은 당사자의 합의에 의한 갱신이 가능하며, 갱신한 날로부터 10년을 넘지 못한다(제312조 제3항).
  ㉡ **건물전세권의 최단존속기간의 보장:** 건물에 대한 전세권의 존속기간을 1년 미만으로 정한 때에는 이를 1년으로 한다(제312조 제2항). 이 최단기간은 토지전세권에는 적용되지 않는다.

② **전세권의 갱신**

ㄱ **약정갱신**: 전세권의 갱신은 당사자의 합의에 의해서 가능하며, 그 기간은 갱신한 날로부터 10년을 넘지 못한다(제312조 제3항). 전세권의 갱신은 등기를 요한다.

ㄴ **건물전세권의 법정갱신**: 민법은 건물전세권자를 보호하기 위하여 법정갱신을 규정하였다. 전세권의 법정갱신은 법률의 규정에 의한 부동산에 관한 물권의 변동이므로 전세권갱신에 관한 등기를 필요로 하지 아니하고 전세권자는 그 등기 없이도 전세권설정자나 그 목적물을 취득한 제3자에 대하여 그 권리를 주장할 수 있다(대판 1989.7.11, 88다카21029).

③ **설정계약에서 정하지 않은 경우**

> **제313조【전세권의 소멸통고】** 전세권의 존속기간을 약정하지 아니한 때에는 각 당사자는 언제든지 상대방에 대하여 전세권의 소멸을 통고할 수 있고, 상대방이 이 통고를 받은 날로부터 6월이 경과하면 전세권은 소멸한다.

## 01 유치권 ★

### (1) 총설

> **제320조【유치권의 내용】** ① 타인의 물건 또는 유가증권을 점유한 자는 그 물건이나 유가증권에 관하여 생긴 채권이 변제기에 있는 경우에는 변제를 받을 때까지 그 물건 또는 유가증권을 유치할 권리가 있다.

① 유치권은 타인의 물건 또는 유가증권을 점유한 자가 그 물건이나 유가증권에 관하여 생긴 채권이 변제기에 있는 경우에, 그 채권의 변제를 받을 때까지 그 목적물을 유치할 수 있는 물권이다(제320조 제1항). 예컨대, 시계를 수선한 자는 수선료를 변제받을 때까지 그 시계를 유치하고 인도를 거절할 수 있는 권리를 가진다. 유치권은 법정담보물권으로 공평의 원칙에 기한 것이다.
② 담보물권으로서 유치권은 목적물을 유치함으로써 심리적 압박에 의하여 채무자의 변제를 간접적으로 강제함을 주된 목적으로 한다. 유치권은 법률상 당연히 성립하는 법정담보물권이라는 점에서 다른 담보물권과 다르다.

### (2) 유치권의 효력

#### ① 유치권자의 권리

⑦ **목적물의 유치**: 유치권자는 그의 채권의 변제를 받을 때까지 목적물을 유치할 수 있다(제320조 제1항). 유치한다는 것은 목적물의 점유를 계속하면서 그 인도를 거절하는 것을 뜻한다.

ⓛ **경매와 간이변제충당**

> **제322조【경매, 간이변제충당】** ① 유치권자는 채권의 변제를 받기 위하여 유치물을 경매할 수 있다.
> ② 정당한 이유 있는 때에는 유치권자는 감정인의 평가에 의하여 유치물로 직접 변제에 충당할 것을 법원에 청구할 수 있다. 이 경우에는 유치권자는 미리 채무자에게 통지하여야 한다.

ⓒ 과실수취권(제323조)

> 제323조 【과실수취권】 ① 유치권자는 유치물의 과실을 수취하여 다른 채권보다 먼저 그 채권의 변제에 충당할 수 있다. 그러나 과실이 금전이 아닌 때에는 경매하여야 한다.
> ② 과실은 먼저 채권의 이자에 충당하고 그 잉여가 있으면 원본에 충당한다.

ⓔ 유치물사용권(제324조 제2항)

> 제324조 【유치권자의 선관의무】 ② 유치권자는 채무자의 승낙 없이 유치물의 사용, 대여 또는 담보제공을 하지 못한다. 그러나 유치물의 보존에 필요한 사용은 그러하지 아니하다.

ⓜ 비용상환청구권(제325조)

> 제325조 【유치권자의 상환청구권】 ① 유치권자가 유치물에 관하여 필요비를 지출한 때에는 소유자에게 그 상환을 청구할 수 있다.
> ② 유치권자가 유치물에 관하여 유익비를 지출한 때에는 그 가액의 증가가 현존한 경우에 한하여 소유자의 선택에 좇아 그 지출한 금액이나 증가액의 상환을 청구할 수 있다. 그러나 법원은 소유자의 청구에 의하여 상당한 상환기간을 허여할 수 있다.

② 유치권자의 의무

> 제324조 【유치권자의 선관의무】 ① 유치권자는 선량한 관리자의 주의로 유치물을 점유하여야 한다.
> ② 유치권자는 채무자의 승낙 없이 유치물의 사용, 대여 또는 담보제공을 하지 못한다. 그러나 유치물의 보존에 필요한 사용은 그러하지 아니하다.
> ③ 유치권자가 전2항의 규정에 위반한 때에는 채무자는 유치권의 소멸을 청구할 수 있다.

## 02 질권 ★

### (1) 총설

> 제329조 【동산질권의 내용】 동산질권자는 채권의 담보로 채무자 또는 제3자가 제공한 동산을 점유하고 그 동산에 대하여 다른 채권자보다 자기채권의 우선변제를 받을 권리가 있다.

① **의의**: 질권이란 채권자가 채무의 변제를 받을 때까지 그 채권의 담보로서 채무자 또는 제3자로부터 인도받은 물건 또는 재산권을 유치함으로써 채무의 변제를 간접적으로 강제하다가, 변제가 없으면 그 매각대금으로부터 우선변제를 받을 수 있는 물권을 말한다(제329조, 제345조).

② **질권의 종류**

㉠ 적용법규에 따라 민법이 적용되는 민사질, 상법이 적용되는 상사질(상행위로 생긴 채권을 담보)로 분류된다. 상사질권의 경우 유질계약금지에 관한 민법 제339조의 적용이 없다(상법 제59조).

㉡ 목적물에 따라서 동산질권과 권리질권으로 나누어진다. 현행 민법은 부동산질권을 인정하지 않는다. 동산질권과 권리질권은 그 목적물이 다르므로 그 공시방법과 실행방법이 다르다.

## (2) 동산질권

① **동산질권의 성립**: 동산질권은 원칙적으로 질권설정계약에 의하여 성립하나, 예외적으로 법률의 규정에 의하여 성립하는 때도 있다.

㉠ **질권설정계약**

ⓐ **당사자**: 동산질권은 질권설정계약에 의하여 설정되는 것이 원칙이다. 질권자는 피담보채권의 채권자에 한하나, 질권설정자는 피담보채권의 채무자인 것이 보통이지만 제3자도 가능하다. 즉, 타인의 채무를 담보하기 위하여 자기 물건 위에 질권(저당권)을 설정하는 자를 물상보증인이라고 한다. 물상보증인이 스스로 변제하거나 질권이 실행되어 질물의 소유권을 잃으면 당연히 채무자에 대한 구상권을 갖는다(제341조).

ⓑ **선의취득**: 질권의 설정은 처분행위이므로, 설정자에게 처분권한이 있어야 한다. 질권설정자에게 처분권한이 없는 경우에도 '질권자가 평온·공연하게 선의이며 과실 없이 질권의 목적동산을 취득'하면 질권을 선의취득할 수 있다(제343조, 제249조, 대판 1981.12.22, 80다2910).

    ✿ 선의·무과실은 동산질권자가 입증하여야 한다.

㉡ **목적동산의 인도**

> **제330조 【설정계약의 요물성】** 질권의 설정은 질권자에게 목적물을 인도함으로써 그 효력이 생긴다.
>
> **제332조 【설정자에 의한 대리점유의 금지】** 질권자는 설정자로 하여금 질물의 점유를 하게 하지 못한다.

ⓐ 질권의 설정은 질권자에게 목적물을 인도함으로써 그 효력이 생긴다(제330조). 질권자는 설정자로 하여금 질물의 점유를 하게 하지 못한다(제332조). 즉, 동산질권의 설정에서 요구되는 인도는 점유개정을 금지하고 있다. 따라서 질권설정을 위한 인도는 현실의 인도·간이인도·목적물반환청구권의 양도에 의한 인도만이 인정된다.

ⓑ 질권이 설정된 후 질물을 질권설정자에게 반환하면 그 질권은 소멸한다(다수설). 즉, 제322조의 규정취지가 유치적 효력을 확보하는 데 있으므로 질권자가 유치적 효력을 포기한 때에는 질권이 소멸한다.

## (3) 권리질권

### ① 총설

㉠ 권리질권이란 동산 이외의 재산권을 목적으로 하는 질권을 말한다(제345조 본문).

㉡ 권리질권의 목적으로서 주요한 것은 채권, 주식 및 지식재산권이다.

### ② 채권질권

> **제346조【권리질권의 설정방법】** 권리질권의 설정은 법률에 다른 규정이 없으면 그 권리의 양도에 관한 방법에 의하여야 한다.
>
> **제347조【설정계약의 요물성】** 채권을 질권의 목적으로 하는 경우에 채권증서가 있는 때에는 질권의 설정은 그 증서를 질권자에게 교부함으로써 그 효력이 생긴다.

# 03 저당권 ★

## 1. 총설

> **제356조【저당권의 내용】** 저당권자는 채무자 또는 제3자가 점유를 이전하지 아니하고 채무의 담보로 제공한 부동산에 대하여 다른 채권자보다 자기채권의 우선변제를 받을 권리가 있다.

## (1) 의의

저당권이란 채권자가 채무담보를 위하여 채무자 또는 제3자가 제공한 부동산 기타 목적물의 점유를 이전받지 않은 채 그 목적물을 관념상으로만 지배하다가, 채무의 변제가 없으면 그 목적물로부터 우선변제를 받을 수 있는 담보물권을 말한다(제356조).

## (2) 특색

저당권이 설정되더라도 저당목적물에 대한 점유 및 사용·수익은 저당권자에게 있지 않고 여전히 저당권설정자에게 있다는 점에서, 목적물에 대하여 유치적 효력이 인정되는 질권과 근본적으로 다르다. 즉, 채권자는 저당목적물의 교환가치만을 파악하여, 피담보채권의 변제가 없으면 목적물을 경매하여 그 대금으로부터 우선변제를 받을 수 있다는 점에 특색이 있다. 저당권은 전형적인 가치권이다.

## 2. 저당권의 법적 성질

### (1) 저당권의 특질

① 저당권은 당사자 사이의 합의와 등기에 의하여 성립하는 약정담보물권이라는 점에서 질권과 그 성질이 같고(법정저당권은 예외), 유치권과 다르다.

② 저당권은 목적물의 경매에 의하여 실현되는 교환가치로부터 다른 채권자보다 우선변제를 받는 효력을 본체로 하는 권리이다. 저당권은 목적물의 점유를 저당권설정자로부터 박탈하지 않는다. 즉, 유치적 효력을 갖지 않는다. 따라서 등기·등록에 의해 공시가 불가능한 재산권은 저당권의 목적이 될 수 없다.

### (2) 담보물권으로서의 통유성

① 저당권은 타인소유의 부동산을 목적으로 한다(타 물권성). 다만, 자기 소유의 부동산 위에 저당권이 성립하는 것은 혼동의 예외로서 인정될 뿐이다.

② 저당권은 피담보채권과 분리하여 타인에게 양도하거나 담보로 제공하지 못하고(제361조), 피담보채권이 변제·포기·혼동·면제 기타 사유로 소멸하면 저당권도 소멸하며(제369조), 피담보채권을 발생케 한 계약이 무효이거나 취소되면 저당권도 무효가 되거나 소급적으로 효력을 상실한다(부종성).

③ 피담보채권이 상속·양도에 의하여 그 동일성을 유지하여 승계되면 저당권도 승계된다(수반성).

④ 저당권은 채권 전부의 변제를 받을 때까지 목적물 전부에 대하여 그 권리를 행사할 수 있다[불가분성(제370조, 제321조)].

⑤ 저당권은 목적물의 멸실·훼손·공용징수로 인하여 저당권설정자가 받을 금전 기타 물건에 대하여도 행사할 수 있다[물상대위성(제370조, 제342조)].

## 3. 저당권의 성립

### (1) 개관

저당권은 당사자 사이의 저당권설정계약과 등기에 의하여 성립하는 것이 원칙이지만(제186조), 민법 제666조에 의하여 부동산공사수급인에게 인정되는 저당권설정청구권의 행사에 의하거나, 민법 제649조(임차지상의 건물에 대한 법정저당권)의 규정에 의하여 일정한 요건하에 법률상 당연히 성립하는 경우도 있다(법정저당권).

## (2) 저당권의 객체(목적)

① **민법이 규정하는 객체**: 저당권은 목적물을 점유하지 않는 물권이므로 등기·등록할 수 있는 것만이 그 객체로 될 수 있다. 민법이 인정하는 저당권의 객체는 부동산(제356조)과 지상권·전세권(제371조)이다.

② **민법 이외의 법률이 규정하는 객체**: 등기된 선박(상법 제871조), 광업권(광업법 제13조), 어업권(수산업법 제15조), 댐사용권, 공장재단, 광업재단, 자동차, 항공기, 건설기계, 입목등기가 이루어진 입목 등이다.

## (3) 피담보채권

저당권의 피담보채권은 대개 금전채권이지만 그 밖의 채권이라도 무방하다. 이와 같은 채권의 경우에는 저당권설정등기를 신청할 때에 신청서에 그 채권의 가격을 기재하여 등기하여야 한다(부동산등기법 제143조).

## (4) 법정저당권·부동산공사수급인의 저당권설정청구권

① **법정저당권**

> **제649조【임차지상의 건물에 대한 법정저당권】** 토지임대인이 변제기를 경과한 최후 2년의 차임채권에 의하여 그 지상에 있는 임차인 소유의 건물을 압류한 때에는 저당권과 동일한 효력이 있다.

법정저당권의 성립시기는 압류등기를 한 때이다.

② **부동산공사수급인의 저당권설정청구권**

> **제666조【수급인의 목적 부동산에 대한 저당권설정청구권】** 부동산공사의 수급인은 전조의 보수에 관한 채권을 담보하기 위하여 그 부동산을 목적으로 한 저당권의 설정을 청구할 수 있다.

저당권설정청구권의 행사로 당연히 저당권이 성립하는 것이 아니라, 도급인이 수급인의 청구에 응하여 등기를 함으로써 비로소 저당권이 성립한다.

## 4. 저당권의 효력

## (1) 저당권의 효력이 미치는 범위

① **목적물의 범위**

㉠ **목적물**

ⓐ **저당부동산**: 저당권의 효력이 저당권의 객체에 미침은 당연하다. 그 목적물의 범위는 목적물의 소유권이 미치는 범위와 대체로 일치한다.

ⓑ **부합물**

> **제358조【저당권의 효력의 범위】** 저당권의 효력은 저당부동산에 부합된 물건과 종물에 미친다. 그러나 법률에 특별한 규정 또는 설정행위에 다른 약정이 있으면 그러하지 아니하다.

ⓒ **과실**

> **제359조【과실에 대한 효력】** 저당권의 효력은 저당부동산에 대한 압류가 있은 후에 저당권설정자가 그 부동산으로부터 수취한 과실 또는 수취할 수 있는 과실에 미친다. 그러나 저당권자가 그 부동산에 대한 소유권, 지상권 또는 전세권을 취득한 제3자에 대하여는 압류한 사실을 통지한 후가 아니면 이로써 대항하지 못한다.

ⓛ **물상대위:** 저당권에 있어서도 질권에서와 마찬가지로 물상대위가 인정된다(제370조, 제342조). 따라서 저당권은 저당물의 멸실·훼손 또는 공용징수로 인하여 저당권설정자가 받을 금전 기타 물건에 대해서도 행사할 수 있다. 그 지급 또는 인도 전에 압류하여야 한다(대판 2015.9.10, 2013다216273).

② **피담보채권의 범위(저당권에 의하여 담보되는 채권의 범위)**

> **제360조【피담보채권의 범위】** 저당권은 원본, 이자, 위약금, 채무불이행으로 인한 손해배상 및 저당권의 실행비용을 담보한다. 그러나 지연배상에 대하여는 원본의 이행기일을 경과한 후의 1년분에 한하여 저당권을 행사할 수 있다.

## (2) 우선변제적 효력

채무자가 변제기에 변제하지 않으면 저당권자는 저당목적물을 일정한 절차에 따라 매각·환가하여 그 대금으로부터 다른 채권자에 우선하여 피담보채권의 변제를 받을 수 있다(제356조). 이것이 우선변제적 효력이며, 저당권의 본체적 효력이다.

house.Hackers.com

## ▶ 핵심개념

# PART 3
# 채권총론

 선생님의 비법전수

채권법은 채권을 규율하는 법입니다.
채권총칙은 체계적인 이해가 되지 않으면 조금 어려운 파트이지만, 이러한 점을 이해하고 출제비중이 높은 부분을 집중적으로 학습하도록 합니다.

| **CHAPTER 4**<br>다수당사자의 채권관계 | **CHAPTER 5**<br>채권양도와 채무인수 | **CHAPTER 6**<br>채무의 소멸 |
| --- | --- | --- |
| • 연대채무 ★<br>• 보증채무 ★ | • 채무양도 ★<br>• 채무인수 ★ | |

# 채권법 서론

## 01 채권법의 의의

### (1) 채권법의 의의

당사자간의 채권·채무관계를 규율하는 법규를 총칭하여 채권법이라고 한다.

### (2) 채권법의 특질

① **임의규정성**: 채권법의 영역에서는 사적자치가 널리 인정되며, 그 규정들은 대체로 임의규정으로 되어 있다. 특히 계약법에 있어서 그렇다.
② **보편성**: 채권법은 거래법으로서 세계적으로 보편화·균질화하는 경향을 보인다.
③ **신의칙의 지배**: 신의칙은 민법의 모든 분야에 적용되나, 그 가운데 채권법에서 가장 현저하게 작용한다.

## 02 채권의 본질

**(1)** 일반적으로 채권은 '특정인이 다른 특정인에 대하여 특정의 행위를 청구할 수 있는 권리'로 정의된다. 채권은 내용의 면에서는 재산권이고, 효력면에서는 청구권이며, 의무자의 범위를 표준으로 해서 보면 상대권이다.

**(2)** 채권은 배타성이 없으므로 양립할 수 없는 것이라도 동시에 둘 이상 동시에 존재할 수 있고, 채권의 효력에 있어서도 차이가 없다. 이를 채권자평등의 원칙이라고 한다.

# 2 채권의 목적

## 01 일반론

### (1) 채권의 목적의 의의

채권은 채권자가 채무자에게 일정한 행위를 청구하는 것을 내용으로 하는 권리이므로, '채권의 목적'은 '채무자의 행위'로 귀결된다. 채권의 목적이 되는 채무자의 행위를 가리켜 강학상 '급부'라고 하고, 이 급부의무를 '채무'라고 한다.

### (2) 채권의 목적의 요건

> 제373조 【채권의 목적】 금전으로 가액을 산정할 수 없는 것이라도 채권의 목적으로 할 수 있다.

법률행위의 일반적 유효요건인 '확정성·실현가능성·적법성·사회적 타당성'은 계약에 의해 발생하는 채권의 목적의 요건에도 공통된다. 그 밖에 민법은 '금전으로 가액을 산정할 수 없는 것'도 채권의 목적으로 할 수 있다고 정하고 있다(제373조).

## 02 목적에 의한 채권의 종류

### 1. 특정물채권 ★

### (1) 의의

① 특정물채권은 특정물의 인도를 목적으로 하는 채권이다. 물건의 인도를 목적으로 하는 채권은 그 물건의 특정 여부에 따라 특정물채권과 종류채권(불특정물채권)으로 나뉜다.

② 특정물채권은 채권이 성립할 당시부터 목적물이 특정되어 있어야만 하는 것은 아니며, 종류채권도 제375조 제2항에 의해 특정이 된 후에는 그때부터는 특정물채권이 된다.

## (2) 법률관계

### ① 선관주의로 목적물보존의무

> **제374조【특정물인도채무자의 선관의무】** 특정물의 인도가 채권의 목적인 때에는 채무자는 그 물건을 인도하기까지 선량한 관리자의 주의로 보존하여야 한다.

ⓐ 선량한 관리자의 주의의무를 다하지 못한 것을 추상적 경과실이라고 한다. 일반적채무자가 부담하는 주의의무의 기본원칙이며, 선관의무를 다하였는지 여부에 대한 증명책임은 채무자가 진다(대판 2001.1.19, 2000다57351).

ⓑ 자기재산과 동일한 주의의무란 구체적 채무자의 주관적 주의능력의 정도를 기준으로 한 주의만을 요구하는 것을 말한다. 주의의무의 정도가 선관주의의무보다 낮으며, 이 의무를 다하지 못한 것을 구체적 경과실이라고 한다.

### ② 목적물인도의무

ⓐ **목적물의 현상인도**: 특정물의 인도가 채권의 목적인 때에는 채무자는 이행기의 현상대로 그 물건을 인도하여야 한다(제462조).

ⓑ **변제장소**: 채무의 성질 또는 당사자의 의사표시로 변제장소를 정하지 아니한 때에는 특정물의 인도는 채권성립 당시에 그 물건이 있던 장소에서 하여야 한다(제467조 제1항).

## 2. 종류채권

> **제375조【종류채권】** ① 채권의 목적을 종류로만 지정한 경우에 법률행위의 성질이나 당사자의 의사에 의하여 품질을 정할 수 없는 때에는 채무자는 중등품질의 물건으로 이행하여야 한다.
> ② 전항의 경우에 채무자가 이행에 필요한 행위를 완료하거나 채권자의 동의를 얻어 이행할 물건을 지정한 때에는 그때로부터 그 물건을 채권의 목적물로 한다.

종류채권은 목적물이 종류와 수량에 의하여 정하여지는 채권, 즉 일정한 종류에 속하는 물건의 일정량의 급부를 목적으로 하는 채권이다. 20kg짜리 쌀 10포대 또는 맥주 50병의 급부를 목적으로 하는 채권이 그 예이다.

## 3. 금전채권

## (1) 의의

금전채권은 금전의 인도를 목적으로 하는 채권으로, 보통의 종류채권과 달리 일정량의 가치의 인도를 목적으로 하는 가치채권으로서의 성질을 갖는다.

## (2) 금전채무불이행의 특칙

금전채권은 일정액의 금전의 인도를 목적으로 하는 가치채권이므로 통화제도가 존재하는 한, 이행불능이라는 것은 생각할 수 없고, 이행지체가 성립할 뿐이다. 금전채무의 불이행에 대해서는 제397조의 특칙이 있다.

> **제397조【금전채무불이행에 대한 특칙】** ① 금전채무불이행의 손해배상액은 법정이율에 의한다. 그러나 법령의 제한에 위반하지 아니한 약정이율이 있으면 그 이율에 의한다.
> ② 전항의 손해배상에 관하여는 채권자는 손해의 증명을 요하지 아니하고 채무자는 과실 없음을 항변하지 못한다.

## 4. 이자채권

**(1)** 이자채권은 이자의 급부를 목적으로 하는 채권이다. 이자채권은 당사자 사이의 특약이나 법률의 규정에 의하여 발생한다.

**(2)** 이자란 원본인 유동자본으로부터 발생하는 수익으로서 원본액과 사용기간, 이율에 따라 지급되는 금전 기타 대체물이다.

**(3)** 예컨대, 100만원의 원금에 대하여 연 2할의 이율로 매월 이자를 지급하기로 약정하는 경우가 있다. 이에 따라 채무자는 연 2할의 이자를 지급해야 할 기본적 이자채무를 지고, 이 채무의 이행으로서 변제기가 도래한 매월의 이자를 지급해야 하는 지분적 이자채무를 부담하게 된다.

## 5. 선택채권

## (1) 의의

① 선택채권이란 수개의 서로 다른 급부가 채권의 목적으로 되어 있으나 선택에 의하여 그중 하나가 급부의 목적으로 확정되는 채권이다. 예컨대 X토지, 아반떼 승용차, 금전 1천만원, 채권자의 초상화를 그려 주는 것 가운데 어느 하나의 급부를 목적으로 하는 경우에 선택채권이 존재한다.

② 선택채권은 법률행위 또는 법률의 규정(제135조 제1항, 제203조 제2항, 제433조)에 의하여 발생한다.

**(2) 선택채권의 특정(집중) ★**

① **서언:** 선택채권의 이행이 되기 위해서는 수개의 급부 중 하나의 급부로 특정되어 단순채권으로 변경되어야 한다. 특정의 방법으로는 선택권자의 선택에 의한 특정(제381조 내지 제384조)과 급부불능에 의한 특정(제385조)이 있다.

② **선택에 의한 특정**

ㄱ **선택권자**

> 제380조【선택채권】채권의 목적이 수개의 행위 중에서 선택에 좇아 확정될 경우에 다른 법률의 규정이나 당사자의 약정이 없으면 선택권은 채무자에게 있다.

ㄴ **선택권의 행사**

ⓐ **당사자의 선택권행사**

> 제382조【당사자의 선택권의 행사】① 채권자나 채무자가 선택하는 경우에는 그 선택은 상대방에 대한 의사표시로 한다.
> ② 전항의 의사표시는 상대방의 동의가 없으면 철회하지 못한다.

ⓑ **제3자의 선택권행사**

> 제383조【제3자의 선택권의 행사】① 제3자가 선택하는 경우에는 그 선택은 채무자 및 채권자에 대한 의사표시로 한다.
> ② 전항의 의사표시는 채권자 및 채무자의 동의가 없으면 철회하지 못한다.

ㄷ **선택의 효과**

> 제386조【선택의 소급효】선택의 효력은 그 채권이 발생한 때에 소급한다. 그러나 제3자의 권리를 해하지 못한다.

# 채권의 효력

## 01 서론

### (1) 채권의 대내적 효력

① 채권자의 채무자에 대한 효력은 청구력과 급부보유력(1차적 효력), 강제이행과 손해배상청구(2차적 효력)로 나누어 볼 수 있다. 청구력과 급부보유력은 채권의 본래적 효력으로서, 채권자가 이러한 최소한의 효력을 갖추고 있으면 강제적 실현권능을 가지고 있지 않는 경우(**예** 자연채무)에도 법률상 채권을 보유하고 있다고 볼 수 있다.

② 채무자의 채권자에 대한 효력은 성실하게 채무를 이행하려고 한 채무자를 보호하기 위한 채권자지체가 있다.

### (2) 채권의 대외적 효력

① 채무자의 책임재산을 유지하고 보전하기 위하여 민법은 채권자대위권과 채권자취소권제도를 두고 있다. 양 제도는 채권자의 보호를 위해 법률이 규정한 특별한 권리로 이해된다.

② 제3자에 의한 채권침해에 대하여 불법행위에 의한 손해배상청구권 또는 방해배제청구권에 의한 보호를 의미한다.

## 02 채무불이행

## 1. 서설

> **제390조【채무불이행과 손해배상】** 채무자가 채무의 내용에 좇은 이행을 하지 아니한 때에는 채권자는 손해배상을 청구할 수 있다. 그러나 채무자의 고의나 과실 없이 이행할 수 없게 된 때에는 그러하지 아니하다.

채무불이행이란 채무자에게 책임 있는 사유로 채무의 내용에 좇은 이행이 이루어지지 않고 있는 상태를 통틀어 일컫는 말이다.

## 2. 채무불이행의 유형별 검토

### (1) 이행지체 ★

① **서론**: 이행지체란 채무의 이행이 가능함에도 불구하고 채무자가 그에게 책임 있는 사유로 이행을 하지 않고 이행기를 도과하는 채무불이행의 유형이다.

② **효과**

 ㉠ **손해배상**

  ⓐ **지연배상**: 채권자는 채무자의 이행지체에 대해 원칙적으로 그 지연배상을 청구할 수 있다(제390조). 이 경우에 채권자는 지연배상과 함께 본래 채무의 이행도 청구할 수 있다. 그러므로 채무자는 이들 모두를 제공하여야 채무 내용에 좋은 이행의 제공을 한 것이 된다(제460조 참조).

  ⓑ **전보배상**

> **제395조【이행지체와 전보배상】** 채무자가 채무의 이행을 지체한 경우에 채권자가 상당한 기간을 정하여 이행을 최고하여도 그 기간 내에 이행하지 아니하거나 지체 후의 이행이 채권자에게 이익이 없는 때에는 채권자는 수령을 거절하고 이행에 갈음한 손해배상을 청구할 수 있다.

  ⓒ **책임의 가중**

> **제392조【이행지체 중의 손해배상】** 채무자는 자기에게 과실이 없는 경우에도 그 이행지체 중에 생긴 손해를 배상하여야 한다. 그러나 채무자가 이행기에 이행하여도 손해를 면할 수 없는 경우에는 그러하지 아니하다.

 ㉡ **이행의 강제**: 강제이행은 채무가 이행기에 있고 강제실현이 가능하면 채무자에게 귀책사유가 없어도 행하여질 수 있다.

 ㉢ **계약의 법정해제권**: 채권자가 상당한 기간을 정하여 이행을 최고하였는데 그 기간 내에 이행이 없으면 그는 계약을 해제할 수 있다(제544조).

### (2) 이행불능 ★

① **의의**: 이행불능이란 채권이 성립한 후에 채무자에게 책임 있는 사유로 이행할 수 없게 된 것을 말한다.

② **효과**

 ㉠ **전보배상청구권**: 이행불능의 요건이 갖추어지면 채권자는 손해배상을 청구할 수 있다(제390조). 이때의 손해배상은 그 성질상 이행에 갈음한 손해배상, 즉 전보배상이다.

 ㉡ **계약해제권**: 계약에 기하여 발생한 채무가 채무자의 책임있는 사유로 이행이 불능으로 된 때에는, 채권자는 최고 없이 계약을 해제할 수 있다(제546조).

ⓒ **대상청구권**: 판례는 "우리 민법이 이행불능의 효과로서 채권자의 전보배상청구권과 계약해제권 외에 별도로 대상청구권을 규정하고 있지 않으나 해석상 대상청구권을 부정할 이유는 없다."(대판 2012.6.28, 2010다71431)고 하여 대상청구권을 긍정한다.

## (3) 불완전이행

① 불완전이행은 채무자가 이행을 하기는 하였으나 그 이행에 하자가 있는 것을 말하는 것으로서, 적극적 채권침해라고도 한다. 그 흠 있는 이행의 결과로 채권자의 다른 법익이 침해되는 경우도 있는데, 이를 보통 확대손해 또는 부가적 손해라고 한다.

② 불완전이행의 법적 근거는 "채무의 내용에 좇은 이행을 하지 아니한 때에는 채권자는 손해배상을 청구할 수 있다."고 규정한 채무불이행의 포괄규정인 민법 제390조이다.

## 03 채권자지체

## (1) 의의

채권자지체란 채무의 이행에 급부의 수령 기타 채권자의 협력을 필요로 하는 경우에, 채무자가 채무의 내용에 좇은 이행의 제공을 하였음에도 불구하고 채권자가 그것의 수령 기타 협력을 하지 않거나 혹은 협력을 할 수 없기 때문에 이행이 지연되고 있는 것으로서(제400조), 수령지체라고도 한다.

## (2) 효과

① 제401조 내지 제403조

ⓐ 주의의무의 경감

> **제401조【채권자지체와 채무자의 책임】** 채권자지체 중에는 채무자는 고의 또는 중대한 과실이 없으면 불이행으로 인한 모든 책임이 없다.

ⓑ 이자의 정지

> **제402조【동전】** 채권자지체 중에는 이자 있는 채권이라도 채무자는 이자를 지급할 의무가 없다.

ⓒ 증가된 보관비용 등의 채권자 부담

> 제403조 【채권자지체와 채권자의 책임】 채권자지체로 인하여 그 목적물의 보관 또는
> 변제의 비용이 증가된 때에는 그 증가액은 채권자의 부담으로 한다.

ⓔ **쌍무계약에 있어서 위험의 이전**: 쌍무계약의 경우 채권자지체 중 쌍방의 귀책사
유 없이 급부가 불능이 된 경우 대가위험은 채권자에게 이전되어 채무자는 반대
급부청구권을 상실하지 않는다(제538조 제1항 2문).

② **손해배상청구권 및 해제권의 인정 여부**: 판례는, "채권자지체가 성립하는 경우 그
효과로서 원칙적으로 채권자에게 민법 규정에 따른 일정한 책임이 인정되는 것 외
에, 채무자가 채권자에 대하여 일반적인 채무불이행책임과 마찬가지로 손해배상이
나 계약해제를 주장할 수는 없다."고 한다(대판 2021.10.28, 2019다293036).

## 04 책임재산의 보전

### (1) 총설

채무자의 일반재산은 채권의 가치확보에 대한 마지막 보루라고 할 수 있다. 민법은 일정
한 경우에 채권자에 대하여 채무자의 일반재산을 보전할 수 있는 권한을 부여함으로써 채
무자의 일반재산의 유지 및 회복을 도모할 수 있는 권리를 부여하고 있다. 채권자대위권
및 채권자취소권이 그것이다.

### (2) 채권자대위권

> 제404조 【채권자대위권】 ① 채권자는 자기의 채권을 보전하기 위하여 채무자의 권리를 행
> 사할 수 있다. 그러나 일신에 전속한 권리는 그러하지 아니하다.
> ② 채권자는 그 채권의 기한이 도래하기 전에는 법원의 허가 없이 전항의 권리를 행사하지
> 못한다. 그러나 보존행위는 그러하지 아니하다.

① 채권자는 자기 채권의 보전을 위하여 그의 채무자가 제3채무자에 대하여 가지는
채권을 채무자에 갈음하여 행사할 수 있는 권리를 가진다. 이러한 권리를 채권자대
위권이라고 한다.

② 채권자대위권의 성질에 관하여, 소송법상의 권리가 아니고 실체법상의 권리이며,
구체적으로는 일종의 법정재산관리권이라고 한다(통설).

## (3) 채권자취소권 ★

> **제406조【채권자취소권】** ① 채무자가 채권자를 해함을 알고 재산권을 목적으로 한 법률행위를 한 때에는 채권자는 그 취소 및 원상회복을 법원에 청구할 수 있다. 그러나 그 행위로 인하여 이익을 받은 자나 전득한 자가 그 행위 또는 전득 당시에 채권자를 해함을 알지 못하는 경우에는 그러하지 아니하다.
> ② 전항의 소는 채권자가 취소원인을 안 날로부터 1년, 법률행위 있은 날로부터 5년 내에 제기하여야 한다.

채권자취소권은 '일반 채권자들의 공동담보에 제공되고 있는 채무자의 재산이 그의 처분행위로 감소되는 경우, 채권자의 청구에 의해 이를 취소하고, 일탈된 재산을 채무자의 책임재산으로 환원시키는 제도'로서(대판 2005.8.25, 2005다14595), 사해행위취소권이라고도 한다.

# 다수당사자의 채권관계

## 01 총설

### (1) 의의

'다수당사자의 채권관계'는 '하나의 급부'를 중심으로 채권자 또는 채무자의 일방 또는 쌍방이 2인 이상인 채권관계를 총칭하는 개념이다. 즉, 동일한 내용의 급부를 목적으로 하는 채권관계가 채권자 또는 채무자의 수만큼 다수로 존재하는 채권관계이다.

### (2) 종류 및 기능

① 민법이 규정하고 있는 다수당사자의 채권관계로는 분할채권관계(분할채권·분할채무), 불가분채권관계(불가분채권·불가분채무), 연대채무, 보증채무가 있다. 그리고 학설은 연대채권과 부진정연대채무의 개념을 인정한다.

② 다수당사자의 채권관계는 채권담보의 기능을 수행하는 인적 담보제도라는 점에서 의의를 찾을 수 있다. 특히 불가분채무, 연대채무, 보증채무에서 그렇다.

## 02 분할채권관계

**제408조 【분할채권관계】** 채권자나 채무자가 수인인 경우에 특별한 의사표시가 없으면 각 채권자 또는 각 채무자는 균등한 비율로 권리가 있고 의무를 부담한다.

분할채권관계는 하나의 가분급부에 대하여 채권자 또는 채무자가 다수 존재하는 경우에, 특별한 의사표시가 없는 한 채권 또는 채무가 수인의 채권자 또는 채무자 사이에 분할되는 채권관계를 의미한다. 우리 민법은 다수당사자의 채권관계에 있어서 분할채권관계를 원칙으로 하고 있다(제408조, 대판 1992.10.27, 90다13628).

## 03 불가분채권관계

### (1) 의의

> **제409조【불가분채권】** 채권의 목적이 그 성질 또는 당사자의 의사표시에 의하여 불가분인 경우에 채권자가 수인인 때에는 각 채권자는 모든 채권자를 위하여 이행을 청구할 수 있고 채무자는 모든 채권자를 위하여 각 채권자에게 이행할 수 있다.
>
> **제412조【가분채권, 가분채무에의 변경】** 불가분채권이나 불가분채무가 가분채권 또는 가분채무로 변경된 때에는 각 채권자는 자기부분만의 이행을 청구할 권리가 있고 각 채무자는 자기부담부분만을 이행할 의무가 있다.

불가분채권관계란 하나의 불가분급부에 대하여 수인의 채권자 또는 채무자가 각각 채권을 가지거나 채무를 부담하는 다수당사자의 채권관계를 말한다(제409조). 불가분채권관계에 있어서는 그 주체의 수만큼 채권 또는 채무가 존재하나, 급부의 불가분성으로 인하여 각 불가분채권자는 일부의 급부를 청구할 수 없고, 각 불가분채무자는 일부의 이행을 할 수 없다.

### (2) 효력

① **불가분채권의 효력**: 각 채권자는 모든 채권자를 위하여 채권 전부의 이행을 청구할 수 있고, 채무자는 모든 채권자를 위하여 각 채권자에게 이행할 수 있다(제409조).
② **불가분채무의 효력**: 채권자는 공동채무자 가운데 어느 한 채무자에 대하여 채무의 전부의 이행청구를 할 수 있고 또는 모든 채무자에 대하여 채무의 전부의 이행을 청구할 수도 있다(제414조).

## 04 연대채무 ★

### (1) 총설

> **제413조【연대채무의 내용】** 수인의 채무자가 채무 전부를 각자 이행할 의무가 있고 채무자 1인의 이행으로 다른 채무자도 그 의무를 면하게 되는 때에는 그 채무는 연대채무로 한다.

연대채무란 채권자가 수인의 채무자 중 어느 한 채무자에 대하여, 또는 동시나 순차로 모든 채무자에 대하여 채무의 전부나 일부의 이행을 청구할 수 있는 채무이다(제414조). 연대채무에 있어서는 불가분채무에 있어서와 같이 급부가 불가분이 아니고 가분적인 것이라 하더라도 각 채무자가 전부의 급부의무를 부담하게 되는 것이다.

### (2) 부진정연대채무

① 동일한 내용의 급부에 관하여 수인의 채무자가 각자 독립하여 전부의 급부를 하여야 할 채무를 부담하고 그중 1인의 이행으로 모든 채무자의 채무가 소멸하는 다수당사자의 채권관계로서 민법상 연대채무가 아닌 것을 부진정연대채무라고 한다.

② 대개 부진정연대채무는 동일한 손해에 대해 수인이 각자 독립된 법률관계에 기초하여 그 전부의 배상의무를 지는 경우에 발생하고, 주로 '손해배상청구권의 경합'이 인정되는 경우에 발생한다.

## 05 보증채무 ★

> 제428조 【보증채무의 내용】 ① 보증인은 주채무자가 이행하지 아니하는 채무를 이행할 의무가 있다.
> ② 보증은 장래의 채무에 대하여도 할 수 있다.

**(1)** 보증채무에서 보증인은 주채무자가 이행하지 아니하는 채무를 이행할 의무를 진다 (제428조 제1항).

**(2)** 보증채무는 물적 담보제도와 함께 채권의 담보수단으로 널리 활용되고 있으며, 보증인의 일반재산이 강제집행의 대상이 된다는 점에서 이를 '인적 담보'라고 부른다.

# 채권양도와 채무인수

## 01  총설

예컨대, 매매계약을 중심으로 보면 복합적인 권리·의무관계가 발생하는데, 민법이 규율하는 채권양도와 채무인수는 그중 '채권'과 '채무'만을 대상으로 하여 그 동일성을 유지한다는 대전제하에 '채권의 양도'와 '채무의 인수'라는 측면에서 정한 것이다.

## 02  채권양도 ★

### (1) 서설

① 의의

  ㉠ 채권양도란 채권자(양도인)와 양수인의 계약으로 채권의 동일성을 유지하면서 채권을 이전하는 것을 말한다. 판례는 "지명채권(이하 단지 '채권'이라고만 한다)의 양도라 함은 채권의 귀속주체가 법률행위에 의하여 변경되는 것, 즉 법률행위에 의한 이전을 의미한다."고 한다(대판 2011.3.24, 2010다100711).

  ㉡ 채권양도는 채권자의 변경을 가져온다는 점에서는 경개와 유사하지만, 채권의 동일성이 유지된다는 점에서 구별된다.

② **채권양도의 법적 성질**: 지명채권의 양도란 채권의 귀속주체가 법률행위에 의하여 변경되는 것으로서 이른바 준물권행위 내지 처분행위의 성질을 가지므로, 그것이 유효하기 위하여는 양도인이 그 채권을 처분할 수 있는 권한을 가지고 있어야 한다.

### (2) 지명채권의 양도

> 제449조 【채권의 양도성】 ① 채권은 양도할 수 있다. 그러나 채권의 성질이 양도를 허용하지 아니하는 때에는 그러하지 아니하다.
> ② 채권은 당사자가 반대의 의사를 표시한 경우에는 양도하지 못한다. 그러나 그 의사표시로써 선의의 제3자에게 대항하지 못한다.

지명채권이란 채권자가 특정되어 있고, 그 채권의 성립·양도를 위해서 증서의 작성·교부를 필요로 하지 않는 채권이다. 모든 권리는 원칙적으로 양도성을 가지며, 지명채권도 재산권으로서 양도성을 가진다(제449조 제1항).

### (3) 증권적 채권의 양도

증권적 채권이란 그 채권의 성립·양도·행사 등이 그 채권의 존재를 표상하는 증권과 운명을 같이하는 채권으로서, 현행 민법은 지시채권·무기명채권·지명소지인출급채권에 관한 규정을 두고 있다.

① **지시채권의 양도**: 지시채권은 특정인 또는 그가 지시한 자에게 변제하여야 하는 증권적 채권으로, 어음·수표·화물상환증·창고증권·선하증권 등 전형적 유가증권이 이에 속한다. 지시채권의 양도는 그 증서에 배서하여 양수인에게 교부하면 된다(제508조). 증서의 배서·교부는 대항요건이 아니라 성립요건이다.

② **무기명채권의 양도**: 무기명채권이란 특정한 채권자의 이름을 기재하지 않고 그 증권의 정당한 소지인에게 변제하여야 하는 증권적 채권으로, 무기명사채·무기명수표·상품권·승차권·극장입장권이 이에 해당한다. 무기명채권은 양수인에게 그 증서를 교부함으로써 양도의 효력이 생긴다(제523조).

## 03 채무인수 ★

### (1) 면책적 채무인수

채무인수란 채무의 동일성을 유지하면서 채무를 인수인에게 이전시키는 계약으로서, 뒤에 설명하는 병존적(중첩적) 채무인수와 구별하여 면책적 채무인수라고 한다.

### (2) 병존적 채무인수

병존적 채무인수는 기존의 채무관계는 그대로 유지하면서 제3자가 채무자로 들어와 종래의 채무자와 더불어 동일한 내용의 채무를 부담하는 것으로서, '중첩적 채무인수'라고도 한다. 채무인수가 병존적인가 면책적인가가 명확하지 않을 경우에는 채권자의 보호를 위해 병존적인 것으로 볼 것이다(대판 2002.9.24, 2002다36228).

# CHAPTER 6 채무의 소멸

## 01 채권의 소멸원인

### (1) 채권법상의 소멸원인

① **목적달성에 의한 소멸원인**: 채권의 목적인 급부가 실현되어 채권이 소멸하는 것으로서, 변제가 전형적인 것이고, 대물변제·공탁·상계가 이에 준하는 것이다.

② **그 밖의 소멸원인**: 경개·면제·혼동이 이에 속한다.

### (2) 기타의 소멸원인

채권도 권리이므로 권리 일반의 소멸원인, 즉 소멸시효·해제조건의 성취·종기의 도래·채권을 발생시킨 채권관계의 취소 및 해제(해지) 등의 원인에 의해 소멸한다.

## 02 변제

채권의 소멸원인으로서 변제는 채무의 내용인 급부가 실현됨으로써 채권이 만족을 얻어 소멸하는 것을 말한다. 채무의 내용인 급부가 실현되는 것을 채무자가 이행하는 면에서 파악하면 '채무의 이행'이 되고, 그로 인해 채권이 소멸되는 점에서는 '변제'라고 부르기 때문에, 양자는 사실상 같은 내용의 것이다. 변제의 성질에 관해 통설은 사실행위로 파악한다.

## 03 대물변제

대물변제는 채무자가 채권자의 승낙을 얻어 본래의 급부에 갈음하여 다른 급부를 하는 것을 말한다. 대물변제는 변제와 같은 효력이 있어, 채권은 소멸한다. 예컨대, 1억원을 차용한 채무자가 채권자의 승낙을 얻어 1억원의 금전채무에 갈음하여 그의 토지소유권을 채권자 앞으로 이전하는 것을 말한다.

## 04 공탁

민법 제487조 이하에서 정하는 공탁은 채권의 소멸원인으로서의 '변제공탁'을 의미한다. 급부결과를 실현하기 위해서 채권자의 수령 등 협력이 필요한 채무에서, 채권자가 그 수령을 거절하거나 또는 수령할 수 없는 경우(수령지체), 채무자는 변제의 제공을 통해 채무불이행책임을 면하기는 하지만 채무는 여전히 존속하는데(제461조), 이때 변제의 목적물을 공탁함으로써 채무까지 면하는 제도가 변제공탁이다.

## 05 상계

상계란 채권자와 채무자가 서로 같은 종류를 목적으로 하는 채권·채무를 가지고 있는 경우에 그 채무들을 대등액에서 소멸하게 하는 당사자 일방의 단독행위이다(제492조 제1항).

## 06 경개

경개는 채무의 중요한 부분을 변경함으로써 신채무를 성립시키는 동시에 구채무를 소멸시키는 계약이다(제500조). 예컨대 500만원의 금전채무를 소멸시키고 특정 토지의 소유권 이전채무를 발생시키는 계약이 그것이다.

## 07 면제

면제는 채권자가 채무자에 대한 일방적 의사표시로 채무를 소멸시키는 단독행위이다(제506조). 면제는 준물권행위로서 처분행위이며, 결국 채권의 포기에 지나지 않는다.

## 08 혼동

혼동은 채권과 채무가 동일인에게 귀속하는 사실로서, 사건이다. 예컨대 채권자가 채무자를 상속하거나 채무자가 채권을 양수한 경우에 혼동이 일어난다. 이때에는 채권(채무)은 소멸한다.

# PART 4
# 채권각론

 **선생님의 비법전수**

채권각론은 채권의 발생원인을 규율하는 법으로 인간의 생활관계와 밀접하게 관련되어 있습니다.
약정채권의 발생원인으로 계약, 법정채권의 발생원인으로 부당이득, 불법행위는 시험합격을 위해서 중요한 파트이므로
세심한 학습이 필요합니다.

| **CHAPTER 3** 계약각론 | **CHAPTER 4** 부당이득 | **CHAPTER 5** 불법행위 |
| --- | --- | --- |

- 매매 ★
- 임대차 ★
- 도급 ★
- 위임 ★

# 채권의 발생

**(1)** 민법은 제3편에서 채권의 발생원인 가운데 4가지, 즉 계약·사무관리·부당이득·불법
행위를 규정하고 있다.

**(2)** 채권의 발생원인은 그 성질에 따라 법률행위와 법률의 규정에 의한 것으로 나눌 수 있다.
채권편에 규정되어 있는 것들 중 계약은 전자에 속하고, 나머지는 모두 후자에 속하게
된다.

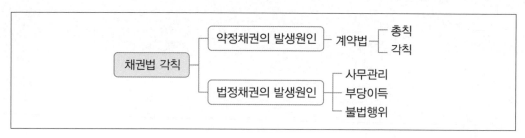

## 01 계약법 총설 ★

### (1) 계약의 의의 및 작용

① 넓은 의미의 계약은 사법상의 일정한 법률효과의 발생을 목적으로 하는 당사자의 합의를 뜻하는 것으로서, 채권의 발생을 목적으로 하는 합의(채권계약), 물권의 변동을 목적으로 하는 합의(물권계약), 채권양도에 관한 합의(준물권계약), 혼인과 같은 친족법상의 합의(친족법상의 계약) 등을 포함한다.

② 좁은 의미에서의 계약은 채권계약만을 가리킨다. 즉, 채권의 발생을 목적으로 하는 계약이 좁은 의미의 계약이다.

### (2) 계약의 자유와 그 한계

① 계약에 의한 법률관계의 형성은 법의 제한에 부딪치지 않는 한 완전히 각자의 자유에 맡겨지며, 법도 이를 승인한다는 원칙이다. 계약자유의 원칙은 소유권절대의 원칙, 과실책임의 원칙과 함께 근대민법의 3대 원칙을 이루는데, 그 내용은 계약체결의 자유, 상대방선택의 자유, 내용결정의 자유, 방식의 자유이다.

② 계약자유는 법질서의 한계 내에서 인정된다. 그리고 민법의 계약법에도 강행규정이 더 늘게 되었다.

### (3) 계약의 종류

① **서설**: 계약은 여러 가지 표준에 의하여 종류를 나눌 수 있다.

② **전형계약 · 비전형계약**: 민법 제3편 제2장 제2절부터 제15절까지 규정되어 있는 15가지의 계약을 전형계약이라고 하며, 채권계약 가운데 그 외의 계약을 비전형계약이라고 한다. 전형계약은 이름이 붙여져 있다고 하여 유명계약이라고도 하며, 비전형계약은 무명계약이라고도 한다.

③ **쌍무계약 · 편무계약**

㉠ 일반적으로 계약당사자가 서로 대가적 의미를 가지는 채무를 부담하는 계약을 쌍무계약이라고 한다. 이에 대해 당사자 일방만이 채무를 지거나(⑩ 증여), 또는 쌍방이 채무를 부담하더라도 그 채무가 서로 대가적 의미를 갖지 않는 계약(⑩ 사용대차)이 편무계약이다.

ⓛ 쌍무계약에서는 양 채무가 상호의존관계에 있기 때문에, 그 성립·이행·존속에서 상호견련성을 가진다. 민법은 이 중 이행상의 견련성은 '동시이행의 항변권'으로(제536조), 존속상의 견련성은 '위험부담'으로 규정하는데(제537조, 제538조), 편무계약에서는 위 규정이 적용되지 않는다는 점에서 구별된다.

④ **유상계약·무상계약**

ⓐ 계약의 당사자가 서로 대가적 의미를 가지는 출연을 하는 계약이 '유상계약'이다. 이에 대해 계약당사자 일방만이 급부를 하거나, 또는 쌍방 당사자가 급부를 하더라도 그 급부가 서로 대가적 의존관계에 있지 않은 계약이 '무상계약'이다. 쌍무·편무계약이 '채무'의 상호의존성을 그 개념표지로 한다면, 유상·무상계약은 '출연'의 상호의존성을 개념표지로 한다. 현상광고는 편무계약이기는 하지만, 광고자의 보수지급과 응모자의 지정행위의 완료는 서로 그 출연이 대가적 의존관계에 있으므로 유상계약이 된다.

ⓑ 매매는 전형적인 유상계약이며, 다른 유상계약에 관하여는 원칙적으로 '매매에 관한 규정'이 준용되는 점에서(제567조), 그 준용이 없는 무상계약과 구별된다.

⑤ **낙성계약·요물계약**

ⓐ 당사자의 합의만으로 성립하는 계약이 '낙성계약'이고, 합의 이외에 당사자의 일방이 물건의 인도 기타 급부를 하여야 성립하는 계약이 '요물계약'이다. 전형계약 중에서 요물계약에 속하는 것은 '현상광고'뿐이다.

ⓑ 위 양자는 계약이 성립하는 시기에서 구별된다.

⑥ **요식계약·불요식계약**: 계약성립에 있어 일정한 방식을 요건으로 하는가에 따른 구별이다. 계약자유의 원칙은 방식의 자유를 기초로 하고 있다는 점에서 계약은 원칙적으로 불요식계약이다.

## 02 계약의 성립 ★

### (1) 계약의 성립요건으로서의 합의

① 민법은 계약 성립의 모습으로서 청약에 대한 승낙(제527조 이하), 의사실현(제532조), 교차청약(제533조)의 세 가지를 인정하지만, 어느 것이든 당사자간에 서로 대립하는 의사표시의 합치, 즉 '합의'를 필요로 하는 점에서 공통된다.

② 합의가 성립하기 위해서는 의사표시의 내용적 일치(객관적 합치)와 의사표시의 상대방에 대한 일치(주관적 합치)가 있어야 한다. 특히 객관적 합치가 인정되기 위해

서는, 본질적 사항이나 중요 사항에 관하여는 구체적으로 의사의 합치가 있거나 적어도 장래 구체적으로 특정할 수 있는 기준과 방법 등에 관한 합의는 있어야 한다(대판 2001.3.23, 2000다51650).

③ 의사표시의 내용이 서로 불일치하면 원칙적으로 계약은 성립하지 않는다. 무의식적 불합의가 있으면, 착오의 문제는 더 이상 따질 필요가 없다.

## (2) 청약과 승낙에 의한 계약의 성립

### ① 청약

ⓐ **의의**: 청약은 상대방의 승낙과 결합하여 일정한 내용의 계약을 성립시킬 것을 목적으로 하는 일방적 · 확정적 의사표시이다. 청약은 법률행위가 아니며, 법률사실에 지나지 않는다.

ⓑ **청약자와 상대방**: 청약자가 누구인지 그 청약의 의사표시 속에 명시적으로 표시되어야 하는 것은 아니며, 또 불특정다수인에 대한 청약도 유효하다(**예** 자동판매기의 설치). 청약은 상대방 있는 의사표시이지만, 그 상대방은 특정인이 아니더라도 상관없다.

ⓒ **청약의 확정성(청약의 유인과 구별)**

    ⓐ 청약은 그에 응하는 승낙만 있으면 곧바로 계약을 성립시킬 수 있을 정도로 내용적으로 확정되어 있거나 적어도 확정될 수 있어야 한다(대판 2003.5.13, 2000다45273). 따라서 계약의 내용을 결정할 수 있을 정도의 사항이 포함되어 있어야 한다(대판 2005.12.8, 2003다41463).

    ⓑ 이 점에서 타인으로 하여금 자기에게 청약을 하게 하려는 '청약의 유인'과 구별된다. 구인광고 · 음식의 메뉴, 물품판매광고, 상품목록의 배부, 기차 등의 시간표의 게시 등은 보통 청약의 유인으로 해석된다. 대법원은 상가분양 광고 및 분양계약 체결시의 설명(대판 2001.5.29, 99다55601), 하도급계약을 체결하려는 교섭당사자가 견적서를 제출하는 행위(대판 2001.6.15, 99다40418)에 대하여 청약의 유인이라고 판단한 바 있다.

### ② 승낙

ⓐ **의의**: 승낙이란 청약에 대응해서 계약을 성립시킬 목적으로 청약자에게 하는 청약수령자의 의사표시이다. 승낙방법은 원칙적으로 제한이 없다(대판 1992.10.13, 92다29696).

ⓑ **승낙의 상대방**: 승낙은 청약의 상대방이 특정의 청약자에 대하여 계약을 성립시킬 의사를 가지고 행하여야 한다(주관적 합치). 청약과 달리 불특정다수인에 대한 승낙이란 있을 수 없다.

ⓒ **변경을 가한 승낙**: 승낙은 청약과 내용적으로 일치하여야 한다(객관적 합치). 청약에 조건을 붙이거나 변경을 가한 승낙은 청약을 거절하고 새로운 청약을 한 것으로 본다(제534조).

ⓔ **승낙기간(승낙적격)**: 승낙기간이 있는 경우에는 승낙의 통지가 그 기간 내에 도달하지 않는 한, 청약의 승낙적격은 상실되고 계약은 성립하지 않는다(제528조 제1항).

## 03 계약의 효력 ★

### (1) 총설

계약은 법률행위이므로 그 효력을 발생시키기 위해서는 법률행위의 효력요건을 갖추어야 한다.

### (2) 쌍무계약의 효력

#### ① 동시이행의 항변권

> **제536조【동시이행의 항변권】** ① 쌍무계약의 당사자 일방은 상대방이 그 채무이행을 제공할 때까지 자기의 채무이행을 거절할 수 있다. 그러나 상대방의 채무가 변제기에 있지 아니하는 때에는 그러하지 아니하다.
> ② 당사자 일방이 상대방에게 먼저 이행하여야 할 경우에 상대방의 이행이 곤란할 현저한 사유가 있는 때에는 전항 본문과 같다.

ⓐ 동시이행의 항변권은 상대방이 채무를 이행하거나 이행의 제공을 할 때까지 자기 채무의 이행을 거절할 수 있는 것을 그 내용으로 한다(이른바 연기적 항변권). 다만, 항변권이기 때문에 이를 주장하는 때에 한해 그 효력이 발생한다. 법원도 그 주장이 없는 한 이 항변권의 존재를 고려할 필요 없이 상대방의 청구를 인용하여야 한다(대판 1990.11.27, 90다카25222).

ⓑ 동시이행의 항변권의 존재만으로 채무자가 채무를 이행하지 않음을 정당화하는 사유가 있다고 할 것이기 때문에, 비록 이행기에 이행을 하지 않더라도 이행지체가 되지 않는다.

#### ② 위험부담

##### ㉠ 서설

@ 위험부담은 쌍무계약의 당사자 일방의 채무가 채무자의 책임 없는 사유로 이행불능이 되어 소멸한 경우에 그에 대응하는 상대방 채무의 운명은 어떻

게 되느냐의 문제이다. A와 B 사이에 A의 승용차를 B에게 팔기로 하는 계약을 체결하였는데, 그 계약이 이행되기 전에 승용차가 폭우에 떠내려가 못쓰게 된 경우에, B가 승용차의 대금을 지불하여야 하는가가 그 예이다. '위험'이란 당사자 쌍방의 책임 없는 사유로 급부가 불능이 된 경우에 발생된 불이익을 말한다.

ⓑ 민법에서 정하는 위험부담은 쌍무계약에서 당사자 일방의 채무가 당사자 쌍방의 책임 없는 사유로 후발적 불능이 된 경우를 요건으로 한다(제537조). 따라서 편무계약·원시적 불능·채무자의 책임 있는 사유로 이행불능이 된 경우에는 위험부담이 문제되지 않는다.

ⓛ 채무자 위험부담주의 원칙

> 제537조【채무자 위험부담주의】 쌍무계약의 당사자 일방의 채무가 당사자 쌍방의 책임 없는 사유로 이행할 수 없게 된 때에는 채무자는 상대방의 이행을 청구하지 못한다.

ⓒ 예외적인 채권자주의

> 제538조【채권자 귀책사유로 인한 이행불능】 ① 쌍무계약의 당사자 일방의 채무가 채권자의 책임 있는 사유로 이행할 수 없게 된 때에는 채무자는 상대방의 이행을 청구할 수 있다. 채권자의 수령지체 중에 당사자 쌍방의 책임 없는 사유로 이행할 수 없게 된 때에도 같다.
> ② 전항의 경우에 채무자는 자기의 채무를 면함으로써 이익을 얻은 때에는 이를 채권자에게 상환하여야 한다.

## (3) 제3자를 위한 계약

> 제539조【제3자를 위한 계약】 ① 계약에 의하여 당사자 일방이 제3자에게 이행할 것을 약정한 때에는 그 제3자는 채무자에게 직접 그 이행을 청구할 수 있다.
> ② 전항의 경우에 제3자의 권리는 그 제3자가 채무자에 대하여 계약의 이익을 받을 의사를 표시한 때에 생긴다.

① 의의: 제3자를 위한 계약은 계약당사자 이외의 제3자에게 직접 권리를 취득시키는 계약인데, 계약상의 효과인 이행청구권을 취득한 제3자는 계약당사자가 아니라는 점에 그 특징이 있다. 예컨대 甲이 그 소유 건물을 乙에게 매도하면서 매매대금은 丙에게 주기로 약정하는 것이 그러하다. 이때 甲을 요약자, 乙을 낙약자(민법전은 채무자라고 한다), 丙을 수익자(민법전은 제3자라고 한다)라고 한다.

② 제3자를 위한 계약에 있어서 3면 관계

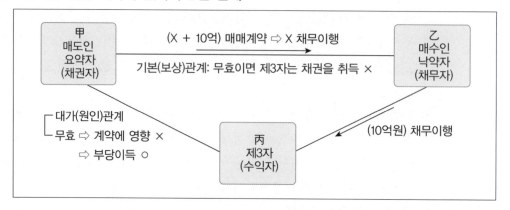

- ⑦ **기본관계( = 보상관계)**: 요약자와 낙약자 사이의 관계로, 수익자에게 급부를 함으로써 입게 되는 낙약자의 손실이 요약자와의 기본관계에 의하여 보상된다. 이 관계는 제3자를 위한 계약의 내용을 이루며, 이에 대한 의사표시의 흠결·하자는 계약의 효력에 영향을 미친다(대판 2010.8.19, 2010다31860).
- ⑥ **급부실현관계(실행관계, 수익관계라고도 한다)**: 낙약자와 수익자 사이의 관계로, 수익자는 낙약자에 대하여 급부청구권을 가진다. 그런데 이 청구권은 위의 기본관계에 의존하게 된다.
- ⓒ **대가관계(원인관계·출연관계라고도 한다)**: 요약자와 제3자(수익자)의 관계를 말한다. 제3자 수익의 원인관계는 제3자를 위한 계약과는 무관하다. 따라서 출연관계가 결여된 경우에도 제3자를 위한 계약은 유효하게 성립하며, 낙약자는 제3자 수익의 원인관계에 기한 항변을 가지고 제3자에게 대항하지 못한다(대판 2003.12.11, 2003다49771).

## 04 계약의 해제·해지 ★

### 1. 계약의 해제

### (1) 계약해제 서설

① **해제의 의의**

- ⑦ 계약의 해제란 유효하게 성립한 계약의 효력을 당사자 일방의 의사표시에 의하여 소급적으로 소멸케 하여 계약이 처음부터 성립하지 않은 것과 같은 상태로 복귀시키는 것을 말한다(직접효과설의 입장).

ⓛ 계약관계가 해제되기 위해서는 해제의 의사표시를 하는 당사자에게 정당한 해제
권이 있어야 한다. 여기에는 법정해제권과 약정해제권이 있다(제543조).

② 해제와 구별되는 제도

　ⓖ 해제계약(합의해제): 계약의 합의해제 또는 해제계약은 해제권의 유무를 불문하
고 계약당사자 쌍방이 합의에 의하여 기존 계약의 효력을 소멸시켜 당초부터 계
약이 체결되지 않았던 것과 같은 상태로 복귀시킬 것을 내용으로 하는 새로운 계
약이다(대판 2011.2.10, 2010다77385). 이러한 계약이 인정됨은 계약자유의
원칙상 당연하다.

　ⓛ 취소

**해제와 취소의 비교**

| 구분 | 해제 | 취소 |
|---|---|---|
| 적용범위 | 계약에서만 인정됨 | 모든 법률행위에서 인정됨 |
| 발생원인 | ⓐ 법정해제권 + 약정해제권<br>ⓑ 사후적 사유 | ⓐ 법률의 규정(제한능력·착오·사기·강박)<br>ⓑ 사전적 사유 |
| 반환범위 | 원상회복(제548조 제1항) | 부당이득반환(제748조) |
| 제한능력자의<br>특칙 | – | 제141조 단서 |
| 이자부가의<br>특칙 | 받은 날로부터 부가(제548조<br>제2항) | – |
| 채무불이행 –<br>손해배상청구권 | 가능 | ⓐ **사기·강박**: 불법행위로 인한 손해배상<br>ⓑ **착오**: 계약체결상 과실책임(다수설) |

## (2) 법정해제

① 해제권의 발생

　ⓖ 이행지체의 경우

> **제544조【이행지체와 해제】** 당사자 일방이 그 채무를 이행하지 아니하는 때에는 상
> 대방은 상당한 기간을 정하여 그 이행을 최고하고 그 기간 내에 이행하지 아니한
> 때에는 계약을 해제할 수 있다. 그러나 채무자가 미리 이행하지 아니할 의사를 표시
> 한 경우에는 최고를 요하지 아니한다.
>
> **제545조【정기행위와 해제】** 계약의 성질 또는 당사자의 의사표시에 의하여 일정한
> 시일 또는 일정한 기간 내에 이행하지 아니하면 계약의 목적을 달성할 수 없을 경우
> 에 당사자 일방이 그 시기에 이행하지 아니한 때에는 상대방은 전조의 최고를 하지
> 아니하고 계약을 해제할 수 있다.

ⓛ **이행불능의 경우**

> 제546조【이행불능과 해제】채무자의 책임 있는 사유로 이행이 불능하게 된 때에는
> 채권자는 계약을 해제할 수 있다.

ⓒ **불완전이행의 경우**: 다수설은 완전이행이 가능한 경우에는 이행지체의 규정을
유추하여 채권자가 상당한 기간을 정하여 완전이행을 최고하였으나 채무자가 완
전이행을 하지 않은 때에 해제권이 발생하고, 완전이행이 불가능한 경우에는 이
행불능의 규정을 유추하여 최고 없이 곧 해제할 수 있다고 한다.

② **해제권의 행사**

> 제543조【해지, 해제권】① 계약 또는 법률의 규정에 의하여 당사자의 일방이나 쌍방이
> 해지 또는 해제의 권리가 있는 때에는 그 해지 또는 해제는 상대방에 대한 의사표시로
> 한다.
> ② 전항의 의사표시는 철회하지 못한다.

③ **해제의 효과**

ⓖ **계약의 구속으로부터 해방**

ⓛ **원상회복의무**

> 제548조【해제의 효과, 원상회복의무】① 당사자 일방이 계약을 해제한 때에는 각
> 당사자는 그 상대방에 대하여 원상회복의 의무가 있다. 그러나 제3자의 권리를 해
> 하지 못한다.
> ② 전항의 경우에 반환할 금전에는 그 받은 날로부터 이자를 가하여야 한다.

ⓒ **손해배상의무**

> 제551조【해지, 해제와 손해배상】계약의 해지 또는 해제는 손해배상의 청구에 영향
> 을 미치지 아니한다.

## 2. 계약의 해지

> 제550조【해지의 효과】당사자 일방이 계약을 해지한 때에는 계약은 장래에 대하여 그 효력을
> 잃는다.

# CHAPTER 3 계약각론

## 01 매매 ★

### (1) 매매 일반

> 제563조 【매매의 의의】 매매는 당사자 일방이 재산권을 상대방에게 이전할 것을 약정하고 상대방이 그 대금을 지급할 것을 약정함으로써 그 효력이 생긴다.

① **의의:** 매매는 매도인이 재산권을 상대방에게 이전할 것을 약정하고, 매수인은 이에 대하여 그 대금을 지급할 것을 약정함으로써 성립하는 계약이다(제563조).

② **법적 성질**

  ㉠ 매매계약은 재산권의 이전의무와 대금의 지급의무가 서로 견련관계에 있으므로 쌍무계약이며, 양 급부의 이행은 서로 대가성을 갖는 출연관계에 있으므로 유상계약이다. 특히 매매는 유상계약 가운데 가장 대표적인 계약으로서, 매매에 관한 규정은 다른 유상계약에 준용된다(제567조, 대판 2001.2.27, 2000다20465).

  ㉡ 매매계약은 당사자간의 의사의 합치만으로 성립하는 낙성계약이며, 매매계약의 성립에는 어떠한 방식도 요구되지 않는 불요식계약이다.

### (2) 매매의 성립

① **당사자의 합의**

  ㉠ 매매는 낙성계약이므로 매매의 본질적 구성부분인 매도인의 재산권이전과 매수인의 대금지급에 관한 합의만 있으면 성립한다(제563조). 따라서 그 밖의 사항, 예컨대 계약의 비용·채무의 이행시기·변제장소 등에 관해서는 합의가 없더라도 매매의 성립에 지장을 주지 않는다(대판 1996.4.26, 94다34432).

  ㉡ 매매의 목적물과 대금은 보통 계약체결 당시에 특정되나, 사후에라도 구체적으로 특정할 수 있는 방법과 기준이 정해져 있으면 충분하다(대판 1997.1.24, 96다26176).

② **계약금**

  ㉠ **의의**

    ⓐ 계약금이란 계약을 체결할 때 당사자 일방이 상대방에게 교부하는 금전 기타 유가물을 말한다. 보통 부동산매매에서 매매대금의 1할 가량을 계약금으로 지급하는 것이 거래의 관행이다.

ⓑ 계약금의 교부도 하나의 계약이며, 그것은 금전 또는 유가물의 교부를 요건으로 하므로 요물계약이나. 따라서 계약금의 잔금 또는 전부를 지급하지 아니하는 한 계약금계약은 성립하지 아니하므로 당사자가 임의로 주계약을 해제할 수는 없다(대판 2008.3.13, 2007다73611).

ⓒ 계약금계약은 주된 계약에 부수하여 행해지는 종된 계약이다. 따라서 주된 계약이 무효·취소되거나 채무불이행을 이유로 해제된 때에는, 계약금계약도 무효로 되고 계약금은 부당이득으로서 반환하여야 한다.

ⓛ **계약금의 법적 성질**: 계약금은 매매대금의 일부로 추정되지만, 계약금을 교부하는 목적으로 대체로 다음 세 가지의 성질 전부 또는 일부를 가진다.

ⓐ **증약계약금**: 계약이 성립되었음에 대한 증거로서의 의미를 가지는 계약금이다. 계약금은 언제나 증약금으로서의 성질을 가지므로, 이는 계약금의 최소한의 성질이다.

ⓑ **해약계약금**: 해제권을 보류하는 작용을 가지는 계약금을 말하며, 이 계약금을 교부한 자는 그것을 포기함으로써, 이를 수령한 자는 그 배액을 상환함으로써 해제할 수 있다. 계약금은 당사자 사이에 다른 약정이 없는 한 해제권의 유보를 위해 수수된 해약금으로 추정된다(제565조).

ⓒ **위약계약금**: 이는 위약, 즉 채무불이행이 있는 경우에 의미를 가지는 계약금이다. 계약금이 항상 위약금으로 다루어지는 것은 아니며, 그 적용이 있기 위해서는 당사자간에 위약금 특약이 있어야 한다(대판 1992.11.27, 92다23209).

## 02 임대차 ★

### (1) 의의

> 제618조 【임대차의 의의】임대차는 당사자 일방이 상대방에게 목적물을 사용, 수익하게 할 것을 약정하고 상대방이 이에 대하여 차임을 지급할 것을 약정함으로써 그 효력이 생긴다.

임대차는 당사자 일방(임대인)이 상대방에게 목적물을 사용·수익하게 할 것을 약정하고, 상대방(임차인)은 이에 대하여 차임을 지급할 것을 약정함으로써 성립하는 계약이다(제618조). 임대차는 쌍무·유상·낙성·불요식계약이다.

## (2) 계속적 계약관계

임대차는 사용대차와 더불어 계속적 계약관계이다. 따라서 당사자의 신뢰관계가 계약관계에 중대한 영향을 끼치며, 사정변경이 고려된다.

## 03 도급 ★

### (1) 도급의 의의

> **제664조 【도급의 의의】** 도급은 당사자 일방이 어느 일을 완성할 것을 약정하고 상대방이 그 일의 결과에 대하여 보수를 지급할 것을 약정함으로써 그 효력이 생긴다.

도급은 당사자 일방(수급인)이 어느 일을 완성할 것을 약정하고, 상대방(도급인)이 그 일의 결과에 대하여 보수를 지급할 것을 약정함으로써 성립하는 계약이다(제664조). 오늘날 도급은 각종의 건설공사나 선박의 건조 등에 많이 이용될 뿐만 아니라 운송 · 출판 · 연구의뢰 등에도 이용되고 있다.

### (2) 법적 성질

도급은 쌍무 · 유상 · 낙성 · 불요식계약이다.

## 04 위임 ★

> **제680조 【위임의 의의】** 위임은 당사자 일방이 상대방에 대하여 사무의 처리를 위탁하고 상대방이 이를 승낙함으로써 그 효력이 생긴다.

**(1)** 위임은 당사자 일방(위임인)이 상대방(수임인)에 대하여 사무의 처리를 위탁하고, 상대방이 이를 승낙함으로써 성립하는 계약이다(제680조). 위임도 노무공급계약에 해당하나, 위임인이 신뢰를 바탕으로 맡긴 사무를 수임인이 자주적으로 처리하는 점에서 특색이 있다. 위임은 각 분야의 전문가에게 복잡하고 전문적인 사무처리를 위탁하기 위하여 행하여지는 경우가 많다. 부동산의 매매알선, 의사에의 치료위탁, 변호사에의 소송위탁, 법무사에의 등기절차위탁 등이 그 예이다.

**(2)** 수임인의 노무를 이용하는 계약인 점에서 노무공급계약의 일종이지만, 일정한 사무의 처리라는 점에서 재량권을 가지며, 위임인과의 사이에 일종의 신뢰관계가 생긴다. 그 결과 수임인은 선관주의의무를 부담한다(제681조). 위임은 타인의 사무를 처리하는 활동 자체를 목적으로 하므로 수단채무적 성격이 강하나, 도급은 일의 완성을 목적으로 하므로 결과채무적 성격이 강하다.

**(3)** 민법상 위임은 무상임을 원칙으로 하며, 편무·무상계약이다. 다만, 당사자의 약정으로 유상으로 할 수 있는데, 이 경우에는 쌍무·유상계약이다. 위임은 유상이든 무상이든 낙성·불요식계약이다.

# 부당이득

## 01 부당이득의 의의

> 제741조 【부당이득의 내용】 법률상 원인 없이 타인의 재산 또는 노무로 인하여 이익을 얻고 이로 인하여 타인에게 손해를 가한 자는 그 이익을 반환하여야 한다.

**(1)** 부당이득이란 법률상 원인 없이 타인의 재산 또는 노무로 인하여 얻은 이익을 가리킨다(제741조). 부당이득은 사무관리·불법행위와 더불어 법정채권의 발생원인이다.

**(2)** 부당이득은 법률사실 중에서 '사건'이라고 이해된다.

## 02 불법원인급여

> 제746조 【불법원인급여】 불법의 원인으로 인하여 재산을 급여하거나 노무를 제공한 때에는 그 이익의 반환을 청구하지 못한다. 그러나 그 불법원인이 수익자에게만 있는 때에는 그러하지 아니하다.

### (1) 원칙

불법원인급여에 해당하는 경우에는 급부자는 그 이익의 반환을 청구하지 못한다(제746조 본문). 따라서 원물반환뿐만 아니라 가액반환도 청구하지 못한다.

### (2) 예외

불법원인급여라 할지라도 '불법원인이 수익자에게만 있는 때'에는 예외적으로 급부한 것의 반환을 청구할 수 있다(제746조 단서). 근래에 급부자와 수익자의 불법성을 비교하여 수익자의 불법성이 급여자의 그것보다 현저히 크고, 그에 비하면 급여자의 불법성은 미약한 경우에는 급여자의 반환청구를 인정하여야 한다는 불법성 비교론이 주장되고 있고, 판례도 그 이론을 채용하였다(대판 1993.12.10, 93다12947).

## 03 부당이득의 효과

### (1) 부당이득의 반환방법

> **제747조 【원물반환 불능한 경우와 가액반환, 전득자의 책임】** ① 수익자가 그 받은 목적물을 반환할 수 없는 때에는 그 가액을 반환하여야 한다.
> ② 수익자가 그 이익을 반환할 수 없는 경우에는 수익자로부터 무상으로 그 이익의 목적물을 양수한 악의의 제3자는 전항의 규정에 의하여 반환할 책임이 있다.

수익자는 원물, 즉 받은 목적물 자체를 반환하는 것이 원칙이며, 수익자가 그 받은 목적물을 반환할 수 없는 때에는 그 가액을 반환하여야 한다(제747조 제1항).

### (2) 수익자의 반환범위

> **제748조 【수익자의 반환범위】** ① 선의의 수익자는 그 받은 이익이 현존한 한도에서 전조의 책임이 있다.
> ② 악의의 수익자는 그 받은 이익에 이자를 붙여 반환하고 손해가 있으면 이를 배상하여야 한다.

# 불법행위

## 01 불법행위의 의의

**(1)** 불법행위란 고의 또는 과실로 위법하게 타인에게 손해를 가하는 행위를 말한다. 불법행위가 있으면 가해자는 피해자에게 가해행위로 인한 손해를 배상해야 한다(제750조).

**(2)** 불법행위는 사무관리·부당이득 등과 같이 법정 채권발생원인, 즉 법률요건이다. 불법행위는 사람의 행위로 위법행위란 점에서, 채무불이행과 같다.

## 02 일반 불법행위의 성립요건

> **제750조 【불법행위의 내용】** 고의 또는 과실로 인한 위법행위로 타인에게 손해를 가한 자는 그 손해를 배상할 책임이 있다.

### (1) 고의·과실

① 과실책임의 원칙은 가해자 자신의 고의과실에 의한 행위에 대하여야만 책임을 지고 타인의 행위에 대하여는 책임을 지지 않는다는 의미도 가지고 있다. 이러한 원칙의 결과 가해자의 불법행위가 성립하려면 가해자 자신의 행위가 있어야 한다.

② 고의는 자기행위로 인하여 타인에게 손해가 발생할 것임을 알고도 그것을 의욕하는 심리상태를 말한다. 제3자의 채권침해로 인한 불법행위가 성립하기 위해서는 원칙적으로 제3자에게 고의가 있어야 한다.

③ 과실은 자기의 행위로부터 일정한 결과가 발생할 것을 인식했어야 함에도 불구하고 부주의로 말미암아 인식하지 못하고 그 행위를 하는 심리상태를 말한다(대판 1979.12.26, 79다1843). 과실은 부주의의 정도에 따라 '경과실'과 '중과실'로 나누어지며, 불법행위에서의 과실은 추상적 경과실이 원칙이다.

### (2) 책임능력

① 책임능력은 자기의 행위에 대한 책임을 인식할 수 있는 지능을 말한다. 책임능력이 있는지 여부는 행위 당시를 기준으로 하여 구체적으로 판단되며, 연령 등에 의하여 획일적으로 결정되지 않는다.

② 책임능력은 일반인이 갖추고 있는 것이 보통이고 또 그것은 면책사유의 문제이기 때문에, 책임을 면하려는 가해자가 책임능력 없음을 주장·증명해야 한다.

### (3) 위법성

타인의 법익을 침해하는 행위는 원칙적으로 위법성을 띤다. 그러나 타인에게 손해를 발생시키는 행위라고 하더라도 일정한 사유가 있는 때에는 위법성이 없는 것이 된다. 민법은 정당방위와 긴급피난을 규정하고 있으며, 자력구제·피해자의 승낙·정당행위에 대하여도 위법성 조각이 논의되고 있다.

> 제761조 【정당방위, 긴급피난】 ① 타인의 불법행위에 대하여 자기 또는 제3자의 이익을 방위하기 위하여 부득이 타인에게 손해를 가한 자는 배상할 책임이 없다. 그러나 피해자는 불법행위에 대하여 손해의 배상을 청구할 수 있다.
> ② 전항의 규정은 급박한 위난을 피하기 위하여 부득이 타인에게 손해를 가한 경우에 준용한다.

### (4) 손해의 발생

① 어떤 가해행위가 불법행위로 되려면 현실적으로 손해가 생겼어야 한다.

② 손해의 발생에 대한 증명책임은 피해자인 원고가 부담한다.

### (5) 인과관계

가해행위로 인하여 손해가 발생하였어야 한다. 즉, 가해행위와 손해발생 사이에 상당인과관계가 있어야 한다.

house.Hackers.com

# 01 회계원리

**감가**
자산이 사용되면서 가치가 감소되는 것을 말한다.

**감가상각**
감가상각 대상금액을 내용연수에 걸쳐 비용으로 배분하는 절차이다.

**거래의 이중성**
모든 거래는 재산의 변화가 원인과 결과라는 두 가지 측면이 있으며, 자산·부채·자본·수익·비용 항목 중 반드시 두 개 이상의 항목에 영향을 미친다.

**거래의 8요소**
회계상 거래는 자산의 증가와 감소, 부채의 증가와 감소, 자본의 증가와 감소, 수익과 비용의 발생이라는 8요소로 나눌 수 있다. 또한 거래의 8요소는 서로 각각 결합하여 여러 가지 조합을 이루어 결합되는데, 이를 거래의 '8요소 결합'이라고 한다.

**결산수정분개**
기말 결산시점에 자산·부채·자본·수익·비용을 발생주의를 반영하여 정확한 금액으로 조정하는 분개이다.

**계정**
회계에서 어떤 항목의 증가와 감소를 구분하여 기록하는 장소를 말한다.

**계정과목**
회계를 구분하는 최소단위로 자산·부채·자본·수익·비용에 속하는 개별적인 계정의 명칭을 말한다.

**관리회계**
경영자의 관리적 의사결정에 유용한 정보를 제공하는 것을 목적으로 하는 회계이다.

| 내부정보이용자(경영자, 종업원) | 기업 내부에서 그들의 경제적 의사결정을 합리적으로 수행하려고 하는 모든 의사결정자들을 말한다. |
|---|---|
| 담보제공 | 채무를 이행하지 못할 것을 대비해서 저당권·질권 등을 설정하는 것을 말한다. |
| 당기순이익 | 경영활동의 최종적인 결과로서 주주에게 귀속되는 이익이며, 계속사업이익에서 중단사업손익(법인세효과 차감 후)을 가감하여 측정된다. |
| 대차평균의 원리 | 거래의 이중성에 의하여 기록을 하게 되면 차변(왼쪽) 합계가 대변(오른쪽) 합계와 항상 일치하게 되는 것을 말한다. 이 원리에 따라 복식부기는 회계기록의 정확성을 어느 정도 검증할 수 있다. |
| 마감분개 | 모든 손익계산서계정의 잔액은 결산시 임시적으로 설정되는 집합손익계정에 대체되면서 마감된다. 이때 계정간 대체를 위한 분개를 말한다. |
| 매출 | 수익항목으로 판매수량에 단위당 판매가격을 곱한 금액이다. |
| 매출원가 | 비용항목으로 판매수량에 단위당 구입가격을 곱한 금액이다. |
| 매출채권 대손(손상) | 상품을 외상으로 판매하고 생긴 매출채권을 못 받게 되는 것을 말한다. |
| 매출총이익 | 매출액에서 매출원가를 차감한 것으로 생산의 효율성을 측정하는 근거가 되는 이익개념이다. |

| | |
|---|---|
| **발생주의** | 거래를 인식할 때 현금을 받거나 지급하는 시점이 아니라 해당 거래가 발생한 시점에 인식하는 것을 의미한다. |
| **복식부기** | 기업의 경영활동으로 인한 자산·부채·자본의 변화와 수익·비용의 발생내역을 그 원인과 결과에 따라 각각 왼쪽(차변)과 오른쪽(대변)으로 나누어 이중으로 기입하는 방식이다. |
| **부속명세서** | 재무제표에 표시된 특정 항목에 대한 세부내역을 명시할 필요가 있을 때 추가적인 정보를 제공하기 위한 명세서를 말하며 제조원가명세서, 공사원가명세서 등이 있다. |
| **분개** | 회계거래가 어느 계정과목에 해당하는 거래인지, 그 계정과목의 차변 또는 대변의 어느 쪽인지, 얼마의 금액을 기록할 것인지를 결정하는 절차이다. |
| **분개장** | 회계상의 거래를 기록하는 장부이며, 회계에서 연속적으로 이루어진 재무적 거래의 모든 내역을 보여준다. |
| **상기업** | 상품을 구매하여 판매하는 회사를 말한다. |
| **손익계산서** | 일정한 기간 동안 기업의 모든 수익과 비용을 비교하여 손익의 정도를 밝히는 계산서를 말한다. |
| **수정후시산표** | 수정전시산표에 결산 수정분개를 반영한 시산표를 수정후시산표라고 한다. |

**시산표**    기중 회계처리의 정확성을 확인하고 결산을 준비하기 위해서 총계정원장에 기록된 모든 계정과목의 금액을 한 곳으로 모은 표이다.

**영업주기**    영업활동을 위한 자산의 취득시점부터 그 자산이 현금이나 현금성자산으로 실현되는 시점까지 소요되는 기간을 말한다.

**외부감사제도**    기업과 이해관계 없는 공인회계사가 기업이 작성한 재무제표가 기업회계기준에 맞게 작성되었는지 여부를 검토하는 제도로, 외부감사인이 회계감사를 함으로써 이해당사자들을 보호하고 기업의 건전한 발전을 도모하려는 데 목적이 있다. 주식회사 등의 외부감사에 관한 법률에서는 외부이해관계자가 상대적으로 많은 일부 주식회사만 외부감사를 받도록 하고 있다.

**자본**    기업의 소유자인 주주에게 귀속될 소유자지분을 의미한다.

**자본금**    자본금은 우선주 자본금, 보통주 자본금으로 구분되며, 1주당 액면금액에 발행주식 총수를 곱하여 산출된다.

**재무상태**    재무상태표에 보고된 기업의 자산·부채·자본의 관계를 말한다.

**재무상태표**    일정한 시점에서 기업의 자산·부채·자본에 관한 정보를 제공하는 정태적 재무보고서이다.

**재무제표**    기업이 회계기간 동안에 수행한 경영활동의 결과를 간결하게 요약한 재무보고서를 말한다. 재무제표에는 기말 재무상태표, 기간 포괄손익계산서, 기간 현금흐름표, 기간 자본변동표, 주석 등이 해당된다.

| 재무회계 | 기업 외부에 존재하는 투자자, 채권자, 소비자, 환경단체, 일반대중 등 다양한 이해관계자들이 합리적 의사결정을 하는 데 필요한 유용한 정보를 측정·보고할 목적으로 하는 회계를 말한다. |
| --- | --- |
| 전기 | 회계거래가 발생하면 분개를 한 후, 이를 총계정원장에 옮겨 적는 과정을 의미한다. |
| 제조기업 | 제품을 제조하여 판매하는 회사를 말한다. |
| 주기 | 재무제표상의 해당 과목 다음에 괄호 등을 이용하여 그 사실을 간단한 숫자로 표시하는 것을 말한다. |
| 주석 | 재무제표상 해당 과목 또는 금액에 기호를 붙이고 난외 또는 별지에 동일한 기호를 표시하여 그 내용을 간단명료하게 기재하는 것으로 재무제표와 별도로 공시하지만 재무제표에 포함한다. |
| 차변과 대변 | 거래의 다양화 등으로 현대 회계학에서는 단순히 왼편과 오른편을 지칭하는 관습적 용어로 받아들여지고 있다. 따라서 회계상 거래를 기록할 때 자산의 증가는 차변에, 부채와 자본의 증가는 대변에, 그리고 감소는 증가의 반대편에 기록한다. |
| 총계정원장 | 자산·부채·자본·수익·비용의 모든 계정을 모아 놓은 장부를 의미하며, 원장이라고 부르기도 한다. |
| 한국채택 국제회계기준 | 주식회사 등의 외부감사에 관한 법률(외감법)의 적용대상기업 중 자본통합법에 따라 주권상장법인 또는 한국채택국제회계기준 선택 기업 등의 회계처리에 적용하는 기준을 말한다. |

| | |
|---|---|
| **회계** | 정보이용자가 경제적 의사결정을 할 때 유용한 정보를 제공할 수 있도록 경제적 정보를 식별하고 측정하여 전달하는 과정이다. |
| **회계상 거래** | 기업의 경영활동 중 재무제표를 구성하는 자산 · 부채 · 자본 · 수익 · 비용 항목에 영향을 미치고, 화폐단위로 측정이 가능한 사건을 말한다. |
| **회계장부** | 재무상태와 경영성과를 파악하기 위하여 기업활동을 기록 · 계산 · 정리하기 위한 기록부를 말하며, 회사 내부에 반드시 보관해야 하는 장부이다. |

| | |
|---|---|
| **거푸집(form)** | 콘크리트구조물을 일정한 형태 및 치수로 형성하기 위하여 일시적으로 설치하는 구조물로서 경화에 필요한 수분의 누출을 방지하고 외기의 영향을 방지한다. 일반적으로는 콘크리트 거푸집용 합판을 사용하는데, 공사에 따라 경질섬유판, 합성수지, 알루미늄패널, 강판 등을 쓰기도 한다. |
| **건식구조 (乾式構造)** | 기성품으로 만들어진 각 부분의 재료를 짜서 맞추는 방식으로 건축물을 만든다. |
| **경보설비 (警報設備)** | 운전 중인 생산시설과 각종 기기의 작동이 멈추거나 가스가 누출되고 화재가 발생하는 따위의 비상사태가 발생한 경우, 소리를 내거나 빛을 이용하여 관리자에게 알리는 장치이다. |
| **공동현상 (空洞現象, cavitation)** | 빠른 속도로 액체가 운동할 때 액체의 압력이 증기압 이하로 낮아져서 액체 내에 증기 기포가 발생하는 현상을 말한다. |
| **기초(基礎, footing)** | 구조물에서 힘을 지반으로 전달하여 구조물을 안전하게 지탱하는 기능을 가진 구조를 말한다. |
| **내진설계** | 구조물이 지진에 견딜 수 있도록 구조물의 강성을 확보하는 기술을 말한다. |
| **대기압 (atmospheric pressure)** | 대기에 작용하는 중력에 의하여 지표에 생긴 압력을 말한다. 일반적으로 수은주의 높이로 측정한다. |

| | |
|---|---|
| **동결선**<br>**(凍結線)** | 겨울철 땅이 어는 최대 깊이를 말한다. 기초는 반드시 동결선 이하에 두어 부동침하를 방지하여야 한다. |
| **라멘**<br>**(rahmen)**<br>**구조** | 골조구조의 절점이 고정되어 있는 구조형식으로서, 일반적으로 기둥과 보와 슬래브가 강접합되어 연속적으로 이루어진 구조를 말한다. 대표적으로 철근콘크리트구조가 이에 속한다. |
| **로이유리**<br>**(low-E**<br>**glass)** | 복층유리 표면에 은 등의 금속을 얇게 코팅한 것으로서, 열의 이동을 최소화시켜 주는 에너지 절약형 유리이다. 여름철 실외의 태양복사열이 실내로 들어오는 것을 차단하고 가시광선 투과율은 높인 유리이며, 겨울철 실내의 난방기구 등에서 발생되는 적외선을 내부로 반사하므로 단열성이 매우 우수하다. |
| **물리적**<br>**지하탐사법** | 지반조사방법의 일종으로서, 지층이 넓은 지역의 경우 연약한 층의 깊이, 암반의 위치 등을 대략적으로 조사할 때에 많이 사용되는 방법이다. 전기저항식, 탄성파(지진파)식, 동역학적 탐사법, 방사능탐사식, 온도검층법, 유량검층법 등이 있다. |
| **물매(slope)** | 지붕의 경사를 나타낼 때 사용되며, 밑변에 대한 높이의 비를 말한다. 지붕의 경사가 45°일 때의 물매를 '되물매', 45° 이상의 물매를 '된물매', 45° 미만의 물매를 '뜬물매'라 한다. |
| **배수관**<br>**(waste**<br>**pipe)** | 건물 내의 더러운 물을 외부에 배출하기 위한 관을 말한다. |
| **밸브(valve)** | 관로의 도중 또는 용기에 장치하여, 개폐에 의하여 유체의 유량·압력 등을 조절 또는 관내의 공기 배출 등을 하는 것을 총칭한다. |

| | |
|---|---|
| **봉수(封水, sealing water)** | 배관 및 대변기 등에서 악취 및 각종 해충이 실내로 들어오는 것을 방지하기 위하여 설치된 트랩 내에 채워져 있는 물을 봉수라 한다. 봉수의 깊이는 50~100mm 정도로 한다. 유효봉수의 깊이가 너무 낮으면 봉수를 손실하기 쉽고, 너무 깊으면 유수의 저항이 증가되어 통수능력이 감소되며, 이에 따라 자정작용이 없어지게 된다. |
| **부동침하 (不同沈下)** | 기초지반이 부분적으로 불균등하게 침하되는 현상으로서 부동침하는 지반이 연약한 경우, 지반의 연약한 층의 두께가 상이한 경우, 건물이 이질지층에 걸려 있는 경우, 건물이 낭떠러지에 근접한 경우, 지반이 메운 땅인 경우, 건물을 일부 증축한 경우, 지하 수위가 변경된 경우, 지하에 매설물이나 구멍이 있는 경우, 이질지정 · 일부지정을 한 경우 발생할 수 있다. |
| **비열(比熱)** | 어떤 물질 1kg의 온도를 1℃ 높이는 데 필요한 열량을 말한다. |
| **수격작용 (water hammer)** | 밸브의 급격한 개폐 또는 액체 배관의 경우 기체의 혼입, 기체 배관의 경우에는 액체의 혼입 등에 의하여 관내의 유속이 급변하는 경우에 발생하는 이상 압력으로서, 진동과 높은 충격음을 일으키는 것을 말한다. |
| **스프링클러 (sprinkler)** | 화재시 실내 천장에 장치한 스프링클러 헤드의 용융편이 온도상승에 의하여 녹으면서 자동적으로 물이 분사되고, 동시에 화재경보장치가 작동하여 화재 발생을 알리는 자동소화설비로서, 물을 방사시키므로 초기화재 진압에 효과가 크다. 고층건물, 지하층, 무창층 등 소방차 진입이 곤란한 장소에 설치하는 물분사설비이다. |
| **습식구조 (濕式構造)** | 물을 이용하여 이미 만들어진 각 부분의 재료를 부착하는 방식으로 만드는 건축물을 말한다. |

| | |
|---|---|
| **신축이음**<br>**(expansion**<br>**joint)** | 긴 관이 온도 변화에 의해서 신축해도 지장이 없도록 한 관이음을 말한다. |
| **액화석유가스**<br>**(LPG;**<br>**Liquefied**<br>**Petroleum**<br>**Gas)** | 일반적으로는 프로판가스라 불리나, 프로판가스와 부탄가스를 총칭해서 LPG라 부른다. |
| **액화천연가스**<br>**(LNG;**<br>**Liquefied**<br>**Natural**<br>**Gas)** | 천연가스를 그 주성분인 메탄의 끓는점(−162℃) 이하로 냉각하여 액화한 것이다. |
| **연속의**<br>**법칙(law of**<br>**continuity)** | 정상적인 흐름에서는 1개의 유관의 2개소에서의 밀도와 속도와 단면적의 합은 일정하게 된다고 하는 법칙을 말한다. |
| **열량(熱量,**<br>**quantity of**<br>**heat)** | 열은 고온의 물체에서 저온의 물체로 이동하는데, 이때 이동한 열의 양을 말한다. 같은 질량의 물질을 가열해도 어떤 물질은 온도가 빨리 변하지만, 어떤 물질은 온도가 잘 변하지 않는다. 이는 질량이 같아도 물질에 따라 온도를 변화시키는 데 필요한 열량이 다르기 때문이다. |
| **옥내소화전** | 화재시 건물 내에 있는 사람이 초기에 화재를 진압할 목적 또는 소방차가 도착하기 전까지 진화할 목적으로 복도 등 실내에 설치하는 고정식 소화설비로서, 소화호스를 연결하기 위하여 상수도의 급수관에 설치한다. |

| **온통기초**<br>**(mat**<br>**foundation,**<br>**raft**<br>**foundation)** | 각각의 독립기초가 접속되어 기초를 하나의 바닥판으로 만든 것으로서, 연약지반의 부동침하를 방지하기 위한 대책이 된다. |
| --- | --- |
| **옹벽(擁壁,**<br>**retaining**<br>**wall)** | 토압에 저항해서 흙의 붕괴를 막기 위하여 축조된 시설물을 말한다. |
| **위생기구**<br>**(衛生器具)** | 건축물의 위생설비에 사용되는 욕조, 세면기, 변기 따위의 기구를 말한다. |
| **유도등**<br>**(誘導燈)** | 출입구 표지는 화재나 기타 위기 상황시에 가장 가까운 비상구의 위치를 알려주는 공공시설(건물, 항공기, 선박 등)의 장치이다. |
| **잠열(潛熱,**<br>**latent**<br>**heat)** | 물질이 기체·액체·고체 사이에서 상변화를 일으킬 때 흡수하거나 방출하는 열을 말한다. |
| **절대온도**<br>**(absolute**<br>**temperature)** | 열역학 제2법칙에 따라 정해진 온도로서, 물리학에서 이론적인 온도의 최저점이다. 0K는 섭씨 영하 273.15도에 해당하며, 단위는 'K(켈빈)'이다. |
| **주동**<br>**출입시스템** | 비밀번호나 출입카드 등으로 출입문을 개폐할 수 있고, 관리실 또는 세대와 통신하여 방문자의 출입 여부를 결정할 수 있도록 주동 출입구 및 지하주차장 출입구에 설치하는 시스템을 말한다. |

| 지내력<br>(地耐力) | 지반이 구조물의 압력을 견뎌내는 정도를 말한다. |
|---|---|
| 커튼월<br>(curtain<br>wall) | 하중을 부담하고 있지 않은 비내력벽으로서, 공장에서 제작되기 때문에 대량생산이 가능하다. 고층 또는 초고층건물에 많이 사용되는데, 대부분 유리나 알루미늄패널이 사용되며 63빌딩이 대표적인 예라 할 수 있다. |
| 트랩(trap) | 배수용 배관 속에 유독가스, 악취 및 해충 등이 침투하는 것을 방지하기 위하여 봉수를 고이게 할 목적으로 설치하는 배수 기구이다. |
| 펌프(pump) | 에너지를 이용해 유체를 끌어올리거나 압축하는 장치를 말한다. |
| 표준 대기압<br>(標準大氣壓) | 0℃의 상태에서 표준 중력일 때에 높이 760mm의 수은주가 그 밑면에 가하는 압력에 해당하는 기압이며, 이것을 1기압으로 한다. |
| BOD(Bio-<br>chemical<br>Oxygen<br>Demand) | 물이 어느 정도 오염되어 있는가를 나타내는 기준으로, 수중의 유기물이 미생물에 의하여 정화될 때 필요한 산소량으로 나타낸다. 단위는 PPM으로 나타내고, 이 숫자가 클수록 물의 오염이 심하다. |
| COD<br>(Chemical<br>Oxygen<br>Demand,<br>화학적<br>산소요구량) | 수중에 오염된 물질이 화학적으로 안정된 물질(무기물, 가스, 물)로 변하는 데 필요한 산소요구량을 나타낸 것으로서, 공장의 폐수·오염 측정기준이 된다. |

# 03 민법

| 계약자유의 원칙 | 계약법의 영역에서 당사자들은 원칙적으로 국가나 타인의 간섭을 받지 않고 자기의 법률관계를 스스로 정할 수 있다는 원칙이다. 계약자유의 내용에는 계약체결의 자유, 상대방 선택의 자유, 내용결정의 자유, 방식의 자유 등이 있다. |
|---|---|
| 과실책임의 원칙 | 자기의 행위의 결과로 타인에게 손해가 발생했을 경우 그 행위가 위법하고 동시에 고의 또는 과실에 의한 경우에만 책임을 진다는 원칙이다. |
| 관습법 | 사회생활에서 스스로 발생하는 관행(관습)이 법이라고까지 인식되어 대다수 사람들에 의해 지켜질 정도가 된 것을 말한다. |
| 권리 | 일정한 이익을 누릴 수 있도록 법이 권리주체자에게 인정한 힘을 말한다(권리법력설). |
| 권리능력 | 권리·의무의 주체가 될 수 있는 법률상 지위 내지 자격을 말한다(제3조). 권리능력을 가지는 자를 권리주체 또는 권리능력자라고 한다. |
| 당사자능력 | 소송의 주체, 즉 소송당사자가 될 수 있는 일반적인 능력을 말한다. 원고·피고·참가인이 될 수 있는 능력으로서 소송상의 권리능력이라고 불린다. |
| 대법원규칙 | 대법원이 법률에 저촉되지 않는 범위 안에서 소송에 관한 절차나 법원의 내부규율과 사무처리에 관해 제정한 규정이다. |
| 동산 | "부동산 이외의 물건은 동산이다(제99조 제2항)". 그리고 전기처럼 관리할 수 있는 자연력도 동산으로 간주한다. |
| 명령 | 국회가 아닌 국가기관(행정기관)이 일정한 절차를 거쳐서 제정하는 법규이다. |

| 물건 | 민법상 물건은 '유체물 및 전기 기타 관리할 수 있는 자연력'을 말한다 (제98조). |
|---|---|
| 미성년자 | 만 19세 이상의 자연인을 성년자라 하고, 성년에 달하지 않은 자를 미성년자라고 한다(제4조). |
| 법률행위 | 법률효과(권리변동)를 발생하게 하는 행위로서 사법(私法)상의 가장 중요한 법률요건이다. 법률행위는 반드시 의사표시가 필요하며, 법률행위의 결과 법률효과(권리변동)가 발생한다. |
| 법원(法源) | 법원이란 법관이 재판을 할 때 적용해야 할 기준, 즉 법의 존재형식 내지 법을 인식하는 근거가 되는 자료를 의미한다. |
| 법인 | 법인이란 법률에 의해 권리능력이 인정된 사람의 집단인 사단과 재산의 집합체인 재단을 말한다. |
| 부동산 | 물건 중 '토지 및 그 정착물은 부동산'이다(제99조 제1항). |
| 사원권 | 사단법인의 구성원이 그 구성원이라는 지위에서 사단에 대해 가지는 권리 · 의무를 총칭하여 사원권이라고 한다. |
| 선의(善意) · 악의(惡意) | 선의는 어떤 사정을 알지 못하는 것, 악의는 어떤 사정을 알고 있는 것을 의미한다. |
| 승계취득 | 어떤 권리를 다른 사람에게서 이어받아 취득하는 것을 말하며(상대적 발생), 취득자는 그 타인이 가지고 있던 권리 이상의 것을 취득하지 못한다. |

| 신의성실의 원칙(신의칙) | 권리행사의 기본이 되는 원칙으로서, 계약관계와 같이 일정한 법률관계에 있는 자는 권리를 행사하거나 의무를 이행할 때 신의에 좇아 성실하게 해야 한다는 원칙을 말한다(제2조). |
|---|---|
| 실종선고 | 생사불명의 상태가 일정기간 계속된 부재자에 대해 가정법원의 선고에 의해 사망으로 의제하는 제도이다. 사람이 권리능력을 잃는 것은 사망에 의해서만이므로, 실종선고로 실종자가 권리능력을 잃는 것은 아니다. |
| 원시취득 | 어떠한 권리가 타인의 권리에 기초하지 않고 새롭게 발생하는 것을 말한다. 원시취득은 권리의 절대적 발생이라고도 한다. |
| 의무 | 의무자의 의사와는 관계없이 반드시 따라야 할 법률상 구속을 말한다. |
| 의사능력 | 자기의 행위가 어떤 결과를 가져올지 인식·판단하여 정상적인 의사결정을 할 수 있는 정신능력을 말한다. |
| 인격권 | 권리자의 인격적 이익을 내용으로 하는 권리이다. 민법 제751조는 타인의 신체·자유·명예를 침해한다면 불법행위가 성립된다고 규정함으로써, 재산 이외의 손해에 대해서도 책임을 물을 수 있음을 보여준다. |
| 일신전속권 | 권리가 권리자 자신에게만 있어서 타인에게 그 권리를 양도하거나 상속하는 데 제한을 받는 권리이다. |
| 채권 | 특정인(채권자)이 다른 특정인(채무자)에게 특정행위(강학상 '급부'라고 한다)를 청구(요구)할 수 있는 권리이다. |
| 청구권 | 특정인이 다른 특정인에 대해 일정한 행위(작위·부작위)를 청구할 수 있는 권리를 말한다. |

| 추정(推定)·<br>간주(看做) | 추정과 간주는 입증의 곤란을 구제하기 위한 제도이다. 추정은 증거가 분명하지 않은 경우에 그럴 것이라고 미루어 판단을 내리는 것을 말한다. 간주는 그것이 사실에 부합하는지 여하를 불문하고 그렇다고 여기는 것을 말한다. 당사자가 그 반대의 사실을 입증하더라도 간주된 것은 번복되지 않고 그대로 그 효과를 발생하는 점에서 추정과 다르다. |
|---|---|
| 피성년후견인 | 질병, 장애, 노령 그 밖의 사유로 인한 정신적 제약으로 사무를 처리할 능력이 지속적으로 결여된 사람으로서 일정한 자의 청구에 의해 가정법원으로부터 '성년후견개시의 심판'을 받은 자이다(제9조 제1항). |
| 피특정후견인 | 질병, 장애, 노령 그 밖의 사유로 인한 정신적 제약으로 일시적 후원 또는 특정한 사무에 관한 후원이 필요한 사람으로서 일정한 자의 청구에 의해 가정법원으로부터 특정후견의 심판을 받은 자이다(제14조의2 제1항). 피특정후견인은 행위능력에 전혀 영향을 받지 않는다. |
| 피한정후견인 | 질병, 장애, 노령 그 밖의 사유로 인한 정신적 제약으로 사무를 처리할 능력이 부족한 사람으로서 일정한 자의 청구에 의해 가정법원으로부터 '한정후견개시의 심판'을 받은 자이다(제12조 제1항). |
| 항변권<br>(반대권) | 상대방의 청구권 행사에 대해 그 작용을 저지할 수 있는 권리를 말한다(반대권이라고도 한ek). 항변권은 상대방의 청구권을 인정하면서 그 작용을 일시적 또는 영구적으로 저지할 수 있는 권리이다. |
| 행위능력 | 독자적으로 유효하게 법률행위를 할 수 있는 지위를 말하는 것으로서, 의사능력과 달리 객관적·획일적으로 판단된다. 민법상 단순히 능력이라고 하면, 이는 행위능력을 말하며(제5조), 행위능력이 제한되는 자를 제한능력자라고 한다. |

| 형성권<br>(가능권) | 권리자의 일방적인 의사표시에 의해 법률관계의 변동(권리의 발생·변경·소멸)을 일어나게 하는 권리를 말한다. 법률관계의 변동을 가능하게 하는 권리이므로 가능권이라고도 한다. |
| --- | --- |

## 저자 약력

**배정란** 교수

현 | 해커스 주택관리사 회계원리 동영상강의 대표강사

전 | 한국법학원 회계원리 강사 역임
　　수원행정고시학원 공무원 회계학 강사 역임
　　에듀윌 회계원리 강사 역임
　　해커스 공무원 회계학 강사 역임
　　미래보험교육원 보험계리사 회계학 강사 역임

**강양구** 교수

현 | 해커스 주택관리사학원 회계원리 대표강사
　　해커스 주택관리사 회계원리 동영상강의 대표강사

전 | 7급 세무직 회계학, 주택관리사 회계원리, 감정평가사 회계학 강사 역임
　　박문각, 메가랜드, 새롬, EBS 공인중개사 강사 역임

**송성길** 교수

현 | 해커스 주택관리사학원 공동주택시설개론 대표강사
　　해커스 주택관리사 공동주택시설개론 동영상강의 대표강사

전 | 여주대학교 외래교수 역임
　　노량진 · 종로 · 일산 박문각 공동주택시설개론 강사 역임
　　안산 · 수원 한국법학원 공동주택시설개론 강사 역임
　　수원 랜드스터디 공동주택시설개론 강사 역임
　　랜드원 공동주택시설개론 강사 역임
　　동탄행정고시학원 공동주택시설개론 강사 역임

**민희열** 교수

현 | 해커스 주택관리사학원 민법 대표강사
　　해커스 주택관리사 민법 동영상강의 대표강사

전 | 해커스 공인중개사 민법 강사 역임
　　EBS, 랜드프로(노원), 새롬 공인중개사(강남 · 송파 · 분당 · 주안 등) 강사 역임

# 2025 해커스 주택관리사
# 1차 기초입문서

| | |
|---|---|
| 초판 1쇄 발행 | 2024년 7월 25일 |
| 지은이 | 배정란, 강양구, 송성길, 민희열, 해커스 주택관리사시험 연구소 |
| 펴낸곳 | 해커스패스 |
| 펴낸이 | 해커스 주택관리사 출판팀 |
| 주소 | 서울시 강남구 강남대로 428 해커스 주택관리사 |
| 고객센터 | 1588-2332 |
| 교재 관련 문의 | house@pass.com |
| | 해커스 주택관리사 사이트(house.Hackers.com) 1:1 수강생 상담 |
| 학원 강의 및 동영상강의 | house.Hackers.com |
| ISBN | 979-11-7244-248-4(13590) |
| Serial Number | 01-01-01 |

주택관리사 시험 전문,
**해커스 주택관리사**(house.Hackers.com)

**⫠ 해커스 주택관리사**

• 해커스 주택관리사학원 및 인터넷강의
• 해커스 주택관리사 무료 온라인 전국 실전모의고사
• 해커스 주택관리사 무료 학습자료 및 필수 합격정보 제공
• 해커스 주택관리사 입문이론 단과강의 20% 할인쿠폰 수록

# 해커스 합격 선배들의
# 생생한 합격 후기!

---

**\*\*전국 최고 점수로 8개월 초단기합격\*\***
해커스 커리큘럼을 똑같이 따라가면 자동으로 반복학습을 하게 되는데요. 그러면서 **자신의 부족함을 캐치하고 보완**할 수 있었습니다. 또한 해커스 무료 **모의고사**로 실전 경험을 쌓는 것이 많은 도움이 되었습니다.

**전국 수석합격생**
최\*석 님

---

해커스는 교재가 **단원별로 핵심 요약정리**가 참 잘되어 있습니다.  또한 커리큘럼도 매우 좋았고, 교수님들의 강의가 제가 생각할 때는 **국보급 강의**였습니다. 교수님들이 시키는 대로, 강의가 진행되는 대로만 공부했더니 고득점이 나왔습니다. 한 2~3개월 정도만 들어보면, 여러분들도 충분히 고득점을 맞을 수 있는 실력을 갖추게 될 거라고 판단됩니다.

**해커스 합격생**
권\*섭 님

---

**해커스는 주택관리사 커리큘럼이 되게 잘 되어있습니다.** 저같이 처음 공부하시는 분들도 입문과정, 기본과정, 심화과정, 모의고사, 마무리 특강까지 이렇게 최소 5회독 반복하시면 처음에 몰랐던 것도 알 수 있을 것입니다. 모의고사와 기출문제 풀이가 도움이 많이 되었는데, **실전 모의고사를 실제 시험 보듯이 시간을 맞춰 연습하니 실전에서 도움이 많이 되었습니다.**

**해커스 합격생**
전\*미 님

---

해커스 주택관리사가 **기본 강의와 교재가 매우 잘되어 있다**고 생각했습니다. 가장 좋았던 점은 가장 기본인 기본서를 뽑고 싶습니다. 다른 학원의 기본서는 너무 어렵고 복잡했는데, 그런 부분을 다 빼고 **엑기스만 들어있어 좋았**고 교수님의 강의를 충실히 따라가니 공부하는 데 큰 어려움이 없었습니다.

**해커스 합격생**
김\*수 님

---